绿色发展通识丛书
GENERAL BOOKS OF GREEN DEVELOPMENT

# 与狼共栖
## 人与动物的外交模式

［法］巴蒂斯特·莫里佐／著

赵冉／译

中国文联出版社
http://www.clapnet.cn

## 图书在版编目（CIP）数据

与狼共栖 / (法) 巴蒂斯特·莫里佐著；赵冉译
. -- 北京：中国文联出版社, 2020.12
（绿色发展通识丛书）
ISBN 978-7-5190-4433-6

Ⅰ. ①与… Ⅱ. ①巴… ②赵… Ⅲ. ①狼－文化－研
究 Ⅳ. ①Q959.838

中国版本图书馆CIP数据核字(2020)第241230号

著作权合同登记号：图字01-2018-0882

Originally published in France as:
Les Diplomates by Baptiste Morizot
© Wildproject 2016
Simplified Chinese language translation rights arranged through Divas International,Paris /
巴黎迪法国际版权代理

**与狼共栖**
YU LANG GONGQI

作　　者：[法] 巴蒂斯特·莫里佐
译　　者：赵 冉

终 审 人：朱彦玲
责任编辑：袁 靖　　　　　　　复 审 人：蒋爱民
责任译校：吴 博　　　　　　　责任校对：刘 丽
封面设计：谭 锴　　　　　　　责任印制：陈 晨
出版发行：中国文联出版社
地　　址：北京市朝阳区农展馆南里10号，100125
电　　话：010-85923076（咨询）85923092（编务）85923020（邮购）
传　　真：010-85923000（总编室），010-85923020（发行部）
网　　址：http://www.clapnet.cn　　　　http://www.claplus.cn
E - m a i l：clap@clapnet.cn　　　　　　yuanj@clapnet.cn
印　　刷：中煤（北京）印务有限公司
装　　订：中煤（北京）印务有限公司
本书如有破损、缺页、装订错误，请与本社联系调换

开　　本：720 × 1010　　　　　　1/16
字　　数：233千字　　　　　　　印　张：25
版　　次：2020年12月第1版　　　印　次：2020年12月第1次印刷
书　　号：ISBN 978-7-5190-4433-6
定　　价：56.00元

# "绿色发展通识丛书"总序一

洛朗·法比尤斯

1862 年，维克多·雨果写道："如果自然是天意，那么社会则是人为。"这不仅仅是一句简单的箴言，更是一声有力的号召，警醒所有政治家和公民，面对地球家园和子孙后代，他们能享有的权利，以及必须履行的义务。自然提供物质财富，社会则提供社会、道德和经济财富。前者应由后者来捍卫。

我有幸担任巴黎气候大会（COP21）的主席。大会于 2015 年 12 月落幕，并达成了一项协定，而中国的批准使这项协议变得更加有力。我们应为此祝贺，并心怀希望，因为地球的未来很大程度上受到中国的影响。对环境的关心跨越了各个学科，关乎生活的各个领域，并超越了差异。这是一种价值观，更是一种意识，需要将之唤醒、进行培养并加以维系。

四十年来（或者说第一次石油危机以来），法国出现、形成并发展了自己的环境思想。今天，公民的生态意识越来越强。众多环境组织和优秀作品推动了改变的进程，并促使创新的公共政策得到落实。法国愿成为环保之路的先行者。

2016 年"中法环境月"之际，法国驻华大使馆采取了一系列措施，推动环境类书籍的出版。使馆为年轻译者组织环境主题翻译培训之后，又制作了一本书目手册，收录了法国思想界最具代表性的 33 本书籍，以供译成中文。

中国立即做出了响应。得益于中国文联出版社的积极参与，"绿色发展通识丛书"将在中国出版。丛书汇集了 33 本非虚构类作品，代表了法国对生态和环境的分析和思考。

让我们翻译、阅读并倾听这些记者、科学家、学者、政治家、哲学家和相关专家：因为他们有话要说。正因如此，我要感谢中国文联出版社，使他们的声音得以在中国传播。

中法两国受到同样信念的鼓舞，将为我们的未来尽一切努力。我衷心呼吁，继续深化这一合作，保卫我们共同的家园。

如果你心怀他人，那么这一信念将不可撼动。地球是一份馈赠和宝藏，她从不理应属于我们，她需要我们去珍惜、去与远友近邻分享、去向子孙后代传承。

2017 年 7 月 5 日

（作者为法国著名政治家，现任法国宪法委员会主席、原巴黎气候变化大会主席，曾任法国政府总理、法国国民议会议长、法国社会党第一书记、法国经济财政和工业部部长、法国外交部部长）

# "绿色发展通识丛书"总序二

万钢

习近平总书记在中共十九大上明确提出，建设生态文明是中华民族永续发展的千年大计。必须树立和践行绿水青山就是金山银山的理念，坚持节约资源和保护环境的基本国策，像对待生命一样对待生态环境。我们要建设的现代化是人与自然和谐共生的现代化，既要创造更多物质财富和精神财富以满足人民日益增长的美好生活需要，也要提供更多优质生态产品以满足人民日益增长的优美生态环境需要。近年来，我国生态文明建设成效显著，绿色发展理念在神州大地不断深入人心，建设美丽中国已经成为13亿中国人的热切期盼和共同行动。

创新是引领发展的第一动力，科技创新为生态文明和美丽中国建设提供了重要支撑。多年来，经过科技界和广大科技工作者的不懈努力，我国资源环境领域的科技创新取得了长足进步，以科技手段为解决国家发展面临的瓶颈制约和人民群众关切的实际问题作出了重要贡献。太阳能光伏、风电、新能源汽车等产业的技术和规模位居世界前列，大气、水、土壤污染的治理能力和水平也有了明显提高。生态环保领域科学普及的深度和广度不断拓展，有力推动了全社会加快形成绿色、可持续的生产方式和消费模式。

推动绿色发展是构建人类命运共同体的重要内容。近年来，中国积极引导应对气候变化国际合作，得到了国际社会的广泛认同，成为全球生态文明建设的重要参与者、贡献者和引领者。这套"绿色发展通识丛书"的出版，得益于中法两国相关部门的大力支持和推动。第一辑出版的33种图书，包括法国科学家、政治家、哲学家关于生态环境的思考。后续还将陆续出版由中国的专家学者编写的生态环保、可持续发展等方面图书。特别要出版一批面向中国青少年的绘本类生态环保图书，把绿色发展的理念深深植根于广大青少年的教育之中，让"人与自然和谐共生"成为中华民族思想文化传承的重要内容。

　　科学技术的发展深刻地改变了人类对自然的认识，即使在科技创新迅猛发展的今天，我们仍然要思考和回答历史上先贤们曾经提出的人与自然关系问题。正在孕育兴起的新一轮科技革命和产业变革将为认识人类自身和探求自然奥秘提供新的手段和工具，如何更好地让人与自然和谐共生，我们将依靠科学技术的力量去寻找更多新的答案。

2017 年 10 月 25 日

（作者为十二届全国政协副主席，致公党中央主席，科学技术部部长，中国科学技术协会主席）

# "绿色发展通识丛书"总序三

铁凝

　　这套由中国文联出版社策划的"绿色发展通识丛书",从法国数十家出版机构引进版权并翻译成中文出版,内容包括记者、科学家、学者、政治家、哲学家和各领域的专家关于生态环境的独到思考。丛书内涵丰富亦有规模,是文联出版人践行社会责任,倡导绿色发展,推介国际环境治理先进经验,提升国人环保意识的一次有益实践。首批出版的33种图书得到了法国驻华大使馆、中国文学艺术基金会和社会各界的支持。诸位译者在共同理念的感召下辛勤工作,使中译本得以顺利面世。

　　中华民族"天人合一"的传统理念、人与自然和谐相处的当代追求,是我们尊重自然、顺应自然、保护自然的思想基础。在今天,"绿色发展"已经成为中国国家战略的"五大发展理念"之一。中国国家主席习近平关于"绿水青山就是金山银山"等一系列论述,关于人与自然构成"生命共同体"的思想,深刻阐释了建设生态文明是关系人民福祉、关系民族未来、造福子孙后代的大计。"绿色发展通识丛书"既表达了作者们对生态环境的分析和思考,也呼应了"绿水青山就是金山银山"的绿色发展理念。我相信,这一系列图书的出版对呼唤全民生态文明意识,推动绿色发展方式和生活方式具有十分积极的意义。

20世纪美国自然文学作家亨利·贝斯顿曾说:"支撑人类生活的那些诸如尊严、美丽及诗意的古老价值就是出自大自然的灵感。它们产生于自然世界的神秘与美丽。"长期以来,为了让天更蓝、山更绿、水更清、环境更优美,为了自然和人类这互为依存的生命共同体更加健康、更加富有尊严,中国一大批文艺家发挥社会公众人物的影响力、感召力,积极投身生态文明公益事业,以自身行动引领公众善待大自然和珍爱环境的生活方式。藉此"绿色发展通识丛书"出版之际,期待我们的作家、艺术家进一步积极投身多种形式的生态文明公益活动,自觉推动全社会形成绿色发展方式和生活方式,推动"绿色发展"理念成为"地球村"的共同实践,为保护我们共同的家园做出贡献。

中华文化源远流长,世界文明同理连枝,文明因交流而多彩,文明因互鉴而丰富。在"绿色发展通识丛书"出版之际,更希望文联出版人进一步参与中法文化交流和国际文化交流与传播,扩展出版人的视野,围绕破解包括气候变化在内的人类共同难题,把中华文化中具有当代价值和世界意义的思想资源发掘出来,传播出去,为构建人类文明共同体、推进人类文明的发展进步做出应有的贡献。

珍重地球家园,机智而有效地扼制环境危机的脚步,是人类社会的共同事业。如果地球家园真正的美来自一种持续感,一种深层的生态感,一个自然有序的世界,一种整体共生的优雅,就让我们以此共勉。

2017 年 8 月 24 日

（作者为中国文学艺术界联合会主席、中国作家协会主席）

# 目录

# 2
## 外交智慧
### 开展狼学研究

# 3

## 外交计划
### 一种关系伦理

鸣谢

参考文献

# 1

外交危机
与大型掠食性动物比邻而居

# 导语

　　首先，摆在我们面前的是一个地缘政治问题：狼自发地回到法国，且四散在弃耕的乡村——现在这片土地的样子几乎与"长毛高卢"时代的旧貌别无二致——我们该如何应对？狼的问题出现得悄无声息。1992 年，一雌一雄两头狼从意大利进入法国探索新领地，并在位于阿尔卑斯山南麓、尼斯以北的莫里埃尔山谷（le vallon de Mollières）建立了自己的狼之帝国。由于防御较弱，滨海阿尔卑斯山脉地区（Alpes Maritimes）的家养绵羊也沦为了它们的猎物，由此引发了狼与饲养者之间的冲突。离群的探狼们四处扩张，各自在新的地盘上称王称霸。它们游走在夜幕下，穿过高速公路，游过河流险滩，无形无迹，神鬼莫测。彼时，马尔康杜尔（Mercantour）的狼已经在孚日山脉（Vosges）落脚；彼时，远在比利牛斯山脉（Pyrénées）的马德莱斯高原上（Madres）又出现了狼的身影；它的足迹踏遍巴尔热默山谷（Bargème）的冈如维尔平原（Canjuers）、汝拉山脉（Jura）、中央高原

（Massif central）、默兹河畔（Meuse）。此时，它就来到了我们身边。"狼来了。"——躲在咖啡馆里的守林人和隐修者说着。狼来了。悄声的呐喊传遍了千家万户，直至大城市的脚下。自 1992 年的两头狼出现之后，据官方统计，2015 年，遍布法国乡村的狼已经超过了 300 只。狼的数量统计很难定位、量化，追根溯源，因为神出鬼没无迹可寻就是它们天生的特征——当然，对牲畜屡遭袭击的饲养者而言，并非如此。牧羊人和饲养者以媒体为武器，把沉默变成了政治问题。

## 管理无门

首先，政治解决方案似乎仅限于运用生态学知识对一个算不上新兴的现象进行畜牧学管理（野生猎食性动物管理、"有害物种"管理）。野生猎食动物，即所谓的"有害物种"算不上新问题。政治解决方案似乎仅限于运用生态学知识以畜牧学方式管理这些动物。然而问题是，随着狼群的再次出现，对野生动物进行生态管理的两种传统模式已经宣告失败。第一种模式——通过狩猎调控种群的数量——是最古老的管理模式，在福柯看来，这是"生物权威"在畜牧技术上的表现，人类拥有掌控有害物种生死的"绝对权力"。在管理"有害物种"时，这种模式甚至允许将该物种彻底灭绝。直到二十世纪初，我们就是一直这么对待狼的。但这种模式无论是在法律上、道德上还是实践上均无法成立。如果讲法律，狼受到

《伯尔尼公约》的保护。该公约签订于 1979 年，生效于 1982 年，并于 1990 年在法国正式通过。此外狼还受到 1992 年下达的《栖息地指令》的保护（狼于 1993 年被正式列为保护动物）。如果论道德，生物中心伦理、同情主义伦理和生态中心伦理的兴起遏制了人本位制的习惯思维。就 21 世纪的道德敏感度而言，我们已经找不到任何借口义正词严地消灭一种受到赞赏和尊重的野生生命形态。最后，从实践角度来看，人类几乎已经失去了狩猎狼的能力，一方面是由于法国的狼灭绝以后狩猎术（猎狼犬的训练、狩猎战术）的失传，而另一方面则是因为人们正在抛弃乡村。

　　生态管理的第二种模式是将野生动物庇护起来，这也是一些自然保护协会极力主张的方式。其做法是首先成立自然保护区，施行严格的行为规范，保护野生动物的原生态，使其在接近"自然"的环境下生活（但事实上，法国的国家公园都是自然和历史遗产）。从保护生物学的角度来看，此举很有必要，但也并非十全十美（区域如何划分、保护区的土地在维持生物多样性的同时损失了其经济用途、区内基因库过小无法持续发展、野生自然环境面临博物馆化和遗产化等问题）。但是，这种管理模式对狼却毫无作用：狼是断然不肯待在保护区或自然公园里的。这种现象背后有其生物学理论支撑：为了降低狼的灭绝概率，以确保物种的进化延续性，狼群遵循的是一种扩张法则，通过拓展新领地的方式进行离心分散，负责探索并攻占新领地的青年狼被称作"探狼"（原文：扩散者——译者注）[①]。此外，成立保护区这种远距离保护的模式往往有把野生动物神圣化的倾向[②]。这种管理模式无法解决狼频繁袭击牲畜的问题：显然，狼并不认为人类足够"神圣"从而对我们饲养的牲畜敬而远之。在这种理想状态下，应该让掠食者在我们身边定居生存且不主动干涉其行为，与此同时，极尽所能地改善牧场的防御。防御的改善自是有其合理性和必要性，但我们可以审视其效果是否到位。在这一模型下，所有打着野生动物纯洁性的旗号，试图改变动物行为的管理都是入侵性的。

所以，两种传统模式均以失败告终。

---

[①] 狼群中不足两岁的青年狼，有四分之一到三分之一会成为探狼。它们的探索行程可持续一周到一年不等。一条探狼为了寻找可与之建立新狼群的异性伴侣能奔走数百公里。见 L-大卫·梅奇（L-D. Mech）和路易吉·布瓦塔尼（L. Boitani）合著《狼：行为，生态和保护》（*Wolves. Behavior, Ecology, and Conservation*），芝加哥大学出版社，2003 年，第一章和第六章。"扩散者"一词，正如该书脚注所述，其探索的范围超出了常规界限：意欲建立新帝国的青年狼、狼皮毛中携带的花粉粒、征服遥远岛屿的候鸟胃里携带的种子，都是扩散者。

[②] 1999 年 5 月 12 日，J. 加亚尔（J. Gaillard）的《狼之年》（*L'année du loup*）发表于《世界报》，他写道："何为神圣之物？只可远观，纯洁得可怖，凌驾于善恶之上，人类自愿放弃这片领土，唯一的例外是化身为某一教派的使者。"甚至有人希望保护狼免遭人类的暴力，建立一个任其天生破坏性自由发展的圣地，由社会许可祭品供养（对每个作为牺牲的羊羔都予以补助）。

我们可以说冲动和习惯双双落败引发了人们的思考[1]：我们熟知老一套管理现实的技术不起作用了，遇到了瓶颈。旧有的本体图描绘了人类在过往经验中遇到的众多生物以及我们与其互动的方式，但是如今它在实践中误导我们的行为，引我们走入歧途。面对这类情况，我们似乎需要改变核心战术和意境地图。对此，第一步或许是从古至今地解读人与野生动物关系的本体图——它从历史中衍生，并借助习惯得以内化。

## 本体图与行动路径

人们普遍低估了（文字或概念呈现的）表征与行动的联系、理论与实践的联系；然而，人类活动将所有的行动都与某个表征之间建立了有机联系，甚至可以根据一个表征来推断其将会影响的某些行动类型。例如，如果我们将狼的集体表征定义为"有害的[2]"或"侵略性的[3]"，那么其行为结果将自发且必然地表现为调控——灭绝型。当然，上述因果关系

[1] 约翰·杜威（John Dewey），《我们如何思考》（*Comment nous pensons*），巴黎，（Les Empêcheurs de penser en rond），2004 年。

[2][3] 请参阅 P. 德乔治（P. Degeorges）和 A. 诺奇（A. Nochy）合著的《国家的狼事件》一文，发表于杂志《散文手册》（*Les Cahiers du Proses*）2004 年 5—6 月第九期，p. 26。文中写道："我们不能将对某个物种的这种'调控'视为任其大量繁殖，而它通过语义转移试图将狼永远禁锢在'有害的'立场上。"该文可在胡姆巴巴（Houmbaba）网站上阅读（www.Houmbaba.com）。

反推也同样成立，我们关注的重点是两者之间的相关性：不是先后关系，而是相互依存的关系。如果我们绘制出一幅狼的集体地图，将其定义为神圣的野生动物和未受破坏原初自然环境的遗留产物，随之而来的行为结果将自发且必然地表现为神圣化——博物馆型。话语并不代表事物，话语改变事物。话语设定了我们与事物的关系，以及我们针对事物的行动方式。

语言想要定义某种事物，但是它的每个日常动作都不可避免地改造了事物且限定了其行动领域。掌握这一原始的命名动作（命名、设置、指导行动）指的是捍卫并遵循文字的合理用法，将其对事物的变形总结成概念，即形成严谨的思维模式，更精确地定义其哲学根基和远距离的地图反射。因为概念首先是本体图 [ 莫里佐（Morizot），2012]，即经验的先决性建模，弥合了旧有本体图的断层，拉近了距离，重新平衡了现象与其本体一致性，因此，"开放了行动路径" [ 西蒙栋（Simondon），2005, p. 212]。

那么，这个过程就是诊断现有地图导致的"动作路径"不足等负面效应，并绘制狼现象的新地图，以便从狼群回归的政治管理、技术管理和生态管理的角度出发，为可行、健全而有效的互动打开其他路径。

今后，我们面临的就是透过与狼共同栖居的问题，解决其背后的野生动物重新出现的文明问题。野生动物回归是由乡村弃耕导致的生态地理现状，也是一个象征性的重新评估 [达拉·贝尔纳迪纳（Dalla Bernardina），2011]，如今作为否认"一种割裂人类与大自然的文明"意识形态的症候传播开来。

## 旧本体图的不足

与野生动物共同栖居所带来的问题具有严重的政治影响：它自发地侵蚀人类凌驾于其他物种之上的绝对霸权的意识形态。我们与自然深层的形而上学基础本身是无形的，狼群的卷土重来将其凸显出来：这一苛刻的霸权标准可以一直追溯到曾经多次荣获摩托车冠军的车手，比如，担任尼斯市长和"人民运动联盟"代表的克里斯蒂安·埃斯特罗西（Christian Estrosi）。2003 年，他在议会调查委员会中劝说政府实施"人类及其活动和传统绝对优先原则"[马丁（Martin），2012, p.17]。野兽促使我们揭露内心深处对人与自然关系的构想——人类中心论至上的一种极端主义。

显而易见，有些人打着社会政治分析的幌子，在批判对狼的放纵主义政策时，不自觉地重新使用了一些人类学的表达方式："如果未经民主法律认可的非政府组织——尤其是世界自然基金会（WWF）这样的组织——和大型食肉动物联合起来对人类施压，从而获得了权力，会对民主造成什么后果？如果非政府组织将人与自然的关系定义为，人类出于保护掠食性动物利益的目的，舍弃地球霸主的优势、权力和至高地位，又会导致什么后果？"[罗默德尔（Rohmeder），2010, p. 8]。可恨的掠食性动物卷土重来是一种文明征兆：关键或许在于我们是否拥有高于其他物种的绝对优势和优先权。这种说法重拾了人类与野生大自然的战争主题——我们在过去的历史中经历艰苦斗争，仰仗技术和文明进步，理应早已成了获胜的一方，而如今食肉动物的卷土重来又让我们陷入了新一轮的自然入侵危机。

如果表达问题的方式本身就是错的呢？狼群的回归能够让我们探讨人类如何与其他物种共同栖居，换言之，即如何与象征着人与自然战争的意识形态的物种共存，因此，狼群的回归是个哲学问题。如果现在必须放弃人类至上的模式，不是为了袒护掠食性动物（这种说法曾经在历史上产生过创伤性影响），而是为了建立另一种生命关系范式，与整个生物界，更确切地说是与狼的关系范式，又将如何？

正是在这一点上，共同栖居的技能具有了广泛的政治性和哲学性：因为现有的种种立场已经无法有效地处理危机。狼群猎食牲畜给饲养者造成了严重的损害，受害者理应寻求对策。但是在法国彻底消灭狼是不可能的：于法不符，于理不通。自 1993 年起，狼就受到欧洲《栖息地指令》的保护。从此之后，狼是未经引进自发回到法国的，证据确凿：300 多项基因测验表明，法国的狼是意大利的阿布鲁佐（Abruzzes）狼的后裔，它们遵循自身喜好开辟新领地的天性，从亚平宁山脉到阿尔卑斯山脉将领地一直扩张到法国，而并非被人为捕获重新引进法国。

然而面对苦不堪言的饲养者，一些生态学家却提出建立狼保护区和将其神圣化的政策，这种做法往往忽视了畜牧业的困境，也误解了狼群回归的生态行为学现象：我们过去在美国曾经设想让人与狼在分隔的两个空间里共存，将狼保护在预留的神圣自然保护区中，而这种做法根本就不可行，因为狼出于天性会四处扩张，征服新的领地。法国乡村的弃耕为狼群提供了几百万公顷的森林和荒地，猎物也开始重新繁盛起来。

唯一的解决方法是第三条路，旨在寻求真正的共同栖居之道：不是规划好的独立保护区，而是人与狼共用同一块土地。规划片区的做法源于对狼所需的栖息地范围的误解：狼扩张领地的方式也不同于以往，不再寻找荒无人烟的自然环境，而是更接近人类，在我们纵横交错的生活空间里见缝插针。

为此，如今需要重新定义什么是野生动物，以及对掠食性动物的认识论。我们对狼知之甚少。过去我们对其赶尽杀绝，而当时可靠的动物科学、种群生态学和动物行为学都尚未诞生。其中动物行为学正是以活体观察为基础，而狼行踪不定的特性使观察变得极为困难。然而，为了熟悉狼的生存方式而学习认识它们十分必要，正如我们为了把世界变得适宜居住，需要了解暴风雨、土壤、河流一样。狼群的回归的确是一个文明问题，但并非是威胁人类统治地位的问题，而是我们与多种生物共存的能力问题。哪怕是通过最痛苦的方式，终究是生物多样性造就了我们。同样，这也是关乎我们与我们的野兽共同栖居的能力问题。

最紧迫的哲学使命又回到了绘制本体图上——能取代根深蒂固的旧有模式的全新本体图。从把狼视为害兽的模式到将其神圣化的模式，我们会看到这两者看似针锋相对，其实建立在同样的本体基础上：将人类从自然中独立出来——改变的只是这一独立过程的价值。从前者的角度，人类因为卓尔不群才特殊；从后者的角度，人类是因为遭受不幸才被隔离。

## 旧有模式的失败：外交误解

为了寻找这项政治行为学调查的突破口，我们要回溯到历史上人类与野狼关系的起源。自从查理曼大帝将狼钦定为害兽以来，狼在精神时空中成为了基督教牧歌的鲜明符号，教民们都是天真的羔羊，需要保护他们不受象征魔鬼的"魅惑的狼"的侵害。人与狼的关系构成了敌对的双方，看不见的敌人被幻想夸大，并在意识形态上被宣扬成一切堕落的象征，激发了人类的灭狼行为。人类学已经充分分析了这类假想敌形象的结构及其主战作用。美国在伊拉克战争背景下的军事心理学的教材就有章节提到这种将个体敌人和一类非人格的、令人厌恶的概念同化的作用，这是一种心理工具，用于激发士兵的专业表现（即杀戮）[格罗斯曼（Grossman），2009]。对狼而言，这种扩展效应来自于童话和传说（《小红帽》《皮埃尔与狼》）、基督教的隐喻（牧歌），以及为人所不耻的狼人形象。

我们可以根据狼的行为天性作为参数来分析这种妖魔化——灭绝的特殊相互作用，大体分为两点：狼是行踪不定的掠食性动物，也是生态竞争者。前者回到了狼自身的显像模式。这属于物象学的研究范畴。物象学是生物学和现象学交叉产生的一门小众学科，由 A. 波特曼（A. Portmann）创立，研究动物的显像模式 [波特曼（Portmann），2013]。在物象学中，狼变成了一个阴谋现象，它的显像模式对于理解其背后的政治问题至关重要。而这种显像模式表现为一种无形的存在。这是一种极其特殊的存在形态，即使原因无法确切感知，也能带来显而易见的后果①。狼是隐秘的动物，换言之想要在自然条件下深入观察它们极其困难。它的逃逸距离——接近且不至将其惊走的最小范围——是极难判断的，但是这个距

---

① 这一现象在阿尔多·利奥波德（Aldo Leopold）所著的《沙乡年鉴》（Almanach d'un comté des sables）[巴黎，弗拉马里翁（Flammarion）出版社，2000 年] 一书中有详尽描述，"永远都不要怀疑无形的事物"。尼古拉斯·雷古霍（Nicolas Lescureux）和约翰·林奈尔（John Linnell）对类似现象也有记录，见二人所著人种学调查《对马其顿猎人和牧民的了解与感知：熊、狼、猞猁的特定物种生态影响》，2010 年发表于《人类生态学》（Human Ecology）第 38 卷，第 3 期，p. 389-399。

离已经远远超出了人类感知能力的上限。狼能察觉并辨别出两千米以外的猎物，其听觉灵敏到任何突袭都无法成功。如果人在丛林中迎着狼走去，相当于周身环绕着一层直径几百米的气味和声音辐射圈，随着人的行走而移动，只要人持续前进，不需看到野兽，这个辐射圈边缘触及的动物就已经四散而逃[①]。这种"不识庐山真面目，只缘身在此山中"现象的一个标志，是某些乡下说法在描述动物存在的时候呈现出明显的无人称语法特点：他们不说有"狼"、有"一头狼"或者"几头狼"，而是说"有些狼"。

物象学层面的影响有三个方面：首先，在狼群重新占领的地方区域，法国社会的反应都慢了一拍，没有及时实施谨慎的解决方案。如今，显而易见，狼主要以侵略者的姿态在媒体上大量出现，这个问题已经上升到情感和意识形态层面，人们很难再冷静下来思考。

其次，这种显像模式带来的影响深入挖掘了人们在狼这一问题上的处理方法冲突：由于狼的行踪不定，与其发生切实对立的群体只有深受其扰的人，即饲养者和牧羊人，我们

---

[①] 在对法国的狼进行长达三年多的追踪之后，我们只见到了三次，主要是在车上，我们通过交叉对比现有数据，假设狼的惯用路径，对狼可能经过的路进行仔细的三角测量，才终于有幸在追踪途中得见其真颜。在黄石国家公园只要观察两周左右，就能看到每群规模为六七头狼的两个狼群，有时候可以连续观察数小时。

不能低估这一问题的群体孤立性。他们往往是唯一看见狼的群体，也是唯一为此付出代价的群体，还是承担狼群存在的负担的群体——这就加剧了他们与城市人口的潜在冲突，对于后者而言，狼只是一个具有正面意义的抽象概念，或是一幅肖像（英俊的阿尔法头狼），或是象征符号（野生动物的回归，象征着曾经主宰万物误入歧途的社会重新焕发了生机）。这些抽象的表征并没有错，但是它们会加剧城市与独自背负狼群压力的乡村之间的冲突。

最后，这一无形却存在的物象学模型反映出了表征领域中存疑的人狼关系：狼造成了后果，但并没有人看见，无可界定，必然会带来空想的推断和拟人化投射。即使内容不可靠，我们用假想的内容弥补了感知表征的空缺（狼，到底，是什么？）。借助古老的心理机制将未知转变成已知，我们就这样虚构了狼。

狼虽然是潜在的猎食者，极少袭击牲畜①，却变成了无所不在的致命威胁，邪恶的象征。在这种情况下，仅存的好狼就像善良的印第安人一样……正如总是位于暗处的印第安人，

---

① 根据法国国家狩猎及野生动物局（ONCFS）的数据，即便在今天，对家畜的保护有时仍然存在疏漏，饲养人也没有接受过良好的业务培训，无法及时获得消息，但是狼群食物来源的84%~91%却都是野生动物。而最近几年，法国狼群的捕食也有效促进了狍子等有蹄类动物的种群繁殖和增长。

不愿意露面，因为我们认为印第安人身上具备种种罪恶，对待他们没有丝毫仁慈。

冲突的第二点来自自古以来始终存在的敌意，这种敌意仍然刺激着人类。历史上，我们与来无影去无踪的狼最早发生冲突的导火索就是牲畜。这些外来者有时会吃掉我们饲养的牲畜，回溯到新石器时代可能就存在这种现象。在旧石器时代，虽然狼和人捕猎的是同级猎物，但是无论是有蹄类与猎食者的密度，还是可能出现的同盟关系（追寻狼群的足迹寻找猎物，食用狼群剩下的残羹冷炙……）均已经表明，我们与狼的关系曾是另一种面貌，这些痕迹在如今的捕猎—采集者身上仍然可见，他们与狼仍有联系，并且对狼非常看重。在新石器时代，某些牧羊族群在六千年到一万年前驯化了赤羊，他们应该见证了最早的狼接近这些驯化后被成群圈养的牲畜。自此，在过去的六千年中，人类发展出了各种抵御猎杀的畜牧技术：从纳瓦霍的印第安人、阿尔卑斯山的牧羊人，到游牧的柯尔克孜人，都研究出了各种畜牧学对策，但求家畜和狼能够尽可能地共同栖居——虽然这并不意味着和平与友好。

狼有时会把捕猎目标转向人类饲养用于产奶、产毛或产肉的家畜，激化了人与狼的竞争。很可能正是对同一资源的生态竞争才是导致人与狼冲突关系持久化和激进化的根源。

于是狼与饲养者和捕猎者存在种间竞争，它就对人类构成了危害。两个物种因共享同一个生态位而产生对立，这是一种分布相当广泛的生态状况，可以作为研究指数。这就又回到如何解读这一对立的问题：怎样将其模型化？就此可以绘制出什么样的本体图？牲畜的主人是否遭到了罪犯的掠夺？但又是谁来编写物种之间的物权法？这是一场不同种群争夺领地的战争吗？还是两大顶级掠食者之间无关道德的简单生态互动？

从这一角度而言，我们不能把狼群的回归和其他任何一种掠食性动物或是野生动物的回归相类比：因为狼是顶级掠食者，即成年的狼并不是任何一种掠食性动物的猎物。作为顶级掠食者，严格地来说，它是我们生态系统中唯一与人类共处于食物链同一层级的动物——位于复杂的食物链顶端。食物链从初级生产者（或分解者）开始，中间经历初级消费者、次级消费者，最终到达顶级掠食者。狼和我们象征性地共享食物金字塔的顶峰：它是我们生态位上的同类。也就是说，从人类凌驾于一切并统治地球万物的传奇命运的角度，狼是我们的一大劲敌。狼的生态地位将其变成了一个形而上的改造者：狼的存在甚至再次质疑了犹太基督教神话中最基础的部分——人类被上帝选中的先定论。归根结底，本研究的目的正是在于拷问这种标榜起源的神话。

如果我们想要由此建立一个西方人理解他们与狼的历史冲突的模型，我们可以推演出一种对立类型，融合了资源竞争和妖魔化敌人的双重元素。此处需要建立的战争模型类似不同民族的领地冲突，可以类比 18~19 世纪美洲殖民者和印第安人之间的冲突。在绝对霸权的范式指导下，殖民者对原住民（北美大平原印第安人）采用了一种调节—控制—清洗的政策，将其妖魔化为神出鬼没且完全无法理解的对象；同他们争夺资源（土地和北美野牛等自然资源）。

之所以做这种类比，并非意在把狼夸张地同化为美洲的印第安人：它提取出了各种关系中的同源性，而非词语间的相似性，得以在人种学误解和外交危机的政治模式角度重新诠释在我们与狼的互动中重现的危机。

将人与狼的冲突与人类民族间的冲突做类比（争夺资源和妖魔化）促使我们假设一个全新的模型，一张新的地图；此后的任务是通过观察对研究问题的理论和实践效果来检验其可靠性。这里的冲突模型指的是与一个不可见的外来势力争夺资源，挑起一场外交危机。我们可以将误解解读成无力诠释"民族性"，无法在一个共同编码体系下沟通并发展出与之相应的互动模式。

针对上文描述的问题，我们能找到的唯一的解决方法就是把最优秀的外交家请到谈判桌上重新谈判。人与狼全新交互模式的地图，是外交。我们能从中推演出的互动模式，或者行动路径，是谈判。

它能够在人类世界与狼群世界的交界面上、在冲突爆发的边界展开一种对话机制。正如阿尔多·利奥波德主张的"像山一样思考",或许一些"像狼一样思考"的外交家能够保障这类机制的运行。关键是不要从人的角度去解读各种指数:无论是高举拟人论和猎枪,认为狼是害兽的厌狼派;还是高举拟人论和望远镜,敬重狼为隐形神灵,视其为一切的象征的亲狼派,双方都忽视了一点:首先要把狼看作另一种可视可行的生命形态。

那么我们面临的挑战就变成了用什么态度来刻画狼的形象,当然目的在于从双方的周围世界共有的重点出发进行交流。为了达到这一目的,就需要借助双方的力量:混血儿、翻译、杂交、杂种和狼人。也就是说要有中间人将自己对折为二,架起双方的通途。

# 外交模型

"外交"源自古希腊语 δίπλωμα（diploma），意为"对折为二"。对折的作用，就是位于边界，用这种折叠成两半的方式在双方阵营各占一席之地，通过共享双方混杂的编码达到沟通的目的：这就是一个翻译在两个异质性实体之间扮演交互膜的角色。西方探险的历史见证过许多这种对折翻译的例子。其中两例最为典型：休休尼人萨卡加维亚 [Sacagawea (1788—1812)，被法国猎人图塞安·夏尔博努（Toussaint Charbonneau）偶然打败 ] 为路易斯（Lewis）和克拉克（Clark）的远征担任翻译和向导，并在很大程度上保障了远征团队在太平洋的旅程。另一个外交典型是马琳辛（La Malinche），她的经历甚是凄惨，作为一名阿兹特克奴隶被献给了西班牙征服者科尔特斯（Cortés），做了他的情妇（Doña Marina）①。她

---

① 有意思的是，在记叙航海者的历史上重心出现了偏移，西方探险者的形象最初作为主角和英雄人物出现，后来经当代重新整理后，女性的原住民口译员逐渐成为了主要角色。

在纳瓦特尔语（nahuatl, 中美洲的通用语）和犹加敦玛雅语之间进行翻译，科尔特斯因此得以把一个又一个民族纳入阿兹特克的统治下，从而掌控一个帝国[1]。外交家把自身对折为二，横跨于两种语言之间、两种民族性之间、两种利益体系之间；因而能够作为一个灵活的谈判者和翻译打通所有边界清晰的集体战线：人与狼，甚至打破更深层的隔阂——饲养者与生态学家的隔阂，欧洲的诉求与大众的民意的隔阂。

于是，从这一外交模型构成的概念图我们可以推断，为了实现有效互动，必须通过非暴力方式，以解决不同群落共同栖居问题为目的，建立谈判的外交关系。这需要双方达成一致，翻译人员、共同语言以及施压手段。问题的关键在于通过外交任务建立联系，实现和外来者的对话，也就是说至少建立沟通、传达信息、向对方表明底线[2]。这种沟通需要的不多不少，就一种对折为二的语言即可：字面可以称为"狼人语"；使用双方通用的意义符号（惊吓刺激、领地信号……）以便获取人类和狼都能懂的词语含义（领地概念，或远离羊群的刺激概念）。

---

① 纳森·沃池泰尔（Nathan Wachtel）著书从美洲印第安人的角度而非征服者的角度讲述西班牙征服者的历史。见《败者的视角》（*La Vision des vaincus*），巴黎，伽利玛出版社，1992 年。也应该有这样一本书从狼的视角记录它们的历史。正如一句谚语所说："只要狮子没有自己的代言人，捕猎的故事将依旧继续歌颂猎人。"

② 这一点，参考第一部分第四章"理解行为，干预行为"结尾的各种人种学机制。

# 外交家模型的论据

## 历史论据

构想与野生动物关系的外交范式必须建立在历史的基础上，我们可以上溯到自然史的古老年代：自然史以面向动物界的历史结构为基础，很可能诞生于西方文明以前，其符号建筑就是自然主义的西方本身，因而很难讨论。这张本体图根植于新石器时代的农耕畜牧业经济，从某种程度上来说，我们从未退回过这个阶段，而正是这种经济模式把恶加诸野生动物，用想象为人类及其繁育必需的资源赋予了唯我独尊的神性 [①]。

这一形而上学和意识形态的混合体或许已经将我们的世界地球化了，我们可以在哲学家保罗·舍帕德（Paul Shepard）的指导下将其解构，并且从中找出建立我们与动物联系的历史事件（新石器时代的变革）。

---

[①] 这一形而上学的最初构想，请见奥德里库尔（Haudricourt）对正面直接行动和负面间接行动的构成区别的第一公民预测，收录于《动物驯化、植物种植与对待他者》（*Domestication des animaux, culture des plantes et traitement d'autrui*）一文，发表于《人类》（*L'Homme*），1962年，第二卷，p. 40-50。源于"外交家"项目的第二卷题为《我们发明了动物》（*Nous avons inventé l'animal*）的调查，该调查的主题是源于新石器时代，有着正面直接行动的形而上学问题是真实的还是虚构的。

[在新石器时代]，宇宙的游戏规则变了，从偶然性转向了战略性，从祈求自然慷慨恩赐的年代进入了以物易物的时期，从献祭供品变成了协商谈判达成的利益回报。显而易见，与自然（对应自更新世以来人类的三百年时间）的"新"关系重点落在了掌控的必要性上。想要掌控身体、有害动物、猎食者、植物、动物和小气候，这些想法对我们来说十分熟悉，但是对当时的人类思维来说却是相对新鲜的概念，可能会导致对权力的迷恋 [……]，如果牧羊人有权杀死狮子和狼，他们就会愈发嗜杀。野生的事物从此就扮演了反派角色；它们占据空间，消耗阳光和水……一旦人开始杀狼来保护家养的绵羊，开始灭蝗虫来保护种植的庄稼，野生的大自然就变成了对手，野生的生命就变成了一切被驯化生命的敌人，和两军对垒的战争如出一辙。权力领域是一个连续体，它从控制人扩张到控制一切：要么屈服，要么征服[1]。

以上论据首先证实了外交范式的作用：要接受现有情况，历史上从新石器时代开始，人与野生动物的关系就是冲突性

---

[1] 舍帕德此处的分析与马克思的一句高深莫测的话遥相呼应："整个人类越掌控自然，人类个体却似乎越容易成为别人的奴隶或自身卑劣行径的奴隶。"见《人民节日的会议》(*Conférence à la fête du Peuple*)，Paper，1856 年，被 G.Dumézil, M. Löwy, E. Renault 引用，发表于《读马克思》(*Lire Marx*) 一书，巴黎，PUF 出版社，2009 年，p. 58。

的<sup>①</sup>。但是外交的目的不只是短视地想要通过其他手段赢得战争，这一点我们在第三部分还会讨论。这种手段本身，是成为拥有狼的头脑的人，要能像狼一样思考（更广义地说，像野生动物一样思考），试图拉近两者的距离以达到一种新的生存状态：人与野生动物的关系并非只有冲突，而是积极寻求共性，健康共栖，共同演化。不是倒退回旧石器时代，而是创造全新的关系。

## 地缘政治论据

巨型动物群共处于一个生态联合体中，它们自发接触，以表达各自的诉求。接触无处不在。但是我们当代的社会部分承袭了新石器时代的传统，同时部分承袭了新石器时代背后的隐秘宗教——这种宗教建立在遗失的天堂模型上，认为野生动物都是未沾染世俗的圣洁生命——他们拒绝人与动物的接触，却主张我们与动物都属于同一个生物群落——自然。

---

① 严格来说，新石器时代并不存在：存在的是长短不一、属性各异的新石器时代化的过程，将其合并为一个时代的做法并不严谨，其弊端是有可能会形成双边的善恶二元论对立，一边是旧石器时代的"善良的野生动物"（浪漫的游牧生活和幻想的野性生活），另一边是绝对破坏性的新石器时代，而我们就是其继承者。再往后看就会发现，"新石器时代"这个词用在此处是取其局部意义，为了对新出现的人与动物关系或者人与生物关系进行时空剥离（在中东，距今一万一千年到六千年前），作为"正面直接行动"，在普及驯养动物和畜牧业的过程中，归纳出一种新的本体局面：家畜变成了动物性的范例。

大卫·梅奇（David Mech）在《狼：行为、生态、保护》（*Wolves: Behavior, Ecology, Conservation*）一书的结论中表明，在狼与荒野之间画等式是实行灭绝政策时期的后遗症，错误地主张狼只能在荒无人烟的地方生存。虽然加拿大、西伯利亚和蒙古的某些狼或许曾经生活的区域鲜有人类涉足，"世界上的大部分狼都生活在靠近人类的地方。它们在日常的游荡中会遇到文明的信号、声音和气味"[梅奇（Mech）、布瓦塔尼（Boitani），2013，p. 300]。有狼出没的地区人口分布密度跨度很大，从每平方千米一个人到两百人都有可能。法国的情况很可能会更多样。

生活在人口密集的地区，如欧洲，意味着狼为了适应环境调整了自己的行为①。在西班牙和意大利，我们观察到狼的活动推迟到了夜间，雾天或者雨天除外。普利也南（Pulliainen）指出，芬兰狼学会了不被察觉地在人类住房附近移动和穿过公路。而布瓦塔尼（Boitani）则记录了一群意大利狼将一个废弃的房子作为洞穴 [ 梅奇（Mech）、布瓦塔尼

---

① 2014年夏天，在上瓦尔（Haut-Var）地区追踪狼的时候，我们在一条明显被人类改造过的峡谷出口发现了复杂的狼足迹，显示至少有三头狼经常出没，留下一个谜（靠近人类，也能接触到野生的自然区域，在滩涂上持续行走）；直到后来我们做出了能够解释这一现象的假设：狼不在乎接近还是远离人类，它们是去那里捕捉鳌虾的，或者说是因为虾就生长在那里。淡水鳌虾的位置与吃剩的虾佐证了这一假设。

（Boitani），2013]，这一现象在符号化层面归纳出了狼的孔隙动物形象（孔隙动物，即活动空间并不是远离人类的大自然，而是生活在人类社会的缝隙中，与人类的活动空间重叠——译者注）。

面对外来者，社会依赖的对象不是士兵就是外交家。但是此处提到的外来者并不是敌人。那么全新的共栖范式应该是外交模式的。在向"外交家"角色转型的过程中，我们可以得出与神圣化和赶尽杀绝完全相反的方案[①]。比如布鲁诺·拉图尔（Bruno Latour）已经在他的《存在模式调查》[拉图尔（Latour），2012]中致力研究与狼的互动，而且他的目标不止于此。

与野生动物谈判是为了传达信息，指出底线并标明禁令。从生态和哲学角度来看，这一理念的核心是能够重新与野生

---

[①] 一系列理论方案都致力于改善政策上非人类因素的表征［从唐纳德逊（Donaldson）和基姆利卡（Kymlicka）的《城市动物园：动物权利的政治理论》（Zoopolis）到布鲁诺·拉图尔的《实现吧》（Make It Work）］。而这些重要方案却自相矛盾。面对表征的危机，它们似乎是在为现代化打头阵：如果说现代性出现了危机，那是因为我们还不够现代。如果说表征体系出现了危机，那就该创造更多的表征。此处外交家的特殊性表现在，首先，他在人类的议会中不能代表非人类因素。而我更加关注技术和哲学手段，它们能够同时得体地自我展示，正如外交家面对生活在我们之间的外来者一样。我们和外来者共同栖居的形式需要重新构想。这不是代表着非人类因素的人类之间的外交，而是直接与非人类因素打交道的外交。模型是探索方式，而非代表：此时的外交家不代表自身的阵营，他只是将其展示出来；外交家维护的也不是自身的利益，而是双方关系本身的利益。

掠食性动物共同生存。这是重新结盟方式的基础，意味着改变范式，但是也需要组建队伍踏入和掠食者冲突的区域——出面的人变成了我们的外交家，他们为了彼此的边界坚决谈判，以求实现互惠共赢的比邻而居的局面。

## 犬首加身：拥有狼的头脑，像狼一样思考

犬首的符号通常用于突出野蛮与兽性。在科特西亚斯（Ctésias）、麦加斯梯尼（Mégasthène）、马可·波罗（Marco Polo）等旅行者和探险家笔下，故事和传说中的这些犬首人"顽强作战，如果无法击中敌人，会饮人血或者自己的鲜血[1]"。人与兽杂交的兽人形象与古老的传说不谋而合 [阿甘本（Agamben），2006]。

这一神话主题几乎渗透了传统文化和当代幻想小说的方方面面：豺狼阿努比斯的形象、西非的古安猎人狩猎时变身狮子等。

兽人神话主题中的狼人意味着模糊地带，存在于人类世界与动物世界之间的表征混杂区，狼人在地图上被标注为或

---

[1] 保罗·迪亚克勒（Paul Diacre）《伦巴第人历史》（*Historia gentis Langobardorum*），第一卷，第 11 章。9 世纪的神学家拉特兰努（Ratramne de Corbie）写了一封信，《犬首人信札》（*Epistola de Cynocephalis*），询问犬首人是否应该被视为人，《拉丁文教父集》（*Patrologia Latina*）121: p. 1153-1156。

野兽，或大自然的神灵。这个区域确实存在，它是一个先决性的实验场，人与动物的意识形态存在巨大的鸿沟，将这片未知领域变成了无人区。我们需要重新发现它，涉足其中，以实现与野生大自然可见的互动——既避免调节有害物种模型（生物政策），也不至于陷入对动物神性的仰望，将其奉入神龛，请进展厅。

狼人的符号是半狼半人，新石器时代诞生的本体图对这一形象赋予了人类对野生自然界的控诉，并且永久地保留了下来。我们谴责其象征兽性的符号化含义，在这一形象上投射了人类所有的劣性。

抹去虚构的狼人形象上的殖民和基督教色彩，而后重新加工：这就是关键所在。在神话形象的领域，一场无意识的战斗正悄无声息地打响，加快或阻碍文明范式的改变。在人类共同的原始范型中，只要狼和野生动物仍然被自然而然地与无情的兽性相关联，所有的外交范式就仍然只是孤立的空想，尽管没有意识到，但人们内心深处依然对其顽固抵制。就像折纸一样，狼人反自然的形象应该根据其他动态轴线反复折叠，才能创造出一个真真切切的混血狼人外交家轮廓，真正具有生态属性、发展属性、技术文化属性。这个概念还有待创造。

如果狼人形象值得我们重新争取并转型成一个外交家模型，则需要将其污点转变为高贵品质、新石器时代遗留的形而上的丑陋形象转变为新型关系的标志①。

于是就需要重新借用犬首人的符号来塑造狼人外交家的概念形象②，这个形象肩负着人类与野生自然界交界处的外交使命，必须具备异质现象学的功能：用狼的头脑观察、思考并交流，也就是说观察、思考和交流均采用非常接近于狼的认知功能模式。问题并不在于了解狼是否具有理性，而在于了解人类的理性是否足够灵活，足以识别并捕捉理性以外的思维活动。

"外交官"是"versipelle"，普林·朗西安（Pline l'Ancien）新创了这个拉丁语词用于形容狼人③：它"把皮翻了过来"，以便在两个本身无法兼容的行为学系统、两个周围世界、两种存在模式中进行互动。

外交模型下的狼是可以明确阐释的：狼不再是野兽，不

---

① 人类学家埃杜瓦尔多·科恩（Eduardo Kohn）出于其他研究目的，在重构兽人神话主题过程中起到了一定作用，他在人类学著作《人类以外》（beyond the human）中对美洲狮人（runa puma）进行了分析。这点请见《森林如何思考：人类以外的人类学》（How Forests Think: Toward an Anthropology Beyond the Human），伯克利（Berkeley），UC Press 出版社，2013。

② 见德勒兹（Deleuze）和瓜塔利（Guattari），《哲学是什么？》（Qu'est-ce que la philosophie ?），巴黎，Minuit 出版社，1991。

③ 合成词"loup-garou（狼人）"，正如亨利耶特·瓦尔特（Henriette Walter）所说，是一种同意选用。因为 garou 就是法兰克语中的 *wariwulf 或 *werwolf，已经是"狼人"的意思了。见 H. Walter, P. Avenas,《哺乳动物名字的惊人历史》（L'Étonnante histoire des noms de mammifères），巴黎，Payot 出版社，2003。

再是"有害生物"或者神圣的灵物，它变成了我们的生态合作者和行为合作者，是我们外交谈判的对话者，而这种外交艺术集合了当下的各种关系和行为体系。

那么外交家的使命就是回答这个超越人类群体利益的迷思：如何在双方都获益的前提下与狼比邻而居呢？

## 概念模板：人与人之间的外交

一旦我们在本体图上确立了这些外交关系，就可以推断出互动的表现。借由外交模型我们可以推断出互动的"运作模式"：就像"打通了行动路径"的地图，不再一味地调节、消灭、驯服或仰望，而是要谈判。

这一概念尚未完全成型，仍需明确核心内涵，以避免流于中庸肤浅，纯粹从字面理解这种措辞：参与谈判的实体之间存在根本的差异，谈判双方并不平等，或者并非同类。很明显狼不是我们的同类［根据伯纳德·夏尔里耶（Bernard Charlier）的文雅说法，是一个"有差别的同类"］。但是谈判双方也不是支配者与被支配者的关系：而是代表两个世界，两种生存方式。

虽然人类也是动物，但新石器时代产生的本体图极力反对在人类动物和非人类动物之间开展外交的设想。外交或许应该在诸如"平等"的关系之下才能得以开展。首先，生物之间是否具有平等性其实无法评估，因为不存在一个等级能够界定在"生命"这个尺度上谁与谁平等,每种生命形态都构成一种独一无二的完美,没有范本、没有标准、没有最佳比例。但是,难道两者之间不该拥有同等的权利吗?不,事实上,只要对方抵抗并坚持,也就是说既不能被压倒,也不能被蔑视,就可以构成外交对话。科尔特斯不承认蒙特苏马(Moctezuma)与自己有同等的权利,但是他却是一个十足的外交家,因为他既不能征服也无法轻视自己土地上的阿兹特克民族。那么只有理性、清醒、健谈的对话者才能以外交家的身份谈判吗?这是问题的一个关键,但是从现在开始我们可以说:并非如此。比如,只要他表现得理性、能社交、具有领土意识、聪明就足够了。难道这个人不应该具有谈判的意愿吗?不需要,只要他能接收信息就够了。

然而这种谈判必然是不对等的:人类外交家的实践作用要大于对应的狼外交家,因为两者的谈判才能并不可同日而语。但是,这种不对等并不会完全阻隔谈判。这种观点与弗朗索瓦·德·卡利耶尔(François de Callières)(1645—1717)不谋而合,他是路易十四时期的全权外交代表,签署了《雷斯威克条约》,终结了法国与奥兰治的威廉三世的奥格斯堡大同盟的战争,也是法国的谈判理论家,他认为外交需要建立在不对等的谈判上。

在卡利耶尔身上,这种理论背后是一种"不对等人类学",因为外交家在自身保留了权威和反思,而这在君王和权贵身上却很少见。同类比较，我们的情况具有地方性，但很尖锐：人类外交家的特殊性在于他拥有反思能力和较强的可塑性，他的反应里也体现出权威，但是这和狼的权威并不相同。这种情况要求首先要具备责任感而不是特权[1]。

卡利耶尔的著述是培养狼人外交家的绝佳教材，就像一门围绕野生自然界"走进慈悲"的艺术。在他看来，谈判者应该接受专业的培养：要懂得双方的共同语言、不同港口的交际通用语（此处指和动物界的沟通方式）、力量关系和对立点、冲突双方的确切利益（农村人口、牲畜、野生生物多样性、饲养者、社会整体）、关系构成和非兼容性、部署的可行性。他要了解与外来者谈判的历史（在人与狼共同栖居的四万年间）、我们赋予狼的表征意义，以及狼赋予我们的表征意义。

我们希望狼人外交家能够带着这种认识论的态度，开展有效的不对等谈判。优先使用犬首的理论武器和动物行为学的劝说方式，这就是我们未来的"谈判科学[2]"。

---

[1] 这一点会在第三部分更加详细地分析。

[2] 这一点请见第一部分第二章和第三章。理论来自 F. 德·卡里埃（F. de Callières）《论与君主的谈判方式》（1716），巴黎，新世界出版社（Nouveau Monde），2006 年，第一章，p. 2-3："所有的基督教君主必须遵循一条基本原则：只有当努力论证和劝说且已经词穷的时候才能动用武器并发挥其权利，而在此之前，除了言语，他应该热衷于使用善行来服众，这是最可靠的巩固和提高其力量的方法；但是他要启用优秀的部下，懂得使用这些方法为他赢得人们的真心和自愿，以上就是谈判科学的主要内容。"

## 条约与协议的形式

谈判理论家从根本上把谈判分为两种：合作型和贡献型。前者旨在寻找围绕可量化的利益达成具体的协议。

谈判的结果可能失败，也可能促成协议的达成。但是协议的类型决定了其质量、稳固度和持久度。当一份协议立足于互利共赢（英语常用 win-win 的说法，法语用 gagnant-gagnant）的时候，其稳固度能够得到最大化。在类似于我们讨论的竞争资源的情况下，协议可能建立在"一赢一输"的模型上，因此不够稳定：牧民和饲养者对于当下的现状就是如此理解的，他们就是输的那一方。如果双方在谈判中都有所损失，此时不稳定性达到最大化。如果双方必须长久、可持续地共存下去，而不限于当下短暂的一次性会面的话，就不予考虑上述模型的后两种情况，即"一输一赢"和"双输"，因为稳固性和持久性都太差，不仅无法解决危机，反而带来了更多隐患。这恰恰就是我们最感兴趣的情况，它要求我们寻找一种可持续的暂时妥协的生活方式。

贡献型谈判为解决长期共同生活的冲突提供了范本。它要求双方意识到在长期相互接触的成员之间建立一种可持续、高质量关系的必要性，不主张只拘泥于单纯物质利益不切实际的双赢协议。保障这种谈判稳固性、象征其成功的标准，在于任何一方的成功不以牺牲对方的利益为代价。换言之：

这是一种任何一方的成功都取决于对方有效满意度的谈判。在这种模型下，我们从一种逆境的行为逻辑转变为合作对话的逻辑[1]。这种合作对话让我们看到了狼群的回归为法国生态系统带来的生态效益。大型肉食性动物在生态系统中能保障顶端的调节作用，令整个食物链焕发活力。在黄石公园[2]，生态学家发现狼群回归正在带来的营养级联效应，这是一种有利于生物多样性的间接生态循环效应（筑巢的鸟类大量增加、"自上而下"调节使得有蹄类种群扩大、河岸林植被再生、河狸回归改变了河水流向，进而改变了整体景观）。目前生态学的争论焦点在于大型掠食性动物对整个野生生物多样性重新焕发生机的真正作用。狼和大型掠食性动物对生态保护的重要性在于它们将会是生态回弹性、稳固性和生命力的决定性因素，这些恰恰是生态系统中曾经被人类破坏殆尽的特征。

如果它们是决定性因素，我们就可以毫无疑问地把狼列为重点物种，它能够焕发生态系统潜在的自我调节功能、保

---

[1] 归根结底，我们会在生态学家罗森茨威格（M. Rosenzweig）提出的双赢生态或"妥协生态"的前提下分析这一谈判模型。

[2] 关于这一点，请见 T. A. 纽瑟姆（T. A. Newsome），W. J. 里普尔（W. J. Ripple）所著的《大洲级营养级联：从狼、郊狼到狐狸》（*A Continental Scale Trophic Cascade from Wolves through Coyotes to Foxes*），发表于《动物生态学杂志》（*Journal of Animal Ecology*），第 84 卷，2015 年；W. J. 里普尔（W. J. Ripple），R. L. 贝施塔（R. L. Beschta），《黄石公园营养级联：引入狼后的 15 年》（*Trophic Cascades in Yellowstone: The First 15 Years after Wolf Reintroduction*），发表于《生物保护》（*Biological Conservation*）第 145 期，2012 年，p. 205-213。

034 障"完整的生物多样性",而这就是未来的人与生物共同栖居的生态计划 [1]。

## 怀疑一切价值

狼人外交官的形象可以从布鲁诺·拉图尔描述中汲取灵感,保留其极端性,杂糅出一个概念形象。虽然拉图尔的狼人概念是独特的,但仍然保留了一些泛人类外交家的特征:"外交家不是调解人,他对价值观质疑,尤其对他人给出的价值观质疑 [2]。"

外交家质疑价值观,一切价值观,尤其是更深层的价值观、把西方人类社会塑造得如此宜居的新石器时代的价值观。同时,他也要不断质疑"说情者们"一贯赋予狼的价值观,他们想象出野生动物的嗜好、对人类的憎恨、拒绝沟通的态度、残暴的猎食手段。

同样地,狼人外交家致力于建立一个共享的世界,但是

---

[1] 关于这一点,请见乔阿奥·佩德罗·加拉诺·阿尔维斯(João Pedro Galhano Alves)的著述《人,大型食肉动物和食草动物:国际人类学比较研究方法》( Des hommes, des grands carnivores et des grands herbivores. Une approche anthropologique et comparative internationale ),发表于 ANTROPOlógicas,第七期,波尔图,2003 年。这一绝对生物多样性的理念我们会在最后一部分分析。

[2] 见 E. 迪兰(E. During),L. 让皮埃尔(L. Jeanpierre)与 B. 拉图尔(B. Latour)的访谈,《普适性,理应如此》( L'universel, il faut le faire ),发表于《批评》( Critique ),第 786 期,2012 年 11 月(由我们自行翻译)。

并不是通过寻求普适性的方法。对拉图尔派的外交家而言，普适性仍然是世界主义的理想状态：

　　尽管如此，某种普适性的区间确实仍然存在。而且，既然它是我们大家承袭下来的长期目标，并没有什么理由不去追求。希望建立一个共享的世界离不开外交官：他致力于谈判，努力拯救这一共享世界理念的构想，十分清楚这就是我们必须要创造的世界①。

　　狼人外交家努力拯救这一共享世界理念的构想，但并不等于拯救以人为核心的世界主义普世价值。他们通过生态行为学结合的方式、互惠共生的方式，努力开创一个共享世界，即一种超越并包含人类普适性的生物群落。在生态学上，生物群落即现有全部动植物种间关系的统称。但是在方法论的选择上，这一定义忽略了人。阿尔多·利奥波德在其"大地伦理"（land ethic）理论中扩大了群落的定义，将人类这一物

---

　　①"也就是说，某种普适性的区间确实仍然存在。而且，既然它是我们大家承袭下来的长期目标，并没有什么理由不去追求。希望建立一个共享的世界离不开外交官：他致力于谈判，努力拯救这一共享世界理念的构想，十分清楚这就是我们必须要创造的世界。"见 E. During, L. Jeanpierre, 与 B. Latour 的访谈，《普适性，理应如此》（《L'universel, il faut le faire》），发表于《批评》（Critique），第 786 期，2012 年 11 月（由我们自行翻译）。

种及人与其他生物的关系也纳入了群落概念[1]。此处我们想要赋予它一层政治含义。生物群落是地缘政治上寻求的共同栖居，它拥有复杂的食物关系，生态位的确立需要经历种种博弈，还会产生符号化的持续相互影响。某一物种内部的种群间关系和物种间关系一样，都是地球上自生命诞生以来各物种的长期共同栖居，正是以此为基础，人类想要获得自由就必须思考与野生动物的关系[2]。从生态行为学的角度来看，也存在一些积极的共同栖居的模式：共栖、互惠共生、亲敌效应、行为共生，这些都是外交家有力的地缘政治武器及其各种等级的条约和协议。

---

[1] 我们在这项调查中，该术语的这两个含义都有涉及，具体用哪一个取决于研究的问题。

[2] 这一点请见凯里科特（J. B. Callicott）的研究，他呼吁在生物群落和友好进化的生态术语中创造一个"自然的新形象"，主要收录于《大地思考》（Pensées de la terre），马赛，狂野计划（Wildproject）出版社，2011 年；《大地伦理》（Éthique de la terre），马赛，狂野计划（Wildproject）出版社，2010 年。

# 寻找所罗门王的戒指

## 一门通用语

总之，谈判，首先是对话，聊天。如果没有共同语言，如何开展外交？难道只能拿枪炮理论？

### 与狼对话的圣方济各

在犹太基督教传统里圣言可以超越三界，这个问题就在神话层面上解决了。

我们可以简单地回想一下 1877 年吕克－奥利维耶·麦尔森（Luc-Olivier Merson）笔下描绘的古比奥（Gubio）的狼，"流浪着，挨家挨户地走邻访友，一轮光环照亮了它的皮毛"。

这则奇闻轶事对我们重新阐释人兽外交官的形象至关重要：亚西西的圣方济各（François d'Assise）能通鸟语和兽语，是一个超现实的狼人外交家原型。1220 年前后，在古比奥城内记载着《圣方济赞》(*Il Poverello*)①。城墙外游荡着凶猛的狼，每天都吞吃人和动物：古比奥人只有全副武装才能出门。他们向圣方济各请求帮助。于是他开展了外交：只身一人赤手空拳前去交涉，与狼对话，请求双方和平共处，因为他明白狼并非生性邪恶凶残，只是腹中饥饿无以为食。他提出了一个简单的协议：村民们喂饱狼，而它们不再以人为食。协议也传达给了村民，双方都同意。他使人和野兽之间重新建立了友好的关系②。

在这则圣徒轶事里，联结人与狼的通用语是上帝的圣言，也正是因此，圣方济各才能被塑造成一个超现实的人物。只有在创造论模型或者神话模型中，圣言才能传到动物口中。此外，我们可以把这种重要的通感直觉用于进一步解读，有了人与动物通用的编码，我们就发现人类虽然把动物行为解码成残忍和野蛮，但事实上其中有可以理解、无关道德色彩的行为学意义，就是过捕的问题。那么圣方济各就堪称狼人外交家的先驱，但他是个神话幻想的先驱，因为他谈判的工具是我们不具备的：

---

① 这则故事出自《圣方济各之花》(*Fioretti di San Francesco*)第21首叙事诗。最初用拉丁语写于1327—1340年，作者疑为乌格里诺·达·蒙特乔尔乔(Ugolino da Montegiorgio)，后被译为通俗语。

② 圣方济各宣布协议生效时如是说："狼兄，汝于此为祸甚多，造孽甚重，擅袭妄屠上帝之造物⋯⋯而吾心所向，狼兄，乃尔等久睦，汝勿再犯，彼亦勿咎所往，保汝终生再无人追犬逐。"见《圣方济各之花》(*Les Fioretti de saint François*)，巴黎，瑟伊(Seuil)出版社，1960年。

圣灵。根据哥林多书（12:8-13）的记载，他的圣灵拥有天赋的"多语种"才能。接下来的研究目标是得出一套非拟人化的内在共同编码——认知行为学和生物符号学就是我们的圣言。

## 言语之外的语言

但是如果狼并不懂圣言，这也并不代表无法与之沟通：动物界的沟通无所不在；认知行为学和行为生态学每天都有更精妙的表述：言语之外也是存在语言的。

为了实现谈判的目的，外交家需要掌握一种狼人语。想要解决这个难题，就要先回答狼和动物特有的语言或者交流编码的问题。为了在动物交流的研究中配备语言学工具，我们的调查也借鉴了动物符号学的视角，这是一门由塞伯克（T. Sebeok）理论化的学科[1]。

由于双方没有共同的语言，我们就需要寻找一门通用语。通用语往往比较简化，为使用不同交流编码的人群提供了一种交流手段，就像从中世纪以来在地中海沿岸的国际性港口使用的交际通用语，无论是马萨利亚水手、威尼斯商贩、柏

---

[1] 托马斯·A. 塞伯克（Thomas A. Sebeok）创立了动物符号学方法，包括三个经典分析阶段：句法阶段，对信号的物理描述；语义阶段，提出信号承载的定性信息问题；实用阶段，信号的潜在用法，其在互动中的作用。见 T.A. Sebeok，《动物符号学展望》（*Perspectives in Zoosemiotics*），海牙，穆顿（Mouton）出版社，1972 年。

柏尔海盗或是卡斯蒂利亚的西班牙大方阵雇佣兵，无一不通。

这种语言本质上是实用性的，词汇有限，几乎没有语法（动词直接用不定式，没有语式和时态），能行之有效地完成简单的互动，避免给外来者造成只可意会不可言传的严重误解。问题还是老样子：我在自己的世界边境遇到了一个外来者，语言和民族性和我都不同——在此情景下，我无法理解对方某些行动的含义和作用。是问候还是攻击？是敌是友？他想要什么？在这种互动下我该如何回应？交际通用语就可以向出海的水手提出这些问题，并提供双方交流的共同基础。

如果要构想出一种在人与狼之间的通用语，需要确定在同一个层级上分析两种交流模式：抛开彼此的差异，两者都是由各自的编码组成。于是语言问题就转化成了编码和解码的问题。瓦伦·维沃尔（Warren Weaver）(1894—1978) 主张对语言仿照信息编程系统建模，同理，翻译就是解码系统：信息发出者编码并发射信息给传递者，后者需要通过共同或兼容的编码规则解读信息。

## 共同的动物行为谱

我们和动物的共同点由来已久。在西方传统中，有三个标志性的时间节点：首先是前文提到过的新石器时代的形而上学。其次是亚里士多德的哲学，他以初始叠加模型为基础提出灵魂论（植物性是万物共有的，植物代表感觉，动物代表运动，人类代表智慧），在连续渐进的泛灵论图谱上按照进化阶段划分生物。最后是基督教人类学，将拥有灵魂的一切特权都归于人类，把动物放逐到了材料的范畴，后来又到了机器的范畴；根据路德维希·弗尔巴赫（Ludwig Feuerbach）提出的通灵图，我们把人类身上所有的劣根性都投射到动物形象上，而把最崇高的美德都投射给了上帝。当然这个总结是十分简要的，漫长的基督教文化有诸多发展，千变万化[1]，也涌现了不少异端和异端代表人物，能与动物互动的人物，其中的典型就是圣方济各，从 1979 年以来，他一直都是所有生态学家的主保圣人[2]。

后来达尔文的观点横空出世，颠覆了原有的先验模式。

---

[1] 希尔德加德·德·宾根（Hildegarde de Bingen）(1098—1179)，具备冒险精神，开展治疗性的动物学研究。有感于性格理论，她提出了一种类似上帝造物的理念："我们对狮子有所研究，其同类狐狸也懂得很多；因为它有类似豹子的习性，性格多变又对人类有点了解。狮子则兼具人类的力量和野兽的天性。狼有狮子的习性，得益于此，它们才能了解并懂得人类，并远远地就能嗅到人的气味。狗的天性里通点人性，同样地，驴子喜欢人，因为人的性格里有些部分能触及它的天性。"引自 D. 莱斯泰尔（D. Lestel），《文化的动物起源》（Les Origines animales de la culture），巴黎，弗拉马里翁（Flammarion）出版社，2009 年，p. 34。在这一类比理论中，造物具有一些共性因素，让彼此相互了解。这是一种特殊的相近天性理论：一种生物的天性"某些方面触及"另一种生物的天性。本文指出的是在差异下对一种共性产生的前达尔文经验直觉，一种内在的共性，并没有超验性的编码（圣言），而是与天性基本呼应，也就是特殊化的亚里士多德学说精髓被经院哲学家重新引入了基督教宇宙论。

[2] 1979 年 11 月 29 日，教皇若望·保禄二世颁布教皇通谕 Inter Sanctos Praeclarosque Viros，宣布圣方济各为生态学研究人士的主保圣人。

根据达尔文的"共同起源"说（common descent），或者叫共同祖先说，人类与动物的共性在不同物种的分化史中一直延续下来——为拥有同一起源的各个物种共有；在相似的生态环境中逐渐趋同。

我们不再赘述达尔文的发现对宇宙论和人类学的影响[①]，但是他的研究成果中却有明确的表述能给我们以启发，为我们的问题找到一个新的突破口。以下文本摘自达尔文第三段长篇综述，是现代动物行为学的一篇先导性文献：

长久以来，我们认为人和所有其他动物都是彼此独立的创造物，我们被这种想要最大程度地确定表达行为原因的本能欲望困住。这一学说将一切的正反两面都解释通了，它也确实颠覆了表达性研究以及所有其他自然历史学科的分支。人类的一些表达行为都很难理解，如在极度惊吓时毛发竖起，或者极其愤怒的时候龇牙咧嘴，除非我们相信人类一种更加原始、更加动物性的状态 [……] 如果我们承认所有动物的结构和习惯都是逐渐进化得来，就会从有趣的新角度看待表达的主题 [达尔文，伦克（Renck）和赛尔韦（Servais）引用，2002]。

---

① 这一点，见 J. Dewey，《达尔文的哲学影响》(*The Influence of Darwin on Philosophy*)，收录于《达尔文的哲学影响及其他文章》(*The Influence of Darwin on Philosophy and Other Essays*)，亨利·霍尔特 & 公司（Henry Holt & Company）出版社，1910 年。

毛发竖起，獠牙亮出，这就是狼，这就是人，共同本质彰显。这就是狼人外交家。

在达尔文的理论推动下，我们能够理解希尔德加德·德·宾根（Hildegarde de Bingen）预见行为的共性边际，共同祖先说为比较分析提供了可行性。主张自然选择的进化论提出了生命形态从同一源头进化的过程，几乎把进化树上所有的生物都进行了重新排序，按照差异性确定远近关系[①]，这种关系得出了不同生命形态之间必要的基因联系和生态联系。进化树上每个门对应一种生命形态，根据两个门之间分支距离的远近，共性/差异的比率取决于历史远近（以进化速度差异为模），以及先前在相似或相异的生态条件下的变化。这种新型的生物绘图让我们能够实时看到物种系谱间深入的相互从属关系及其明显差异。

在我们的研究中，这种共同边际可以是形态学的、生理学的、解剖学的，当然更可以是行为的。达尔文在最后两篇综述里有力论证了未来动物行为学的基本观点：他的自然选择理论并不限于单纯的物理特征遗传，也包含行为特征的继承。达尔文主义的这种区隔学说具有决定性意义，因为它可以大幅推进传统的物理特征区隔（生物学相关）和精神特征

---

[①] 对进化树上的生命更加贴切的比喻是珊瑚，因为珊瑚没有等级结构，只有最表面的分支是活体。

044 区隔（文化相关）。行为并非天生，而是遗传继承来的，达尔文认为这种理念是能够解开某些人类行为谜团的唯一钥匙——比如：亮出牙齿。

　　在动物行为方面，我们刚提到的达尔文是个杰出的实证密码破译员。他建立了哺乳动物交流情感的信号目录。比如说，他观察到战斗状态的动物耳朵会向后压，这是一种适应，因为耳朵的这种变化只出现在用牙齿打斗的肉食性动物和反刍动物身上。他提出的"对照"概念在完善后的动物行为学的表述中仍然适用，旨在强调动机相反的表达行为具有共同的形式，但在最大差值上有所区别（占统治地位的狼行走时昂首翘尾；被统治的狼行走时低头拖尾；满怀期待的狼尾巴位于正中央）。

　　这标志着动物行为学的开端，因为上述理论如果要成为研究动物行为的科学，只有在达尔文学说的框架下才能成立。实际上，观察和描述动物行为的做法存在已久，但是无法被定义为动物行为学——成为科学要求具备专属的研究方法和一整套理念，在每个门里通过比较的方法为动物重新定位①。

　　经典动物行为学是一门研究行为的科学，通过观察分离

① 我们会想起动物行为学家尼克·田伯根（N. Tinbergen）的"四问"，其中两个问题都是行为进化方面的。"四问"也成为了动物行为学经典研究方法的核心。

出相对固定的特殊行为序列，目的是把这些行为序列记录在"动物行为谱"上。但是在行为谱中并非对这些行为进行简单的描述，而是与其他物种的近似行为建立根本性的联系。

若想了解这方面，就不得不说康拉德·洛伦兹（Konrad Lorenz）为动物行为学奠定基础的天才方法论。正如他在理论自传中所述，他借鉴了比较解剖学的方法［洛伦兹的解剖学师从维也纳医学院的杰出解剖学家费尔迪南·霍池泰特（Ferdinand Hochstetter）］，从研究器官延伸到研究行为：把行为视为器官。因此，这是一种特殊的行为理论，采用了达尔文的观点看待物种：就像一个没有生殖隔离的混杂种群，通过亲本关系与其他物种产生关联。共性始终存在，不为人知，因为亲属不是主动选择得来的。洛伦兹的动物行为学以解剖学为模型，是一门在共性基础上研究行为差异的科学。在翻译和外交官的传统里，康拉德·洛伦兹取代了能把圣言传达给野兽的圣方济各。1949 年他出版了《他和哺乳动物、鸟类、鱼类说话》一书，成为了现代动物行为学的创始人。在书中他提出要寻找所罗门王的戒指，传说中戒指的魔法能够让人和各种生命形态对话。

因此，每种动物都发展出一套独特的个体或社会行为。同一物种内统计的所有稳定的动物行为形式统称动物行为谱。"动物行为谱"的提法是 1936 年由鸟类学家格利特·弗朗索瓦·马琴科（Gerrit François Makkink）首创，出现在一篇写反嘴鹬的专题报告里。它是指建立一份详细目录，用描述的方式记录某一物种的行为序列，最好排除拟人化的解读。此外，在教学上，它可以指导博物学家把观察到的动物生命切分成可靠且灵活的小单元，即行为序列。动物行为谱的概念是模糊的，因为无论是通过横向比较的方法（哪种行为序列是整个物种共有的？）还是纵向比较的方法（某一物种相对其亲代物种，哪种行为序列改变了？），似乎都回到了亚里士多德派的动物学，每个物种都被一种本质限定：具备一系列专属的本能，所有个体都一样，因而陷入僵化。

但是，正是由于动物行为谱的构建，更先进的动物行为学才能够跨越这个阶段：得益于灵长目动物学的发展，我们已经可以展现个体在类似于人类行为的历史和社会行为组合中，以分化的社会和情感环境为背景，微调、改变、颠覆其序列的过程[1]。

类似其他研究行为的比较科学，动物行为学自发地产生了比较动物行为谱，提取出具有相似生存方式和近期基因分散的不同物种的共同行为序列。这对我们的研究十分重要，因为它绘制了一幅大型掠食性动物捕猎行为的比较动物行为

———

[1] 这一点，见塞尔玛·洛威尔（Thelma Rowell）的《动物行为学的双重节奏：灵长动物学 vs. 经典动物行为学》，第二部分《狼学》。

谱①，这些行为是独立的，并不限于同一个属或一个种。如果我们能够比较狼和狮子的动物行为谱，为什么就不能找到狼与人的行为共性呢（如果能跨越新石器时代的本体图标示出的绝对边界）？

自此，我们似乎要从动物行为谱的角度来思考，寻找狼与人的生存方式之间侧重实践和通信的这种"共性""可共享性"。假设在人与狼的动物行为谱之间存在一个重叠的混合区间，就能够实现远古的交流和动物外交。

这一难题错综复杂，关系到人与动物的差异问题。需要解开这些上游的结，才能跨过共性的问题取得实质性进展。

我们从早期亚里士多德——基督教学说的存在锁链提出的人与兽的天性差异，如今已经进入了反复强调"程度差异"的理论体系。达尔文的理论标新立异，拒绝承认人类和动物差异，时而也会用上"定量差异"的字眼，而非定性差异。在宽容的外表下，这种理论也隐含阴暗的逻辑，其负面效应几乎堪比古人的天性差异论。

我们为了给广义的动物和人类动物之间的关系定性，进

① 这一点见 D. 麦克纳尔蒂（D. MacNulty），L.D. 梅奇（L. D. Mech），D. 史密斯（D. Smith），《拟大型食肉动物猎食行为谱，以狼为例》（*A Proposed Ethogram of Large-Carnivore Predatory Behavior, Exemplified by the Wolf*），发表于《哺乳动物杂志》（*Journal of Mammalogy*），第 88 期，2007 年，网址链接：www.digitalcommons. unl.edu。

而讨论程度差异或定量差异，其实犯了一个概念性错误。这一概念陷阱试图抹杀差异的本质性，但却不声不响地用类似拉马克式的复杂化生物等级把物种再次划分成三六九等。当然，这种理论确实彻底改变了存在锁链（从不连续到连续），但是却把这条锁链固化了。因为只有在共有且唯一的一条线性渐进的轴上才会存在程度差异。只有在共有且唯一的计量标准下才会存在定量差异。

而这种用于区分程度的共同尺度是人类设定的，总是把人类定义为高级、最先进的生命形态（例如智慧程度、文化程度、社交程度、道德程度、创造性、使用语言的能力）。这种专横单一的尺度无法捕捉到根本趋异，它不仅构成了生命结构，也产生了各种方向：他理性、他道德、他意向性和他创造性……因为所谓的共同标准和计量尺度并不存在：每种生命形态都是独一无二的完美呈现，是没有理想范例的趋异产物。

传统意义上的完美表示完全契合理想范例。我们在这里说每个物种都可以被看作是完美的，是一种悖论的说法，因为它们独立于所有理想范例之外。若想理解这点，一定要警惕把此处的"完美"理解为广义上的完美：如果一种生命形态是可以蓄意制造出来的，那么它就不可能完美，它就只是一个盲目过程的产物，不具有工程智慧。完美这个词用来形容生命（我们也是其中一员）卓越、综合、精确、复杂、具有功能性，并且有很多神秘之处，哪怕最出色的智者也无法理解，它们甚至不是任何人设计的产物。

但其实，我们说的完美接近美学的完美概念：结合了包豪斯（Bauhaus）（凡是有用的就是美的）的柏拉图式的价值观与康德主义的天才论（天才无视过去的准则，并创造自己的准则）。没有两个基因流的轨迹是相同的，一个物种的构成生态环境也没有相同的生物群落：因此没有任何物种或者生命形态能够成为衡量其他物种的尺度。没有任何一种智慧形式能够成为评估其他智慧的尺度。

若想给没有范例的完美状态提供一个最纯粹的范例，最合适的莫过于后古典主义的艺术作品的创作理念（也就是说评价的时候没有任何同时代的标准范例）。浪漫的艺术品本身就定义了自己的标准，每件作品都是独特的，超越标准；但又是完美的，根据其自身的标准：在它与外部世界的构成关系的纯粹独特性中，它们自己给出标准，也自己获得评价。放在我们的语境下，外部世界指生态环境。

没有范例的完美状态告诉我们，每种生命形态的基因流在进化史上都会经过一系列的生物群落，而生命形态通过无与伦比的历史塑造和这些群落有机地联系在一起。这是一种基因完美和生态完美，我们不应该机械地理解完美这个词语，因为物种不是暂时的优化设计产物，不是根据当前目的加工可塑材料就能完成的，而是自古以来的拼接，无用的痕迹的组合，为了颠覆一个自古已有的基础而不断进化改变。每个物种都在共建自己的标准（确立生态位）——根据该标准，它在这一瞬间就是完美的。

但是"没有范例"不代表没有比较，因为相似的基因库和生态条件造就了共同的模板，也在物种间产生了决定性趋同效应，主要体现在存在方式或生活面貌上（在进化生物学上的相似性模型）。不同种的动物（包括人类）之间存在家庭氛围（系统发育相近）和"阶级惯习"——生态位惯习（功能生态学）。

因此并不是非要用拟人论把某种动物比作人；如果这种比较只是严格地从共有的基因角度（共有衍征）、从趋同或返祖角度（异体同功）讨论共同的存在方式，则成了生物形态学。生物形态学的范例并不是人类，而是模板生物。因此掠食性动物通用形态的共同范例可以是捕猎，以此作为一种存在方式或者生命形态[①]。从这个意义上说，在各种形态学中一定也存在把哺乳动物进行比较的哺乳动物通用形态，而杂食性动物通用形态则能让我们明白人类的存在方式与熊和乌鸦

---

① 在这一观点的启发下，我们要明白，美洲印第安人、柯尔克孜人和狼学家的分析，狼与人的生存方式趋同并不是拟人论，而是掠食性动物的通用形态：集体捕猎大型猎物、社会和等级战略、以家庭为生活群体、忠诚的父母、共同承担幼崽的教育、领土防御、为防止族内通婚而让年轻一代外出生活……要想了解这些相似性的本体论本质及其概念化的认识论模式，需要做完整的分析。

的具体亲缘性（而不是对比基因池的近似物种）[①]。

虽然如此，那么人作为动物，与其他动物差异的认识论本质又是什么呢？难点在于差异的认识论类型是有限的。我们在这里或可提出，在生物之间存在一种非本质也非程度的差异，而是一种组合或融合的差异。通过组合，我们可以认为生物构成了某些共有模块的拼接，组成了不同的马赛克图案。某些模块可以为物种一和物种二所共有，而某些模块可以是物种一与物种三共有。此处的模块就好比基因[②]和分子层面可以衔接的元素，当然也可以是机体元素和行为元素。

在这个意义上我们才能谈组合动物。就像组合特征，可以继承，也可以趋同，生物物种也有类似的镶嵌性，于是拼出了最初的马赛克。但是这种组合性作为差异的第一来源也经过了融合的过程。要知道融合的各种模块从来不是一成不变的：它们在机体、基因、行为的复杂作用下被转译和扭转，最终变得面目全非。

---

① 这一点，见保罗·舍帕德，第一部分第二、三、四章。

② 这一点，见 V. 奥尔格佐（V. Orgogozo）、A. 马丁（A. Martin）和 B. 莫里佐（B. Morizot）三人提出的进化遗传学概念——基因表型（gephe），包括一个位点的多种基因型和一种表型特性的状态差异，在生命进化树上距离很远的两个物种身上也会出现：动物的分子都是一样的，甚至植物分子也是同样的结构，与系统发育的距离远近没有关系。《基因型——表型关系的差异性观点》（*The Differential View of Genotype-phenotype Relationships*），发表于《遗传学前沿》（*Frontiers in Genetics*），第 6 期，p. 179, 2015 年。

这就说明了为什么相似性在复杂的网络中也可能无法辨识：同理，如果兄弟俩天生都具有某一种特质，但是存在于错综复杂的差别网络中（性格表现取决于不同的社交经历和心理代谢后的事件），单独来看并无相似之处。对自身苛刻的要求在一方身上可能表现出消极的负罪感倾向，而在另一方身上或许表现出的就是专横自大。同样的特质被复杂性破坏了，被心理生物学情境扭转了。我们遇到亲人性格迥异的兄弟或姐妹，我们可能突然明白了他身上的特质来源于微妙的组合：他们复杂的人格里都有这种特征，以至于显像形式上已经无法辨认，只在双亲面前才显现出来。物种相似就像兄弟姐妹相似一样，换言之，组合特征往往是相似的，而被融合过程扭转。那么，融合就为我们设下了陷阱：对个体逐个单独观察并没有用。应该同时研究两个相似的仿射对象，以借助排除法确定两个复杂整体的共性。类比于颜色，单独研究的话，一个物体呈现绿色，另一个呈现淡紫色：它们只有差异没有共性。但是两相对照研究，我们就能发现淡紫色是与绿色共有的蓝色加上红色之后显现出来的；而呈现绿色的物体则是由同一种蓝色融合了黄色显现出来的。在研究两个仿射对象"显像差异"的过程中，我们能够分离出某种共性模板，虽然任何一方都没有显现出来，但这是因为它往往经过了融合和扭转的缘故。

一些美洲印第安文化中早有把生物比作兄弟姐妹的比喻

（如拉克塔族），这一预言后来被达尔文的理论佐证，从现在这个角度来看，也有了大量新的分析。在这个意义上我们能够开创一个生命形态之间差异类型，既不是天性差异也不是程度差异，而是组合与融合差异。这其实用到的是生物形态学的研究手法。

生物形态学：非亲缘相似性与基因同源

如果每个个体都是没有范本的完美造物，那么该如何看待生命形态中的共性呢？为了回答这个问题，我们提出了生物形态学的概念及其同位概念：掠食性动物通用形态、杂食性动物通用形态、哺乳动物通用形态。这是一种比较研究方法，强调生态接近，要求通过趋同效应或者遗传的方式达到动物行为上的靠近。换言之，这种方法要求深入比较非亲缘相似性和拥有共同基因库的同源现象①。

动物行为生物学家提姆伯莱克（W. Timberlake）就提议过进行这类分析，他主张将行为的比较按照生态和遗传两个方面分为高级和低级 [ 提姆伯莱克（Timberlake），1993]。他

---

① 最新发现表明我们过去低估了亲缘关系较远的物种之间的遗传力量，我们在相同的 DNA 里发现相似变异产生了相似的表现型结果，由此，我们就能够进行大范围的物种间比较 [ 马丁（Martin）和奥尔格佐（Orgogozo），2013]。换言之，共有的遗传学工具箱构成了基因组的绝大部分：每种生命形态首先都是从相同的基因模块整体经过组合与融合的产物。这一共同基础再次保证了比较是可以实现的。

把在遗传关系和生态关系都比较强的机体之间进行的比较称
为"微进化比较",把遗传相似性较弱而生态相似性较强的称
为生态比较。

我们会在狼的生命形态方面对这一方法有更多了解,前
提是我们承认其生态行为学的存在条件不是绝对特殊的,而
是部分与其他物种相同,从叠加韦恩图上来看,例如人类就
和狼有相同之处:都是社会性大型猎物捕食者、建立家族部
落、过着饥一顿饱一顿的生活。早些时候,一个备受批判的
思想家奥斯瓦尔德·斯彭格勒(Oswald Spengler)[斯彭格
勒(Spengler),1969]曾经预言过对这些基因上亲缘关系较
远的物种进行行为类比,这一理论也曾经被戴斯蒙德·莫里
斯(Desmond Morris)整理出来,发表在他的作品《裸猿》
(*Singe nu*)(Morris, 1971)一书中最令人信服的章节里。保
罗·舍帕德的《我们只有一个地球》(*Nous n'avons qu'une
seule terre*)[舍帕德(Shepard),2013]为其奠定了基础。

我们讨论的不再是拟人论,而是生物形态学,它建立在
掠食性动物通用形态和哺乳动物通用形态的基础之上:我们
是哺乳动物,因而能够理解哺乳动物;我们是掠食性动物,
因而我们的存在方式与其他掠食性动物无异。

从生物形态上来说,本质上,我们和哺乳动物(在某种
意义上,和动物)在不同层面上共享蜕变性的重要生存阶段。
出生,接受照顾,玩耍和学习,乐于寻找对自己好的、恐惧

坏的，喜爱亲友、憎恶他人，平静漠然，主动渴望，约会，改造生活、居所、环境，为人父母，融入或离开集体，建立与他人的政治关系，为亲人吊唁，而后拒绝承认明天所剩无多、人生大半已过，看着年轻人成长、寻找和他们互动的方式，死亡。这是一个生命阶段周期的生物形态，反映出了人与动物深层的接近性。生存的轨迹有很多段都是重叠的。从"生活"这个词的含义出发 [ 就是法语俗话 "这就是生活"（C'est la vie ）里的含义 ]，我们都过着同样的生活。

由于所属不同门的动物具有不同的生态行为细节，这些片段也会有所差异。只有个别思想家开始论证这种细节的存在。保罗·舍帕德研究人类眼中的历史 [ 舍帕德（Shepard），2013]，他的研究表示，感觉、力量与无力是我们对历史沉淀后自身承袭的远古先祖性的融合，它们的构造也应该纳入考量。我们曾经是夜行性的类狐猴，是以果为食的猴子，是树栖攀缘的动物，是热带草原上的直立奔跑者，是象形文字的追寻者，一直到今天，我们成了这本书的读者。

虽然黑猩猩是在我们遗传学上最近的亲缘物种，但是人类在某些方面更接近狼这种掠食性动物，因为行为同时还受到所处环境的生态条件约束，并产生了具有局部相似性的生命形态，就像两个"奇异吸引子"的轨迹在一个相性空间保持平行且十分靠近，然后突然分叉，各自进入了独特的曲线轨道。

贴切的翻译

共同编码的问题或许可以通过将动物行为翻译成人类语言的方法解决。但是这种对策仍然无法消弭与外来者的距离，已经为人类学家所诟病，且翻译的存在妨碍我们真正理解外来者。问题并不在于让翻译将在外来者生活中的所见所闻完美地转化为自己语言里的对应成分，而在于将词语、改变生活的方式、外来者的态度一直传递到他的语言里，让彼此丰富各自的新的、用其他方式难以言传的符号方言。

问题并不是把动物行为的意思翻译成人类语言，而是进行双重对等翻译：一种"贴切的翻译"。人类学家 E. 维卫罗斯·德·卡斯特罗（E. Viveiros de Castro）提出了决定性的直觉推论："贴切的翻译可以接受其他概念扭曲甚至颠覆翻译工具箱，只为把源语言翻译成新语言。"[ 维卫罗斯·德·卡斯特罗（Viveiros de Castro），2009]。他认为，翻译科学上的理论突破即吸收消化观察到的概念，哪怕是：图腾、神力、冬节……① 这些原住民的概念也不例外。

---

① 文希安·戴斯普莱（Vinciane Despret）就"贴切的翻译"提出了一个十分完美的动物行为学分析，题为《检验我的语言和我的实验空间》（ mise à l'épreuve de ma langue et de mon univers d'expérience ），收录于《如何向动物正确提问？》（ Que nous diraient les animaux si on leur posait les bonnes questions ? ），巴黎，发现（La Découverte）出版社，2014 年，p. 237。

　　而狼人外交家就是要把动物的生存方式类型传达到我们的语言里，用以阐释我们行为的一些动态轴线。不是他们的词汇，而是对方行为中可观察到的独特性。爱吠的小狗感到弱小时会做出攻击—防御的反应；仁慈的王者因为生命力过于旺盛反而会表现出宽容；神经性的愉悦是求生动力选择的产物，能够提高警觉性和隐蔽能力，与多巴胺兴奋不同，后者只会让饱食的动物昏昏欲睡；杂食性动物和领地型动物对新鲜特别的事物好奇；我们继承的所有动物性都来自进化，且经过了先祖性的层层扭转，最终形成了现在的样子。于是探狼的名字（直译为"分散者、分散剂"——译者注）也用来形容人类行为，如果用别的词就更加难以想象。被猎犬围吠用于形容陷入绝境；形容人狡猾是像狐狸一样；形容人爱炫耀则是像只骄傲的孔雀；形容人好斗是打得像斗鸡一样……我们清楚地感觉到这些说法比其他任何拟人化的比喻都更生动地描述、绘制且解读出了人类行为的动态轴线，因为它截取了动物与人存在方式的共性片段。"斗鸡"的整个表达方式都在试图传达出潜在的冲突，但是很有画面感——限于雄性之间的冲突，统治地位是符号化的，通过一整个系列的符号战术传达，而对于接受信息的异性或许就略显模糊：人类行为借助动物形象而变得清晰易懂。

　　保罗·舍帕德假设在漫长的更新世，人类通过对动物的观察，在镜像作用的帮助下区分了自身的性格、情绪，将其抽象成已知、可感、共有的模型：男性身上难以描述的性格用易怒的披毛犀来命名；在优雅这个词还没有被创造出来的古老年代，纤弱的羚羊用于形容女性的气质。舍帕德用这种现象来证明英语中用动物隐喻来破译人类行为的说法俯拾即是 [ 舍帕德（Shepard），2013]。这是动物意象隐喻。如果我们大家都是严格意义上的动物形象学家，那么我们也都是拟人学家。从这个意义上说，我们一直都是外交家，因为我们已经用动物模拟了部分自己的内在形象，描绘出我们是谁，就像人类学家用本土人种类型重新定义对自己的认识一样。动物行为学和动物心理学不只是试图将动物行为翻译成我们人类的主观语言，或者翻译成科学的客观语言（模式化的行为序列、包装方式），而有望通过这项使命促使我们与动物更亲近，能够借此更细致地观察其行为，也有利于把新的动物种类逆向翻译到人类语言中，旨在显现我们内心世界和社会生活没有观察到的方面，进而在共同且发散的动物性中，定义何以为人。

于是，这些动物类型扩大并升华了人类的生命，让人类有更多方法在动物模型上加深自我认知，而不至被其"自我"淹没。透过认知行为学的放大镜，复杂且微妙的动物行为似乎在低声细语，讲述我们生命中的未知之谜。

## 刺激：可达，可译

我们已经指出人类与其他动物之间的行为模式在哪些方

面存在共性，但是操作上需要明确，一个动物行为谱的共享区域只有在使用共同信号的时候才能满足沟通需要。共同信号意味着两种生命形态有共享的语言范畴。

为了理解这种物种间的交流现象，我们可以回头看看康拉德·洛伦兹是如何呈现其融入动物行为谱的操作手法的，并以接近动物编码的杂合编码为载体，实现了与动物的交流。他在自传中描写，在阿尔滕堡（Altenberg）家里的房檐下住着寒鸦，他是怎样教小寒鸦在花园那层的窗户找到自己的：用传统的古法——诱鸟笛，在适当的条件下抑扬顿挫地发出寒鸦这个物种特有的交流鸟鸣声。1935 年，洛伦兹向《鸟类学杂志》递交了一篇介绍如何操作的文章：《鸟类世界的伙伴》（ *Le compagnon dans le monde propre de l'oiseau* ），提出了经典动物行为学的方法。洛伦兹认为每种动物都会向同类发出刺激，每个个体都是与动物感觉窗口完美匹配的社会刺激发射器（应该说是"煽动者"）。

况且，环境通过其包含的生命条件，构成了动物的信号源[1]。

---

[1] J.-L. 伦克（J.-L. Renck）、V. 赛尔韦（V. Servais），《动物行为学：行为的自然史》（ *L'éthologie : Histoire naturelle du comportement* ），巴黎，Seuil, 2002, p. 200："信息在个体间的流动是生命的基本要求，目的在于长期或短期维持群体的形成和运转（情侣、妻妾、家庭、团体、种群），或者维持群体的分散状态。"

于是，我们的问题就变成了为了实现交流，该如何提取并掌握刺激的调频（发射和编码）。而对目标物种而言，刺激应该既是能够达到动物感知窗口的社会发射器，也能够被破译成它们的行为编码。我们会发现这种融入动物行为谱的技术已经被狼学家们使用和掌握，通过模拟诱导性的狼嚎进行"夏季追踪"。这种技术科学地模拟了美洲印第安人古老的捕猎计策，冒充狼靠近成群的北美野牛。我们能从这种远古的捕猎计策中获得灵感，用于物种间交流的建模。

## 融入动物行为谱

卡特琳的这幅画不只是一个狼人外交家的象征符号：它还是一个谜。看一秒钟，似乎立刻就能明白其中含义。我们身上有赋予意向性的模块，到处寻找"为什么"，还能指出潜藏在可见行为背后的意愿，于是我们明白了两个美洲印第安人这样做是为了更加靠近北美野牛以便捕猎。

但是问题就凸显出来了：伪装成狼靠近北美野牛是什么意思呢？伪装成掠食性动物是为了靠近猎物？这个谜中描绘的美洲印第安人的捕猎行为让我们觉得荒谬，而这个符号就标志着我们不再是狼人外交家了：我们不懂，我们无法了解，我们已经忘了外面的生命界是如何言行举止的。我们不再会破译这些符号了。对我们之中大多数人而言，轻声细语的森林是缄默无言的。

假设有一个美洲印第安人是精通种族学、生态学、进化论的狼人外交家，从他的视角看问题或许就是解开谜的钥匙。狼与它的猎物在北美大平原上共同进化，塑造了彼此的捕猎行为和原始的防御：狼只捕猎最弱小的有蹄类，在长时间的追逐中耗尽对方的体力。

为了锁定最弱的猎物，狼需要判断对方的脚步、体态、呼吸、行为、平静程度、在悠然慢跑中表现的权力地位、激情跳跃时反映的生命力[1]。我们可以把它与动物行为学的另一层面进行关联：猎食动物的捕猎成功率通常较低（狼的成功率约为六分之一，东北虎的概率更低），一旦目标变得太难捕捉，它们就主动转向兽群中的其他猎物；这也导致了在一场武力竞争中，从符号上，也就是心理上让猎食者泄气至少也

---

[1] 非洲瞪羚惊人的纵向跳跃不能使奔跑速度最大化。这种行为称作stotting（径直起跳）或者pronking（自夸），它出现在瞪羚遭遇猎食者威胁的时候。对此有很多种解释。逃跑时越贴近地面速度越快。虽然一只瞪羚也可以用这种固定行为来表示其他目的（表达喜悦、间接表示羊群里出现了猎食者、玩耍），但它仍然很有可能是刻在遗传模板里、被自然选择保留的结果。已经有人假设这些跳跃曲线为捕猎瞪羚的掠食者（狮子、猎豹）发出了一个"诚实的信号"：一种展示它们力量和生命力的炫耀行为。那些跳跃身姿优雅的瞪羚就不是猎食者的首选。只要猎食者捕猎还会优先考虑能耗成本的问题，瞪羚的弹跳就能够说明："如果你追我，你也会有损失，因为你冒了捕猎失败和体力耗尽的风险。"这是一种猎物与猎食者的外交，一场动物谈判，这一信号发出的结果是，通过预测，攻击者放弃捕猎。请注意"stotting"是一种家养绵羊也会有的行为，但是只在年轻的个体身上还能看到残存的痕迹。我们可以假设这种行为在它们的野生祖先赤羊身上曾经更为多见，可以对狼起到类似的防御作用。

和身体搏斗（逃跑或击退）同样有效。

为了评估猎物的状态，狼要让它们逃跑。这样一来，我们在狼的动物行为谱里观察到，在其周围世界里，有蹄类的逃跑就是一个诱发追逐的刺激。在跟踪和锁定猎物之后，追逐是狼群捕猎的第一步。

进化慷慨地赐予猎物创造性的防狼对策，用早先形成的结构设下圈套，有些猎物已经懂得把狼的这种既定行为结构为己所用。由于这种捕猎技术已经变成了狼的"本能"，一些猎物实际上也相对僵死地利用这种习性伪装自己，企图骗过狼。大卫·梅奇（David Mech）在罗亚尔岛（île Royale）观察到了驼鹿与狼的关系，在有些驼鹿身上已经出现了一种可与狼正面对峙的趋势，狼群的规模最大可达到十五六只 [兰德里（Landry），2006]。如果驼鹿能保持镇定，用目光锁定猎食者，不惊慌逃窜，它们通常就不会被攻击。如果猎物保持不动并紧盯自己，狼会选择转移目标。我们可以假设这一现象背后暗含勇气进化的起源。面对威胁，坚持一段时间不松懈、表现出（或伪装出）毫无惧意的行为序列是一种潜在选择的产物，因为它可以抑制一些猎食者的攻击。如果这种行为也有遗传模板，对其载体积极的差异性再生产能够导致一种行为进化。自我约束力和自我掌控力是人类长久以来得天独厚的特质，被视为上天选民的标志（标志着人类具有超越并掌控动物的能力），而事实上其他动物或许在进化的其他方面已经具有了这类被选择的特质①。这种行为可能存在一定的遗传基础，由个体经验或者被动习得在后天对其进行扩充，其比例还不得而知。

控制由猎食者当前而引发的恐惧意味着压抑自己逃跑的冲动。动物行为学家搜集了大量文献和图片，记录了猎物面对冷酷而耐心的狼群如何保持冷静几分钟之久，甚至长达几小时，然后完全失蹄，陷入恐慌，逃跑，落入狼腹。或许勇气这种美德具有一种适应性优势，在这种情境下，冷静并非一种轻率的置身险境，而是一种更加理性的态度。盾牌抵御獠牙的符号具有心理效果。因此，北美野牛能够做出一种防御行为，看似矛盾地不逃跑，而是平静地留在原地与狼面对面，因为逃跑很可能无异于提前给自己宣判了死刑。

与此相反，北美野牛却躲避美洲印第安人，因为它知道正面对峙并不能起到保护作用，只有逃跑和速度能救命，远离刺破皮肉的木鸟和能远距离射杀它们的惊雷。因此，为了更加靠近北美野牛，美洲印第安狼人外交家伪装成另一种猎食者：狼。

你们（北美野牛）已经适应性地掌握了一种能力，面对

---

① 若想看到实例，只要长时间盯着猫科动物捕猎时的目光，草原上的母狮或公园里的猫拱起后背准备跳跃，但是却耐心地压制着欲望，当它靠近猎物的时候，肌肉越来越颤抖，反映出内心的挣扎。

由猎物逃跑而诱发攻击的猎食者（狼），选择正面对峙；而面对另一类猎食者（人类），通常你们选择躲避，如果后者伪装成狼，就能够非常容易地靠近你们。北美野牛这个物种（在这个意义上说它也是犬首外交家）已经掌握了一种对抗狼的进化计策，不逃跑；而人类化身为狼，用了计中计。

披着狼皮（视觉窗口的刺激）并伪装气味（嗅觉窗口的刺激），混在北美野牛群中前进，美洲印第安的兽首外交家就像狼群里的阿尔法头狼一样挑选目标猎物。在北美野牛群中心，猎人紧靠目标停下，只射出一支箭，通常瞄准肩部，直插心脏，中箭的北美野牛就会立刻倒下死亡。如果一头雄性北美野牛只受了伤，痛苦地咆哮则会引发集体性的恐慌。猎手就会遭到牛群的踩踏。

卡特琳画中的美洲印第安猎手为了靠近北美野牛，利用了大平原上的共同生活史编织出的北美野牛复杂行为图：他们把自己融入了北美野牛的动物行为谱。

在猎食者与猎物的武力竞争中，进化机制的精妙之处远不止一个简单的成本——收益关系最大化的经济原则：不同单个载体具备各自特征，其差异性再生产导致了特征的变形，但是这些特征优化并不是直接、明显、孤立发生的，因为行为不是单基因的产物：不是一个基因的机械效应，这种扭转效应背后是复杂的综合性遗传机制的发展，在整个生命过程中方方面面都有它的影子。

北美野牛其实遵循的是一种基因组里遗传下来的、被特定编码的行为序列，而并没有限定对手必须是狼，表现出不逃走的行为更主要地是因为北美野牛自身具有可遗传的行为模板（目前还未可知），使其面对猎食者预先倾向于表现出诸如勇敢、顽固、平静或者温和的特质。于是这种特征经过积极的差异性再生产得以传递下去。选择的对象是行为模板而不是机械的刻板行动。此外，我们所说的模板可以在基因多效性的作用下，作用于很多其他行为倾向，推动动物的整个行为机制。而我们并不清楚它具有哪种严格意义上的"优势"；从行为的角度来看，进化论是一种模糊优势理论、不定优势理论[①]。

动物行为学的基础理念和最初的实验侧重决定论，如今它更加侧重"概率性"：一个信号可能产生各种回应，有时一些回应比其他的可能性更大。通过研究高等脊椎动物的交流，我们越来越关注"隐藏的层面"，重点从关注外部信息到关注控制它的外部信号 [ 伦克和赛尔韦（Renck et Servais），p. 215]。

---

[①] 面对自然选择的北美野牛的勇敢行为，狼也掌握了一种奇怪的行为：强烈锁定潜在猎物。这很可能还是一个有进化基础的行为，但是基础是什么呢？无论起作用的是什么假设的故事（有些狼能够看透猎物软弱或者好斗的本性）；但是进化往往比我们粗浅的经济推理更加微妙。

生物有了情感，然后有了思想，我们才能从决定论过渡到概率论：信息通过复杂的情感中枢、回忆中枢、思想中枢，最终被接收，得到的回应也各不相同，因为回应也经过了个体棱镜的散射，既复杂又无法准确预测（虽然统计上能看出明显的趋势）。

德·瓦尔（De Waal）完美地解释了为什么进化能够产生情感，以情感指挥行动[1]，以解决刺激—反应指令下的行为序列造成的问题。这些序列部分是由基因编码决定，正如我们在昆虫的生活中常常看到的。只要身处复杂的生态关系中，情感就能让我们对经验的处理更精细。面对猎食者，如果你本身具有刻板的行为序列，但是加上情感的调节，会更快做出合适的反应（比如向远处跳跃着逃跑），这类反应也是更容易被自然选择的。但是生活往往更加复杂。试想一下，你面前是猎食者，背后是峭壁，身边还带着孩子。在这种场景下，刻板的序列命令（跳吧！）就没有情感暗示那么细腻。在情感的作用下，我们对复杂场景的反应可以更细致：恐惧让人想逃，但是亲情又让人留下，还有其他的恐惧（坠落）阻止了我们对死亡的固定反射。情感具有复合性，情感中枢

---

① 详见弗兰斯·德·瓦尔（F. de Waal）的《倭黑猩猩、上帝与我们》（*Le Bonobo, Dieu et nous*），巴黎，挣脱束缚（Les liens qui libèrent）出版社，2013 年。

可以针对复杂问题做出调整，生成更精准的解决方案。七亿年前，随着原始大脑的成形，生物出现了情感，这或许是丹尼特（Dennett）理论中的"升降机"，即一种进化装置，通过它生物获得了内在的自我提升，行为的精细化达到了一个新高度，人类最高贵的才能就是证明。洛伦兹提到"冲动中枢"，进而是情感中枢和思想中枢，它只是一个循环、复杂的怪圈，把刺激和情感的表征赋予刺激和情感本身：恐惧加上恐惧的想法引出了这样的问题：我应该害怕吗？面对猎食者我怕死，但是如果我不想死，应该听从内心的恐惧吗？为了避免因为慌乱逃跑唤起对方的捕猎本能，反而和捕猎者正面对峙？

我们看到符号交换的计策并不是人类独有的：动物之间传播、共享这些计策，动物彼此之间都会用计。这种古老的交流是狼人外交的基础。

因此，借助类似的外交计策向狼传达信息，生态学家在夏季统计过狼的数量，但是这次是由狼自己来完成。狼学专家和法国国家狩猎及野生动物局使用了"狼声诱导"技术。"我们利用狼定位'集会地点'的嚎叫声辅助勘察，听到这种声音，狼会在繁殖后期聚集起来。<sup>①</sup>"这种方法是为了确定狼群是否在春季繁育了狼崽。研究人员尽量靠近狼穴，在视线和嗅觉能锁定的范围以外发出狼嚎的声音。就像洛伦兹向寒鸦啼叫一样，这种鸣叫融入了动物行为谱：它通过适应的感知窗口进入，形成一种决定性的、可被狼破译的社会刺激，狼也发自内心地回应了人的嚎叫，回应人类的很可能是上当的狼崽，但成年狼也会集体嚎叫。它们很可能把对方当作了另一个狼群，所以集体宣示自己的存在和领地的主权。

① 见《狼网络公报》(*Bulletin Réseau Loup*)，第 28 期，p.11："主要目的不是统计数量，而是探查狼群中是否有当年新产的狼崽，以便测量和比较各个年份的繁殖指数。勘察使用的方法是发出定位集会地点的嚎叫，狼一般听到这个声音会在繁殖后期聚集。我们把一种样本点装置分散到每个永久居留区（ZPP），夜间查看。八九月份正是区分狼崽的黄金时期，因为它们的音色与成年狼有较大差异。只要第一次检测到小狼崽的反馈，实验就终止。我们在这两个月重复了 1 到 6 次采样工作。这种机制可以在 17 个永久居留区和一个永久居留区以外的区段考察，并且在其中 14 个区域都确认了当年确实有繁殖情况。"

# 理解行为，干预行为

## 理解行为

### 过捕：生态行为学之谜

共同动物行为谱在地图上位于一个混杂区域，处于共有行为的边界，它具有双重功能。首先它能帮助我们理解动物行为，即用可靠的编码将其破译。它还可以帮助我们与动物互动并且以行动影响它们，向它们传达对方能明白的信息：适应动物感知窗口的信息，也能够破译成动物的编码。

说到理解，要回到我们最初发起这项调查的源头：外交误解问题。种族外交误解的主要问题在于共同交流，无法共同交流，一是双方不能捕捉到外来者的行动含义（功能性意义）；二是不能根据自身的行为动态轴线实现与外来者的互动，这是因为缺乏交流编码和共同的民族性。

为了更好地理解人与狼互动的成败，我们可以用人类各民族之间的种族外交误解做类比，这是殖民远征和探险中的一种典型现象。

在第一批殖民者和美洲印第安人相遇的时候，征服北美西部的前线文学不乏这类血腥的种族误解故事。一个传统例子是印第安人的一种趣味武斗行为，对北美大平原印第安人而言，在两军对垒时，"一击"就是碰触到一个人或者缴了对方的盾牌，表示勇气。赢得一击比杀死一个对手更有价值。这种无法调和的好战民族性在查尔斯·伊斯特曼（Charles Eastman）的故事中十分明显。当地的苏人称他为奥耶萨（Ohiyesa），在这个故事里，动物行为和外交上的误解把无害的"一击"诠释成了一种实质性的侵犯，进而挑起战火，双方发动大屠杀。不理解外来者的民族性，对其做出想当然的解读，演绎出不恰当的互动模式：这是动物行为学误解特有的行为序列，只在动物行为学领域才会存在。这种模型似乎可以解释当代我们与狼最具决定性的一些互动。

我们可以类比"一击"的误解和过捕的误解。过捕是狼的一种行为，指狼在袭击牲畜的时候，猎杀的羊超出了可食用的数量。我们多次观察到狼在捕猎现场平均留下 4 到 7 只没吃过的死羊[1]。这样做的结果，给牧羊人徒留下一片屠杀场面，羊的尸体被开膛破肚，却并没有被吃掉，人对此产生了狼杀羊是"为了好玩"的印象，而与其保护者所说的善于资源管理的"环保的狼"相去甚远。这种现象曾经在很长时间内都是一个未解之谜，我们忽视了它的意义和功能，加之牧羊人的创伤经历，最终把狼当作人一样审判：狼或许是"残忍的""暴虐的""恐怖主义的"。由于我们无法破译这种行为，用人类的单边编码给出了错误的解读（将狼的暴虐性拟人化），就在不适用于狼的道德法庭上剥夺了一切上诉的机会，给它下了判决（残忍罪）。

萨皮尔·伍尔夫（Sapir Whorf）提出过一个假设："你语言的局限就是你自己世界的局限。"我们在这里可以对其进行实用主义的解读。传统的语言没有通往野狼的周围世界的入口。想要扩大世界的边界，唯一的解决方法就是回归语言研究，这样才能够在我们看到界线和鸿沟的地方架起桥梁、铺设栈道，描绘出一张新的地图。

过捕，如何才能从动物行为学角度解决这一狼与牧羊人

---

① 见 J. M. Landry，《狼》（Le Loup），巴黎，Delachaux & Niestlé，2006 年，p. 106；又见 D. 梅奇（D. Mech），L. 布瓦塔尼（L. Boitani），《狼：行为、生态与保护》（Wolves : Behavior, Ecology and conservation），芝加哥，芝加哥大学出版社（The University of Chicago Press），2003，p. 128，p. 145。

的外交危机引发的最深刻的谜团呢?

只有借助生态进化的动物行为学理论,我们才能再一次读懂狼的这种行为:它们的捕猎行为构成了以基因库为基础、相对固化的行为序列,在狼及其原始猎物的共同进化中,增强了它的"武力竞争[1]"适应性。例如,我们知道猎物逃跑是一种能诱发狼的攻击行为的刺激(对老虎——学名 Panthera tigris 来说,静止的脊背是诱发它们攻击的刺激)。

同样地,当狼独自和被杀掉的猎物待在一起的时候,镇定地回到原环境中就是停止猎杀的刺激,这是在狼捕猎野生有蹄类动物的过程中适应的结果。这是因为野生的有蹄类动物具备集体防御机制,在面对狼的攻击时四散奔逃。

但是反过来,绵羊正因为群居和胆小的性格才被人类选中作为家畜。这种群居性让牧羊人很容易放牧:出于恐惧(暴风雨、恐慌、未知事物),羊群紧密围绕在一起,既避免了羊在自然环境下走失又能防止它们从岩石上坠落。然而,在面对攻击的时候,胆战心惊的羊们围着第一只被杀掉的猎物紧紧缩成一圈,让狼处于一种召唤捕猎的行为状态,受到持续

---

① 关于这点,见 L. 范·瓦伦(L. Van Valen)提出的红皇后假说,《一种全新的进化法则》(*A New Evolutionary Law*),《进化论》(*Evolutionary Theory*),卷一,1973 年。

的捕猎刺激，狼杀死的羊就越来越多[1]。在它们个体化的生态系统中，当野生猎物被雪围困无法动弹或者数量十分充裕的时候，狼有时也会过捕。它们随后几天会回去继续吃剩下的猎物，和共栖的郊狼一起分享，乌鸦和秃鹫也能来分一杯羹。

正如保罗·舍帕德所述："猎食者与猎物是草原和自己的一段对话里的两种声音。"[舍帕德（Shepard），2013, p. 167] 这说明狼与有蹄类动物的武力竞争智慧是共同进化的，对这一现象杰里森（Jerison）有清晰的记录[2]。而今天狼的处境却完全不同：狼已经通过捕猎的方式使自己的猎物进化得聪明又复杂，有适应它们捕食行为的逃跑和防御机制；然而它此后面对的却是一种人类用了更短的时间迅速选择出的动物，和这些防御逃跑机制刚好相反。现在的绵羊由于顺从、群居、无害、无法逃脱和防御，已经完全不能适应狼捕猎的行为了。

---

[1] "狼生来被设定的程序就是只要条件允许，能杀就杀，因为很难具备猎杀的条件，狼一旦发现有利机会就会自动地抓住。"D. 梅奇（D. Mech），L. 布瓦塔尼（L. Boitani），《狼：行为、生态与保护》（ Wolves : Behavior, Ecology and conservation ），芝加哥，芝加哥大学出版社（The University of Chicago Press ），2003，p. 145（我们自行翻译）。我们发现作者使用了机械方面的词汇（设定程序、自动），试图保证行为生态学的客观科学性，即决定论，并抹去了根本原因，也就是动机。

[2] 杰里森（H. J. Jerison）[见《大脑与智力进化》（ Evolution of the Brain and Intelligence ），纽约，Academic Press，1973 年] 明确地指出了猎物与猎食者之间存在一种持续的脑容量扩大现象，食肉动物的头部发育总是比它们的猎物要先进，给猎物带来了选择压力，它们的大脑也随之进化，于是形成了循环。

母羊由于人工选择，在动物行为学上更加无力抵抗狼。我们发现在大草原上狼与鹿的共同进化历经数百万年，而家养的羊只参与了其中的六千到八千年。

## 过捕揭示了我们与生物的关系

这或许就是狼与羊的生态关系，没有经历共同进化，在当前的形势下产生了一种生态进化的畸变。这点越发明显，野生的羊在面对猎食者的时候，本质上并没有丧失防御能力：绵羊的祖先赤羊就是杂技高手，它能在猎食者无法到达的悬崖峭壁上嬉戏。赤羊这个物种的栖息地已经变成了岩壁。它们在悬崖上躲避狼的追捕，但是驯化已经令它的家养后代长期生活在了人类的主要栖居地，即平原。这也是狼肆虐的地方。人类发展畜牧业，为了自己的管理便利（把羊聚集起来，羊内心的原始呼唤让它们走向岩石，但是人类的驯化已经让它们变得太胆小而不敢从山上下来，而今天这也是山区牧羊人最棘手的任务之一）迁移羊的种群，导致了狼与羊之间最初的冲突关系。把羊的种群迁移到平原，并任由它们失去防御战略才是过捕真正的原因。

这些场景给饲养人带来的情感冲击又涉及另一个层面：责任心。畜牧业让人对动物变得有责任心，人类忘了是自己让家畜失去了本能和防御手段，自以为可以和猎食者保持一种公平战争的道德关系。狼质疑了对生物"正面直接行动"

的模型，并且增加了这一模型的风险。这种奥德里库尔定义的行动模型与牧羊业直接关联，是它的典型范例：

> 绵羊的饲养，例如地中海沿岸地区养羊的方式，在我看来［……］是正面直接行动模型。它要求人与家养牲畜持续接触。牧羊人白天黑夜地跟羊群在一起，用牧棒和牧羊犬赶羊，他需要选择牧场，预测饮水点，在难走的路上把新生的羊羔抱过去，还要抵御狼的攻击。他的行动是直接的：用手或者牧棒接触羊、用牧棒翻起地上的土、牧羊犬轻轻地咬羊把它们赶到正确的方向。他的行动是正面的：他选择路线，时时刻刻指挥羊群按照自己的路线走。这一点可能存在两种原因：要么是绵羊"过度驯化"，已经被驯服的羊丧失了防御能力和本能行为，要么是动物的移居，过去羊是生活在山里的，陡峭的地形保护它们不受狼的侵袭，海拔高度也为它长期提供食物［奥德里库尔（Haudricourt），1962，p. 42］。

正面直接行动模型包含的生物关系要求首先使其产生依赖性，可以被操控，随后用家长式的统治对其进行领导和保护。有声音批判现代人与自然的独裁控制关系，却很少看到我们早先对控制的伪装：要求生物他律化（即在生态行为学方面产生依附性、不成熟、有奴性）而不再具有自主性，我们随后再对其进行领导和保护。这就是畜牧驯化的本质。

卡特琳娜·拉海尔（Catherine Larrère）和拉法埃尔·拉

海尔（Raphaël Larrère）在驯化契约的研究中对这种责任层面做过详细分析，分析责任需要对环境伦理做出解读，以人与回归的狼之间关系为题，拉法埃尔就此展开探讨[1]。这种提法需要把我们对不同类型动物的道德责任进行详细分类，并对动物的类型加以区分：有些是环境伦理范畴（野生动物），有些是饲养伦理范畴（家畜）；后者先于前者，因为我们与家畜签订了责任契约。这是处理多样化的生物伦理问题最微妙和最写实的阐述。

但是责任是一把双刃剑。羊被我们收缴了一切武器变得手无寸铁，如果我们要对它们负责，那就必须面对事实：人类与狼的战争是我们自己种下的祸根。这种冲突很可能在畜牧业产生之前并不存在：我们亲手点燃了导火索。这是保罗·舍帕德提出假设的原因，他假设新石器时代——在这里表现为正面直接行动的畜牧业——是我们对自然打响了战争的第一枪。如果是我们创造了生态条件让狼去吃羊，那么就很难证实我们拥有神圣的权利去消灭吃羊的狼了[2]。

---

[1] 关于这一点，见 R. Larrère 全面分析的文章《狼，羊羔与饲养人》（ *Le loup, l'agneau et l'éleveur* ），鲁拉利亚（Ruralia）出版社，1999年，2005 年 1 月 25 日上线：http://ruralia.revues.org/114。

[2] 关于这一点有一个令人困扰的类似情况——印度洋吃人的鲨鱼："因此，一方面人类吸引鲨鱼，让它们感到饥饿，另一方面，人类残害鲨鱼，因为鲨鱼靠得太近，会袭击冲浪者。"摘自留尼旺保护鲨鱼的呼吁，全文请见：https://labavedukrapo.wordpress.com/2015/04/20/requinsdelareunion/。

因为最后，也不是所有的动植物驯化都产生了依赖性和脆弱性。奥德里库尔提出了一个间接负面行动的替代模型：

> 同样地，不是所有的家畜都像绵羊一样。在中南半岛的乡下，水牛由孩子来"看管"，但是孩子并不需要保护水牛不受老虎袭击，反而是牛群有能力抵御外敌，防止老虎掠走它们的"护卫"。[奥德里库尔（Haudricourt），p. 42]

热沃当野兽的案例与此完全相反，让年幼的孩子夜里看管牲畜的习俗诱发了狼对人的袭击。我们之后会再分析。这种反差体现出人与动物之间的关系、人与普遍意义上生物之间的关系，在根本上完全不同。我们并不是要控诉新石器时代的畜牧业，而是要理解造成过捕的深层原因，从中反映出我们和生物最原始的关系。狼攻击羊并不只是一个地方性的情感悲剧，它象征着我们和生物古老的本体关系中存在一个缺口——正面直接行动，这一点我们已经证实。这种行动模型构成了我们新石器时代的特征，很有可能一直渗透到了当代最新的农学和畜牧科学领域。它主张由人类主动地让生态群落里的其他生物养成他律性，以达到控制它们的目的，而这种第一公民式的理念并没有长期影响：因为自然具有中和弹性。对各种动物加以利用、令其丧失自然防御力以便饲养、无视生物自身的动态轴线大量改变生物之间的复杂关系，这些都变成了人类自然而然的行动。

078 　　如今，绿色革命让技性科学服务于正面直接行动，农业生态学细化的一整套农业、林业园艺和朴门永续的设想 [①] 在"一根稻草革命"中似乎统一回归了间接负面行动，作为对此的回应。

　　其实，正面直接行动并非没有生态影响，只要它占的比例足够大，我们就都能看得见其效应。但是事实上，它的影响一直都在，因为它或许是西方人道主义中最关键的一个本体事件的起源：把家畜迁移到平原、进入猎食者的行动范围内、剥夺其防御能力，这就等于对一系列没有接受驯化的物种发动了战争；它区分了敌友，在哲学家卡尔·施密特（Carl Schmitt）看来，这种区分具有政治意义。此处讨论的其实是这些人与生物群落之间的政治关系。这种做法的继承者用牧歌式的形而上学把人类以外的生物都分离出来，划分成奴隶、同盟或敌人。复杂的生命交换决定了捕猎者—采集者 [②] 的本体生态的生存形态，在这种交换中，人类以外的生物作为我们的生态合作者，必须被划分成温顺资源（绵羊、鸡）、辅助者

---

　　① 译者注：朴门永续设计（permaculture）结合了"持久（permanent）、农业（agriculture）、文化（culture）"几个词的含义，既是科学也是艺术，属于应用生态学，整合了各种学科的设计和规划。

　　② 关于这一点，请见 P. 戴斯克拉 (P. Descola)《超越自然与文化》（ *Par-delà nature et culture* ）《关系生态学》（ *Écologie des relations* ）部分。为了分析惊人的本体先验模式而被忽视的一部分，但是对政治生态学的分析很丰富。

（马和狗）和有害品种；只要它们对人类没有任何用处，或者更糟，危害我们在生态群落里的绝对权威（猎食者），就只能是有害品种。我们从中发现了一个主题，从小林恩·怀特（Lynn White Jr.）对环境伦理分析开始，这个主题就已经被多次分析过。但是似乎我们认为的起源只是一个晚期的副产物，源自更早的建筑原理的形而上学，从未被记录过。生态经济存在关系里的一次突变将这些新石器时代的人类与生态群落里的其他部分联系起来，而这种形而上学既是原因又是结果，本质上是生态学的。

把家畜编码为资源（不再是赠予或交换的物品），使之变得脆弱，将非家畜编码为"野生的"，正面直接行动的新石器时代就这样催生了人类与其他生物的冲突关系，这种冲突的回响至今还能听得到，从"野蛮"这个词的贬义就可见一斑。一方奴役，一方反抗，这种两败俱伤的生态竞争关系被编码为战争，再后来，胜利的一方将自己理论化为进步和文明。这是一场无法回头的战争，很可能也该确定什么才是真正的问题、错误和彷徨了，人与自然之战是否还值得继续下去呢？因为这个时代已经结束了，倒不是因为那个时代是个错误，而是因为它是人类的胜利，于是人类的统治似乎已经强大到可以怀疑发动战争的理由。动物被征服了，所以我们今天对野兽的同情大于恐惧。然后，我们可以怀疑自己为什么会抱着这种态度，因为毫无疑问，那个时代还是用最终的

形式毁灭了生物圈，并且把地球上的我们置于险境：给我们
一个机会通过它的失败看到我们的本体图构成的最基础的特
征。如果一种形而上学削弱了这个世界的宜居性，就应当被
摒弃（Callicott, 2010, p. 269）。

　　归根结底，因为我们能够渴望让人类变成另一种样子，
而不是像现在这样，面对生态群落里的伙伴，畏缩地躲在一
种攻击—防御的态度背后，邪恶地想要控制它们、鄙视它们、
毁灭它们，然后再怀旧地为它们哭泣。我们将野生动物编码
为"桀骜不驯"，对此心怀不满，又有一种控制它们的冲动，
这种态度很有可能是承袭了人类祖先的环境创伤。新石器时
代，受到气候偶然性（收成）的影响，食物的来源更加单一，
加上人口激增，暴发了饥荒和大规模的流行病。这些创伤在
旧石器时代是不存在的，很有可能那时人们对生活的期许反
而比新石器时代初期[①]更高，这个奇怪的悖论值得我们分析。
这些创伤很可能促使我们把自己和生物群落的关系编码为人
与环境的战争：我们幻想早先的人类文明，把它作为一种原
始的困境（这与我们的灵长类动物近亲或者捕猎者—采集者

---

　　① 关于这一点，见卡特琳娜·贝尔莱斯（Catherine Perlès）的
研究，尤其是《为什么会有新石器时代？理论分析，观点的发
展 》（ Pourquoi le néolithique ? Analyse des théories, évolution des
perspectives ），收录于 J. -P. Poulain (ed.)，《人、食者、动物，谁是谁
的食物？》（L'Homme, le mangeur, l'animal, qui nourrit l'autre ? ），巴黎，
OCHA，2007 年，p.16-29。

民族的生活面貌不甚相像），必须更加精细地控制家畜和更加严苛地统治野生动物才能度过创伤期。这一切展示了一种生存面貌，即后来的我们：一个封闭的人类社会，对无法掌控的生态关系感到紧张，唯一能想到的与其他生物的关系就是奴役式的驯服、对顺民的统治，并且从这种对自然貌似平和安宁的控制中获得牧歌般的享受。

## 野生与家养

对家畜与狼共同栖居以及人类对羊的道德义务的问题，畜牧人类学家乔瑟琳·波切尔（Jocelyne Porcher）的立场反映出部分牧歌式的形而上学的影子。她主张驯养是一种契约，动物付出自身以及全部或部分的自由，目的在于换取饲养人的一部分尊重，包括保障家畜过上比野生条件下更好的生活[波切尔（Porcher），2011, p. 35]。这个立场已经有问题了，自以为清楚动物在家养的条件下生活得比在野外好——其实是回答了"对于另一种动物，哪种生活更值得过"的问题。她的论据是沦为猎物的动物终其一生都活在恐惧里，而家养的条件则保障了宁静的生活，良好的生活品质证明了驯养的正确性，也弥补了部分最终要送死的痛苦。狼的回归妨碍饲养人履行自己对羊的契约，即给羊提供一份宁静的生活，让其不用一辈子担惊受怕。

对家养动物的亏欠让我们不得不做出选择。首先要尊重饲养者并保护羊，给它们提供和平的生活环境（不用活在对狼的提心吊胆中），并且如果可能的话，也给狼找到一席之地。[波切尔（Porcher），2011，p.133]

她的这种论证有两处严重的疑点。首先，对于今天的绵羊并不存在两种选择，究竟是在对狼的提心吊胆中过着野生生活，还是在宁静的羊圈里过着家养生活，我们讨论的绵羊是已经被改造成后者的绵羊：宁静的羊圈让好斗的野生赤羊进化成了战战兢兢的家养绵羊。赤羊也戒备着狼，但并不是恐惧，它有逃跑和防御的机制，可以和狼正面对抗。把羊关进封闭空间，给它并不需要的安宁（同时全力躲进封闭的新石器时代之中），这样做未必能给它更好的生活——只有当我们能够用这样的字眼描述这个问题的时候，以上假设才能成立。第一个历史性疑点在于实质化家畜，自然化其依赖性和脆弱性，一旦认定了它们天生如此，我们对它们最符合伦理的态度就是保护，使其不必再过提心吊胆防着狼的日子；而事实上这种在猎食者面前毫无抵御能力的生物是我们耗时几千年进行人工选择的产物。我们对自己的道德义务要求难道就是把印度羚和黑斑羚关起来，给它们提供一个我们想象中比担惊受怕地躲着狮子更好的生活吗？这是新石器时代产生的牧歌式的形而上学的特征之一，认为它施加在动物身上的依赖性是天生的，并由此进而演绎出家长式的责任感，在这个语境下，就是指牧歌。

乔瑟琳·波切尔对这种论证的第二个历史性疑点在于自古以来饲养者的驯养契约要求他们保证羊群生活的宁静，因此就把狼的回归诠释成一种新的危险。但是这种立场忘记了狼从乡间消失也就是最近五十年的事。在畜牧业存在的大约一万年的时间里，也就是说几乎在畜牧业的整个历史中，牧羊人和羊都是与狼比邻而居的。因此绵羊高枕无忧、无须担心狼来进犯的宁静生活，在工业革命之前长久的畜牧业发展史中从来都没有存在过。

其实，乔瑟琳·波切尔是用工业革命以前的畜牧业作为家畜伦理关系的范例。她铿锵有力的发声至关重要，引导我们回归理性——人道主义的理性，而饲养业在工业化的过程中已经变得畸形恐怖。但是在狼的问题上，我们无法用早在十九世纪工业革命之前的饲养业来举例，并给它加上从不存在的美德光环（使羊免受猎食者的惊扰），准确地说这是工业时代迟来的必然后果。

我们再次发现，即便在对动物最富有同情心、最充满敬意、最有道德情操的表述中，也能看到源自新石器时代的牧歌式的形而上学的影子，它表现为正面直接行为，掩盖了人类最初对动物他律性的过度驯化，此后动物就只会呈现出脆弱的模样，需要人类的保护和领导。用最道德、最体面的态度掩盖最初的做法，实际上都是为了确保对生物的占有关系。按照这种逻辑，我们也可以认为在饲养业中，只有在饲养者给动物提供了比野外更好生活的条件下，杀掉牲畜才具有正当性。诚然，对大部分家畜来说，圈养生活比野外生活要好，但是更确切的原因在于它们身上已经有了被选种培育之后的特征，不再适应野外环境了，而不是因为它们生来如此。乔瑟琳·波切尔的驯养契约理论有一些错误：忽视了进化角度；描述动物的处境有罔顾历史顺化迁移的色彩，果断否定了野生和家养的差异，好像山羊自古以来就是山羊，而绵羊自古以来就是绵羊。

除了动物和猎食者关系的这个具体问题，乔瑟琳·波切尔偏袒饲养业的观点可以反映出当代人与动物关系相当深刻的预言：

> 在我们的社会里，与野生动物和家养牲畜相关的表征大部分都是相反的。野生动物不再是嗜血、凶残、无法无天的动物，它们变得自由、社会化、聪明，和家畜正相反，家畜已经不再是平静温和的了，而是 [……] 可以像矿产一样开发的蠢东西（猪或者家禽）。野生动物不再是反衬，反而成了典范。[波切尔（Porcher），2011，p.132]

这种理念清晰地反映了我们所在的后新石器时代的转变，

狼的回归加剧了这种紧张。因为讨厌狼的饲养人在这种冲突里加入自己的想法，坚持强调野狼是嗜血的，而推崇平静、安详、开化的家畜在道德上更胜一筹。而城里人的看法却恰恰相反，他们热衷于想象自由、纯净、高贵的野生动物。这两种不切实际的动物视角才是真正的问题所在。看似完全对立的两种观点只是同一个硬币的两面而已。新石器时代的形而上学对人类生活造成了驯化效应，束缚了生命冲动，人类因而产生了对野生大自然的狂热崇拜，产生了一种形而上学，渴望打破普遍存在的牧歌枷锁。新石器时代模糊了野性的神话，这是一种枷锁的形而上学，却想要挣脱枷锁。动物行为哲学的研究任务在于让人类明白我们是什么样的动物，它们又是什么样的动物，而这种解读既要打破新石器时代牧歌式的形而上学本体图，也不能走向其后期的对立面——对野性自然的狂热崇拜。

最大的难点在于这两者以外的概念是不存在的；即使在非新石器时代的记载和用法中，有时依稀可看到类似的描述，某处的人像特殊的动物一样，和其他动物一起生活，但还没有人提出过一种能脱离于上述两种吸引人的概念以外的动物定义。

在白人及其驯养家畜的思想尚未抵达美洲大陆以前，对印第安人而言，不存在野生动物。正是这种理念造就了其反向理念。在驯化出现以前，如果并不存在野生动物，当时的生命叫什么，它的面貌和动态轴线又是什么？摆脱新石器时代的形而上学自然意味着去驯化，但是并不至于变成反向的野生动物、浪漫的野生动物、新异教的野生动物，成为原始呼唤的信徒。也就是说，不至于变成驯化者定义的那种野生动物。后者推崇的挣脱枷锁只是一种对枷锁的变相需求罢了。真正的动物是野的，换言之是从野性当中剔除野蛮，也挣脱枷锁。这是一种从来就没有过锁链的生命形态。

"野"这个词，我用来形容未经牧歌式的形而上学塑造的生物的生命形态；野，是非新石器时代的人类动物和非人类动物共同的存在方式①。野是被野性神话投射到动物身上的野蛮、原始、纯洁等内涵色彩涂抹得面目全非的野生形态。在未经理论化的动物与人类的关系中，我们从不知道这种动物究竟是谁，人与动物的关系绝对不会是控制他人或者超越自我。

开展动物外交，就是通过体验共同栖居的具体形式，既防止陷入支配性的控制，也避免把一种自由纯洁的天性神圣化，以此接近这种理念的真谛。

我们可以分析人类与动物的具体互动，但是我们也都看

---

① 不要混淆非新石器时代和旧石器时代。前者指的是在正面直接行动的牧歌式的形而上学以外的生命形态，不涉及任何对旧石器时代伊甸园的幻想。除了对牧歌式的形而上学的批判，我们还同时提出了野生性的概念，这是即将出版的后续新书《外交家：我们发明了动物》（ Les Diplomates :Nous avons inventé l'animal ）的主题。

到了，人类与生物关系的复杂历史让这种分析变得并不容易。我说的具体互动在当前的讨论中指的是过捕。但是，如果我们重新审视调查所得就会发现，是人工选择在很大程度上造成了狼与羊生态行为学关系的不对等，继而导致了过捕现象的发生。狼与家养的羊是组织结构不平衡的动物行为体系，但是相互影响对方的组织结构变化。我们不可否认，现在的饲养者既不能也不应该为新石器时代的畜牧业造成的后果买单：我们已经剥夺了羊的防御能力，那就需要爱它们。结果就是需要找到适合与狼有效共同栖居的解决方案。不过，也有一些具备野性的绵羊品种面对狼的时候防御性并没有那么弱。一方面人们聪明地为适应狼的存在而做打算（更小的羊群、加强安保、夜间圈养、防御部署……），另一方面在一万年的累积经验的帮助下，农牧技术也使畜牧业对狼的捕食的耐受性更好，将狼的注意力大大转向了野生猎物。从二十世纪人类的灭狼行动至今，正是这些一直被忽视的技术才值得我们挖掘，值得我们再次构想如何增强畜牧业的防御性。动物行为学家让－马尔克·兰德里（Jean-Marc Landry）对此进行总结："面对狼，我们需要建立一个防止过捕行为的预防体系来减少损失。"[兰德里（Landry），2006, p. 207]外交动物行为学的实验或许能找到方法抑制这种现象，切实有效地减少狼造成的损失及由此引发的过激情绪。这是外交任务的原型。

## 生活在人类世的野生动物何去何从？

从生态政治学角度，人类世[①]标志着人类社会开始与其他生物更加密切和广泛地共同栖居。其他生物不再置身"局外"，它们不可能生活在我们无法接触的、完好的、敌对的、纯洁的、野生的"局外"，或者说不再处于一种荒野中——它们就在我们中间。地球上超过百分之九十的土地都已经人类化了。在人类世，北极熊在我们中间，因为我们就是引起全球变暖，让它们遥远的栖息地逐渐缩小的罪魁祸首；北太平洋的逆戟鲸在我们中间，在成堆的塑料碎渣里玩耍；澳大利亚的蝙蝠在我们中间，把亨德拉病毒（virus Hendra）传染到我们身上。

人类世的概念至少有一个好处，在人类与其他生命形态交织的反馈环上，它提醒我们人类生命位于什么位置，并唤醒相互依存的意识。如果我们和其他生物不再有距离，不存在未沾染人世的纯净生物，那是否就因此意味着野生动物消失了？应该重新定义所有生命形态或者物质形式现在都归于共组的杂合吗？就像实验室里的小白鼠或者玻色—爱因斯坦凝聚态的原子一样，还是最好的情况也不过是统统变得"桀骜不驯"？

---

① 人类世是一个定义地球历史年代的地质年代学概念，从人类活动对地球生物化学系统产生重要全球性影响的时候开始。

并不是因为荒野消失了，野生动物就不存在了。我们需要重新考虑什么是野生动物，警惕陷入沾沾自喜的想法：人类会变成一种地质学力量，整个杂合的地球都会刻上我们的印记，再也没有什么是我们无法企及的，再也没有什么禁忌——没有外来者。

然而，人类世确实存在一种野生形式并且顽强地保留至今，但是需要通过迂回的方式才能接触到它。迂回，比如说，借助文化途径，在这种文化中，自然与文化之间、野生与家养之间不存在自然主义的对立。

在美洲印第安人的手语（大平原地区的各个部落之间互相交流的通用语）中有一个手势，翻译告诉我们它的意思是"靠自己 ①"。而这个手势和意为"野生"的手势是一样的。这个手势减轻了我们的负担，不谈过往，不谈历史，引导我们提出人类世需要的野生的概念。"靠自己"意味着孤立，保持距离吗？

我们假设这种表达方式只有在回归某种正面直接行动驯化的生物现状时才能成立。实际上，最初，野生动物的"靠自己"所指的内容与这种过度驯化形成鲜明对比 [ 奥德里库

---

① 见威廉·汤姆金斯（William Tomkins），《印第安手语》（ *Indian Sign Language* ）（1931 年），圣地亚哥，多佛出版社（Dover Publications），1969 年。

尔（Haudricourt），1962]。后者的特点是用一两个毫无关联的标准对某一物种进行选择，控制其繁衍。而选择的标准有利于另一物种：我们人类。通过这种方式，让动物在某些方面变得过分膨大，某些部分萎缩。于是有了后来这种肌肉特别发达的牛品种——比利时兰白花牛（BBB），堪称"经济奇迹"。它过分强壮的肌肉来自于精挑细选的"肌纤增生"基因，这种基因能减少体内的脂肪比例，在宰杀时切出更多优质的肉来。但是这个品种的小牛犊只能完全通过剖腹产出生（做手术从侧面打开活体母牛的腹部，就像打开箱子一样），因为品种改良过的牛犊无法顺利通过母体荷斯坦母牛的子宫颈。它们生物学上的母亲并不是母体，这种母牛太珍贵了，不能用于直接生产后代。母牛在一生中要接受多达十次的剖腹产手术。

在第一层意义上，靠自己的动物和过度驯化的生物相反，不是在有利于剥削它们的其他物种的选择压力下出现的产物。所有的选择压力细化了对它们自己有利、能为其自己所用的特征。于是乎，羚羊的警觉性得到选择是因为有利于羚羊本身，而不是因为有利于狮子。

在第二层意义上，过度驯化的动物是仅仅经过一到两种标准选择后的产物。与此不同，"靠自己"的野生动物接受的是一种创造性的选择。洛伦兹"创造性选择"的概念指的是承认每个变种通过融入多样化的生物群落，总是保持一种选择压力的多样性，这种选择每时每刻都在变化，甚至可能是矛盾的。家畜就是典型的例子，印证了这种创造性选择的消失：过度驯化意味着围绕一到两种标准（产奶量、奔跑速度、产肉率）进行过度选择。从那时起，动物的存活和繁殖就由饲养者来保障，这些突变的多重有害效应并没有被自然选择淘汰。其结果是，动物迅速发展出异常的表现型，无法长期存活，而且完全无法适应它们原本的野生生活[1]。其复原性已经被严重削弱，对其他生活形式和其他环境的适应性都降低了，社会行为和求偶炫耀变得简单[2]。相反，野生动物面对的压力多种多样，它的表现型几乎是综合了各种异质性要求之后得出的最优进化建议。就是这样，当我们观察山雀、狼、紫杉的时候，才会惊叹它们谜一样的优雅完美。我们发现的表现型是生态系统在几百万年间经过很多代才产生的，在多重错综复杂的选择压力之下，为生物提供了可靠的解决方案。

这种创造性的选择产生了一种与复杂环境相互依赖的灵

---

[1] 关于这一点，过度驯化的专家汤普勒·格朗丹（Temple Grandin）在书中举了大量例子展示工业饲养选择下的怪物，见《动物翻译》（L'Interprète des animaux），巴黎，奥迪尔·雅各（Odile Jacob）出版社，2006 年。

[2] 关于这一点，见保罗·舍帕德《我们只有一个地球》（Nous n'avons qu'une seule terre），巴黎，José Corti，2013 年，第七章《驯化者》（Les domesticateurs）。

活关系。选择压力表现为这种生物与生态群落的构成关系。这种关系是多样的，也是交错的，因此这种生物与很多其他生物和其他现象联系起来：气候、寄生动植物、其他物种、各种生态位、共栖者、猎物、互助伙伴。

所以，"靠自己"并不等于为整个生物群落奉献的自主，就像自主权这个词的现代语义，带有值得争议的纯粹个人自由幻想色彩，挣脱似乎象征奴役的锁链。这里的"靠自己"说的自主，意思是通过多样的、有复原性的、可行的方式与整个生物群落联系在一起，而不绝对依附于一个对其进行选择并保护的剥削者，不绝对依附一种不确定的资源或一种不稳定的生态位。唯一真正的独立性是一种平衡的相互依赖，将物种从对唯一一种参数的定点依赖中解放出来。

为了把这种"靠自己"翻译成法语，我们可以再次启用过时的"野"这个词，它来自拉丁语 ferus, ferasticus。野的（Féral）、难以驯养的（fier）、未驯服的（farouche）：都表示拒绝为了另一个物种的利益接受选择，承受过分简化后的选择压力："靠自己"。这是野生的同义词，但是一个没有历史的词，一个新词。如果我们不用每次说到这个概念都先剔除文明人对野蛮的批判、对"野性"浪漫主义的神圣化遗留下来的所有措辞，或许可以用这个词。

最后"靠自己"这个概念还有第三层含义。靠自己不仅仅是顽抗。我们当中的野生动物的进化生态学动态就是如此，这种动态要远远超出顽抗的范畴：它们栖息。靠自己的生物栖息在领地上，和我们一起，它们也有自己的地缘政治、有自己的领地意识、占领地盘的方法，它们在地图上绘出重点，获得归属感。我们推广杂合的理念，废除了这种固执地与他者共同栖居的形式。

这和与"靠自己"的生物共同栖居不是同一回事，也不等于把一切都当作自然和文化的杂合产物。在这个混乱的共同栖居的时代，最关键的主要在于不遮掩，也不消除生命形态的生态进化行为学的特殊性。这些生命形态依然如故地生活在我们中间：野生，但不野蛮。普通鵟以路边的尸骨为食，但它不会因此就与公路建立了奇怪的互惠共生关系，如果这样想的话，自然界的清道夫就无异于家养的猪。山雀主动寻找烟头来筑巢，因为尼古丁含有一种驱虫成分可以保护鸟蛋不受虫害，可是它不会因此就变成了与人与山雀的杂交品种或者家禽。它们是以自我的身份栖居在我们当中的山雀。

野是一种过程，是一种生态进化的综合动态机制，其特点是不会利他而不利己，对居住地有归属感，与人类和人类活动始终处于一种多元化、和解性、共同进化的联系中，但是遵循现有的固定图谱，处于一种多元化、互为替代的相互依存关系中，这是一种平衡的相互依存，也可以称其

094 为独立性 ①。

那么野生就不再是孤立和不染世俗的，这种靠自己的意思，就是依然如故地生活在我们中间。所有在我们中间、在我们之上和在我们以外的，都保持自己本来的身份，理应拥有自己的概念，而不是默默无闻，继而被虐待。让我们称它们为野生的，或者野的，或者我们的共同栖居者 ②。

在占有的形而上学中，上帝或许是把地球分享给了人类，不过野生动物并不是人类偶尔需要忍受的不速之客。如果从过于偏向构成主义的方面来理解人类世，野生动物就不再只是失去了现实相异性的共建杂种。但是人类世如果从本书主张的生态政治学层面来理解，仅仅指的是普及一种与其他生

---

① 生态哲学上的和解概念由唐纳多·贝尔甘地（Donato Bergandi）根据约翰·杜威（John Dewey）的实用主义认识论提出。我们后面会分析。可参见唐纳多·贝尔甘地（Donato Bergandi）《组织级别：进化、生态、和解》（*Niveaux d'organisation : évolution, écologie, transaction*），收录于 Thierry Martin (éd.)，《自然系统的整体与部分》（*Le Tout et les parties dans les systèmes naturels*），巴黎，维贝尔（Vuibert）出版社，2007 年。

② 有些生命仅仅因为自身的存在而要求独立，这并不仅限于盖娅的情形。我们可以将这些生命体视为盖娅［希腊神话里的众神之母。二十世纪六十年代，英国科学家詹姆斯·洛夫洛克提出了盖娅假说，在这个假说中，地球被认作一个自我调节的有生命的有机体，这并不是说地球本身是生命体，而是说明生命体与自然环境（大气、海洋、冰盖、岩石等）之间存在着复杂连贯的相互作用］的信使——如布鲁诺·拉图尔所言——抑或分散零落于各处的传令官和通信员，在地球上的作用与反作用的循环效果中，它们既言说着一切对我们的反抗，也言说着盖娅的系统非同一性，即"盖娅"一词只是一个指称所有超越我们的东西的名词。

命形态共同栖居的方式，而这些其他生命形态却是依然故我地生活于我们中间。

人类世呼唤一种人类和生物群落，和位于剥削或生产的主导经济关系边缘的物种生态组合的新关系。这些物种由于位处边缘，很少使用资源编码，在过去被称为野生动物或者有害物种。今天我们要将它们重新编码为我们的共同栖居者，或者同席者。要明确一点，我们不是主人，也是同席的客人。无论是异养还是自养的生命，我们和它们都是太阳餐桌上的客人，因为正是太阳提供了世间所有的能量。

吞食太阳是所有生物最原初的生态问题。但是由于生态进化使得各种基因流四散演变，形成了丰富多样的物种之后，生态进化的问题就变成了共享太阳。物种之间形成吃和被吃的关系，组成了多样性的生态位，但是叠加分布在同一个空间。从这个角度来说，狼、鹿、山毛榉，或许甚至是生态系统，都处于这种构成关系里：它们是我们的外交合作伙伴，以各自的地缘政治特性和我们共同栖居于这个生态进化的古老生命长河中。

在当前这个时代的野生动物，褪去了野蛮和孤立，以一种在我们之间但依然故我的姿态崛起。生活在我们之间但依然如故的生物都是野的，需要我们形成另一种视角和新的关系机制。这就是我所说的外交。动物外交①是开创人类世的另一种与生物群落的关系范式（无差别地包含人类亲和性物种与野生物种，但不直接包含家养物种）。如果野生动物依然故我地活在我们中间，我们就无法继续与它们保持距离，或者将其神圣化；同样地，我们也没有理由继续控制它们，或者将其他律化，使之臣服于我们的统治之下；应该在保留其所有差异性的前提下与之共同栖居：开展外交。因为我们必然会与之接触，但是它们是靠自己的独立个体，外交就是一种适应这种新型栖居方式的特殊的关系模型，让我们双方共同栖居在同一片土地上。

这种模型开始承认一些生物以一种极为特殊的方式生活在我们中间：它们是野的。狼就是这样。它是一种出色的人类世的动物。与狼共同栖居的问题是我们走向未来不得不面对的标志性生态政治问题。

为什么呢？首先，因为"能达到最高标准，就能完成最

---

① 为什么是"动物"外交？首先因为人也作为一种动物存在。其次，因为仔细观察，例如，如果我们关注第六次物种灭绝就会发现，在人类行动的影响和全球气候变暖面前，所有的生物并不是平等的：如果我们从数据上与植物、细菌和真菌对比，谁的生命受到了最严重的损害，显然是动物首当其冲。近来我们经常听到第六次大规模物种灭绝的说法：需要明确一点，灭绝的首先是动物，也就是说异养生物，特别是脊椎动物。根据伊丽莎白·考伯特（Elizabeth Kolbert）的研究，二十世纪脊椎动物物种的平均灭绝率是假设没有人类活动干预条件下的 114 倍 [ 考伯特（Kolbert），2015]。

低要求"：如果我们能够与最声名狼藉、最招人恨、最可怕、最难管理、在食物金字塔里最大的劲敌共同栖居，那么未来人类就完全可以和其他动物共同栖居。其次，因为狼是有害动物的范型，它的存在质疑了我们对生命的表征构建：为什么有些生物就应该为人类服务，有些生物就应该消失？此外，因为狼很难控制：行踪隐蔽、神出鬼没、四处游走、极其灵活，而且不知疲倦地征服新领地。最后，因为狼长久以来都是某种荒野神话的象征，它作为孔隙动物把狼穴建在我们的坑洞或荒地上的实际行为呼唤我们走出神话，在外交型共同栖居的层面重新阐释我们与野生动物各自分离又共存的概念。

## 干涉行为

### 瞄准老虎生活：动物行为哲学的共同栖居案例

融入大型掠食性动物的动物行为谱是一种人类的交流、引诱和对话技术，常用于人与动物的各种领地冲突，以促成人与动物的共同栖居。

我们在苏达班的印度人捕猎孟加拉虎的把戏中明显看到了这种不对称交流。印度的苏达班地区由布拉马普特拉河河口的红树群落组成，在这里横行着地球上仅存的食人虎。我们仍然无法解释这些大型的猫科动物的行为，为何它们对人类血肉如此钟情。

为了保护当地的居民，人们试验了许多威慑性的方法 [杰克逊（Jackson）和法雷尔·杰克逊（Farrell Jackson），1996]。1987 年，为了降低去野外的风险，人们提出了一个设想。用印度教神明可以化身的理念，把老虎看作是神的化身，就像古比奥的狼一样。这样一来，老虎袭人事件反而更多了，人类城镇周边的乡村陷入惶惶不安：我们需要并且必须有一种新的外交创意。

圣人并不多见，动物行为学才是外交的使命。它通过使用欺骗这种逆向但有效的交流方式，试图提取出一种可共享的编码——这次是为了和平。事实上实证研究已经得出，老虎主要从背后攻击猎物。这一观察结果可以从动物行为学上这样理解：远离或者露出脖子的行为对老虎构成了一种诱发攻击的刺激（如果不触发这个刺激，似乎就能非常有效地抑制攻击行为）。我们在其他大型掠食性动物身上也发现了类似的行为先验模式。

动物行为学诡计就能让老虎不受到诱发攻击行为的刺激。从猎食者的感知角度仔细观察人体，正面和背面的轮廓几乎别无二致。想要辨认出是正面还是背面是极度困难的。几乎只能从唯一的一点——脸——来判断，头颅的前后颜色和质地（正面是皮肤，反面是毛发）都不同，上面还呈现出几何学特征的面部形象。发展心理学已经充分表明了人类在小时候是能在无须辅助的条件下辨认出脸部构造的：这构成了一个格式塔形状，以至于对人脑而言，画两个圆加一条横线自动地"成"了一张脸。似乎掠食性动物也有这种对面部的结构性敏感度："面部化"装配就是一个进入其感知窗口的格式塔形状，一种即便在不确定的背景上也具有含义的形状。它能够破译出这个形状的意义：如果看到了这个，就说明猎物"面对"自己。从异质性现象学的角度来看，我们可以假设，对机会主义的掠食性动物，这意味着：猎物正面朝向自己，它可以并且想要自卫，进攻需要损耗能量并需要冒一定风险。我们已经发现在老虎追捕的猎物中，只有非常小的一部分会被真正杀死。

为了让我们的外交家把动物行为学的诡计践行黑格尔的技术定义，即"用天性转而对付其自身"：旅行者、流浪汉、渔民、护林员都在后脑勺上戴了一个画着眼睛的面具。

当地人普遍使用的这种低成本做法似乎产生了显著的效果，因为在一段时间内①老虎袭人的事件确实显著减少了。

将来，这种做法会变成动物行为学的一笔巨大财富：兽首外交家在老虎面前自保的武器既不是猎枪，也不是陷阱，而是面具，那是因为这个简单的小物件巧妙地融入了老虎的

① 文中写道："三年内没有任何戴面具的樵夫遭遇过老虎袭击，过去18个月内，29个没有戴面具的人命丧虎口。很有可能老虎最终明白了这个圈套，一年又一年过去，这个招数的效果就略微减弱了。"[杰克逊（Jackson）和法雷尔·杰克逊（Farrell Jackson），1996]。

100　动物行为谱，利用知识，只花费最小的力气，就产生了最大的实用效应、生态效应和政治效应[①]。

## 狼的外交才能

我们希望通过一个假设来解决这个理解问题，拥有共同的遗传史（哺乳动物）和某些共有的生态条件（肉食性动物、复杂的捕猎行为、智慧、社会性）意味着生命形态的边界是共同的，极有可能也拥有共同的语言范畴，不是在思想形态上，而是在生活习惯或行为活动上相通。领地范畴是我们关注的行为活动上的典例，在相似的各个物种的动物行为谱里，领地或许是共享的，表现为生活习惯或行为活动的形式，人类这个物种也不例外。在这方面我们可以进行哺乳动物的通用形态类比，狼用外激素和声音标记领地，倭黑猩猩用足迹标记 [ 萨瓦戈 - 鲁姆博夫（Savage-Rumbaugh），1996]，鸣禽通过啼叫的声音标记，还有人类在自然环境里留下记号（石冢、打结的树枝、巨石阵、因努伊特石堆）。

于是，当下在动物世界和人类世界两者之间的外交任务

---

① 尤其是在印度，保护老虎的经济政治问题更为复杂，这种圈套不应掩盖更深层的关键问题，将对野生大自然的后唯物主义的狂热崇拜与大众环保主义对立起来。关于这一点，见 R. 古哈（R. Guha），J. 马蒂内兹·阿里耶（J.Martinez Alier）和 E. Hache，《政治生态学》（*Ecologie Politique*）的相关章节，巴黎，Ed. Amsterdam, 2012。

就是，从我们双方共有的语言范畴出发，坚定地开展对话：狼不知道什么是物理边界（公路、栅栏）：这并不是狼认知窗口可以识别的刺激，且无法解码成它拥有的、能理解的语言范畴。更不用说自然公园边界人为设立的行政壁垒了。但是狼有领地，并且理解什么是领地：它的生命形式、固定的习惯和行为活动能够限定领地、丈量领地，在其所在环境（可以区分它是在里面，还是在外面）的抽象空间里把领地分离出来。这是狼的首要的核心外交能力。这种能力在狼的动物行为谱里无所不在，是其中重要组成部分：狼会持续巡视自己领地的边界。"领地权是一种非常独特的竞争，在这种竞争中狼只需要取得相对很少的几次胜利，甚至一次胜利就够了。其结果是，有常驻领地的狼比起没有领地的狼更加省力，因为如果没有领地，它每次和同类起冲突的时候都必须以吃掉对方来结束战斗。"[威尔逊（Wilson），1975, p. 268]

这种行为生态学的定义暗暗道出了狼在捕猎绵羊时使用的外交手段的本质：领地权，一旦它符号化地赋予了狼某种形式的协议，就限制了实际冲突以及逐步保护资源的能耗强度。外交的理想状态就是宣告一种强势的领地意识，使根深蒂固的冲突能够得到自发性的抑制，就像动物世界里的情形一样，明确领地权的狼群之间就是如此。生物学家大卫·奥斯班德第一个把这种理念付诸实践，用它去管理狼群。他布置了看不见的气味边界，虚设了一个敌对狼群，限制现有狼群跨过边界，从而有效地构成了狼的地缘政治空间。这种实验性质的创举取得了惊人的结果，为我们提供了一种外交方法的原型——我们之后会更加深入分析这种手法及其哲学含义。

领地是一种狼与人类动物行为谱中共有的语言范畴。我们甚至可以假设我们对产业、边界、地籍、地缘政治领地的概念表征都只不过是下面更细的分支而已，是经过发散的进化和文化的放射之后形成的概念，最初都来自于动物行为学的模板类型——我们共同的、古老的"领地"①。字面上的"狼人语"集合了狼与人动物行为谱中共同出现的范畴，在人类诞生以前就存在了，而领地则属于其中的基础范畴。我们共有这些范畴和信号传达方式，也应该能够使用它们。

我们就要向狼说明它们领地的界线，就好像一个狼群向另一个狼群划清领地界线是一样的道理。但是我们要用更复杂的方式，因为人与狼的领地是叠加的，需要告诉它们领地的使用界线②。更确切地说，因为这是一种狼群可以明白的界

---

① 在美国西部，早在"前线"的殖民年代，一个法律机构规定只要满足某些条件，殖民者就可以将自己骑马一天能够跑遍的土地都合法占有。这种做法曾经被称为"偷地"。从这个实例中我们可以看到，法律和协议的逻辑是如何植入一种生活形态和一种生物形态习惯中：以标记占领的方式来丈量土地。

② 这种可贵的细微差别来自于安托万·诺奇（A. Nochy），个人交流。

线类型，它们并不是天生明白这种界线：因为人类没有使用正确的语言告诉对方，所以其他方式注定会失败。

除了解码和尊重领土范围的能力以外，狼的第二种核心外交才能是它们的归纳智慧。人类已经发现狼对惩罚十分敏感：它们从来不会两次落入同一个陷阱，不会让自己第二次身陷已知的险境。我们可以由此确定狼对条件反射非常敏感。这个理论是巴甫洛夫（Pavlov）在家犬身上发现的，应该在狗的野生祖先上也有一定基础。

狼是一种谨慎的猎食者，十分善于归纳总结，也就是说它不断从经验里学习：它回忆起刺激的联想，并利用这些已知的信息指导自身的行为[①]。

这种归纳智慧是一种核心条件，首先由于它的发现相对

---

[①] 狩猎中尉、皇家森林总管乔治·勒华（Georges Le Roy）观察到并强调了这一点，认为它是野生动物的习性。见《动物信札》（Lettres sur les animaux），信札二，牛津，"伏尔泰基金"，1994年，p.23。"一片树叶的抖动只会让一只年轻的狼产生好奇；但是如果狼见过一片树叶抖动随后有人来了，那么它会归纳两者的关系，并因而感到害怕，因为它判断出了这两种现象之间的联系。当同样的判断经常反复出现，就导致狼随后的反应动作变成一种习惯，从判断到行为十分迅速，看上去就像是无意识的机械反应；但是只要稍加思索，就会明白这个行为结果是一个渐进变化的过程，进而回溯最初的起源。"如果这种归纳十分活跃，"狼就会沉浸于不切实际的空想和想象导致的错误判断之中；而如果这些错误的判断延伸到方方面面，狼就被空想体系玩弄于股掌之上，很快就陷入了行差踏错的死循环，而这些错误却已经形成了原则，印在了狼的记忆里"。勒华的精神理论十分关注狼的他理性，由此做出了狼"迷信"的假设，他无疑是优秀的狼人外交家。

较晚，其次因为我们对它和现代西方使用和普遍流传的旧有动物本体图的对照程度强调得过少。我们可以通过认为野兽愚笨的语言里的语义重复来打开这条小径。

野兽没有学习能力。它们就像动物机器一样，无法进行任何智慧的学习。直到很晚以后，拨开外围晦暗的语言范畴的云雾，光辉的"本能①"显现，让主张绝对割裂人类与动物的人以右手赋予动物智慧（筑巢、捕猎战略），却又用左手将其收回（这些本能是先天性行为，是不包含任何智慧的自动行为程序，是经过基因编码的适应结果）。

不再纠缠本能的概念，同时指出遗传行为序列与个体和文化创造的差异——行为不易发觉的真正核心正是这两种机制的混合体，由此，当代动物行为学已经充分显示这些非人类的动物具有归纳学习的能力。

整个问题变成了如何通过基因组里固定的学习结构传达获得的信息。归纳学习能力是狼的一种特殊的遗传结构：通过这种能力，我们就有望而且满怀期待地达到以下目标：将来我们无须驯服狼，让其俯首称臣，也不会驯化狼，把它们变成家畜，而是能够向其说明各种界限，教会它联想。

正因如此，安托万·诺奇（Antoine Nochy）、让-雅

---

① 关于这一点的解构，见 G. 康吉莱姆（G.Canguilhem）《生活的认识》，巴黎，弗兰（Vrin）出版社，2000。

克·布朗雄（Jean-Jacques Blanchon）和雅克·德尚（Jacques Deschamps）在这方面规划出了管理法国野狼的一个新方案：

> 只要狼对环境的适应性依然惊人，处处都能看到它们的身影，我们就该明白必须与之建立关系才能改变它的行为。要想使狼和狼群的行为进化，关键在于准确地介入它们妨碍人类社会的场合。也就是说只在遭受狼攻击的场合才开枪，而避免"从远处不知什么地方"乱开枪。一头狼的所见所闻，即整个狼群的所见所闻，狼群有自己的经验和文化。在这种科学诱导策略的指挥下，国家政府部门全面停止对狼无故开枪，只有在遇到狼的袭击时才允许开枪。最终把国家的角色重新定位成狼的政治管理者，把基础生物知识提供给狼这种能够根据人类行为和自己占据的领地资源而改变行为的动物。从此，我们要做的就是保护人类的领土并向狼明确传达我们的意图[1]。

只有当我们确保惊吓有效、狼在认知上把猎枪与警示领土限制的攻击联系起来的时候，猎枪才能解决问题。

---

[1] 写给 S. 勒福尔（S. Le Foll）的信，胡姆巴巴（Houmbaba）协会起草，未出版。

整个问题就变成了"改变狼的行为①"。这个动物行为学上含义丰富的观点遭到旧有的动物概念地图的抹杀，阻断了多条行动路径。以前人们认为野兽机器无法获得信息——而神圣的野生灵物则不应该被教化：改变其行为就是亵渎神灵，或是驯化神物。只有当野狼被视为生态行为合作者的时候，作为一种无异于其他存在方式的存在方式，处于人类也同样艰辛生存的大自然里，我们才能提出通过学习改变其行为的想法：这需要借助人与狼共享的公共区间——生物形态这个窗口。

为此，根据我们寻找共同编码的研究，必须要具备可以理解并可以与限制建立关联的刺激。

## 一系列防御措施有待验证

在这两种外交才能的基础上，我们可以开发出融入狼的动物行为谱的实用措施。

其中一种措施是非致命俘获（先擒后放②）。在当前的情况下，这种手段指的是设置有橡胶保护层的简易陷阱，在狼

---

① 见给 S. 勒福尔（S. Le Foll）的信："也就是说之前没有人设想过，通过确定人与狼共用的领土方方面面的特征来改变狼的行为。但是有狼出没的国家显然可以这么做。"

② 这种技术是黄石公园用来管理狼的基本技术，经胡姆巴巴（Houmbaba）协会推广，由安托万·诺奇主导，在法国投入使用。诺奇从黄石公园带来了俘获技术，并根据法国的特殊环境及其擅长的哲学角度因地制宜地改良。他的观点和决心随后证实了俘获技术的重要性。

徘徊在羊群附近试图攻击的时候，将其俘获。给它们戴上一个有 GPS 定位功能的项圈，做一个没有身体伤害的生物取样来评估其健康状况、身份和食性，然后立刻当场放了它们。这种做法一举四得，其一，狼会因此产生创伤记忆，对牧羊区有了强烈的抵触；其二，这种手段不致命，可以让被释放的狼将自身的遭遇传达给它所在的狼群；其三，对狼这种我们已经不再了解的动物，还能通过空间定位的装置获得可靠的科学数据；其四，对于即便形成了被俘后创伤仍然继续袭击羊群的狼，我们也能轻松地获取它的定位，并部署一种只针对习惯猎食家畜的狼有选择的俘获装置，而不用再冒着分裂狼群的风险，乱抓一气。

长此以往，这种多功能装置会实现一个具体目标：由于家畜饲养区的防御手段，使得狼对这样的区域失去兴趣。

在狼妨害人类社会的时候——主要是袭击羊群的时候——具体且全面地介入并与狼建立关系，让其立刻厌恶我们从事人类活动的地区，从而改变其行为。[诺奇(Nochy)，2011]

这种举措实施后，我们还不能完全看到对减少狼袭牲畜的效果，但是有充分的理由相信它可以有效地让狼群远离羊群。尤其是能够在各方面补充我们缺少的知识：狼的分配方式、生活方式、生态动态及其在人类社会中建立领地的方式。

但是整个系列实验仍然还需要从兽首外交家的角度进行想象和评估。动物行为学上最有效的举措或许今天尚未问世。让－马克·兰德里正在测试他在这方面杰出且细致的动物行为学研究。他的设想是给羊群里的每一只羊都配备一个（化学或声音的）排斥装置，羊的心率一旦加快就会启动，通过条件反射向狼传达羊群的恐惧①。

这项实验的动物行为学原理在于犬首人身的推理逻辑，非常贴近狼的思维方式。兰德里致力于研究狼头脑中的内在归纳史，他首先明白所有独立的惊吓都不构成条件反射，因为狼无法把这种惊吓与羊群联系起来：我们无法教会狼害怕羊，因为狼对羊已经十分了解，很清楚靠近羊没有危险。吓唬狼一次，也无法抵消之前狼每次接近羊群都毫发无伤的全部经验。兰德里假设，我们需要创造并传播一种狼不知道来源的新的刺激，但是要把这种刺激和羊群持续稳定地联系起来（"区别刺激"：例如在十分之一的羊脖子上系一条可以发出超声波的黄色围巾或者项圈）。这种区别刺激能够让狼与这

---

① 让－马克·兰德里（J. -M. Landry），F. 马特（F. Matter），《远程保护家畜免受狼袭排斥项圈开发计划》（ *Projet de création d'un collier répulsif agissant à distance pour protéger le bétail de la prédation du loup* ），"高山牧场饭店"（ La Buvette des Alpages ）网站可在线阅读（ www. buvettedesalpages.be ）。

群黄色的羊建立联系，无论刺激以什么形式出现，只要狼靠近羊群，就会受到惊吓。这样一来，狼就把区别刺激和惊吓刺激联系起来了。整个戴着黄色围巾的羊群都会提醒它曾经受到过的惊吓。这种装置试图聪明地渗透狼的他理性。然而，目前的技术仍然不能完全实现这一设想，因此我们需要支持和扩大这类实验。

同样地，为了更好地理解法国环境中狼与羊群之间的关系，让－马克·兰德里的团队还开展了一项长期研究计划"卡诺维斯"（CANOVIS）[1]。研究团队借助夜间录像设备在狼群捕猎频发的地区靠近羊群的地方拍摄，潜伏 188 个夜晚，力求捕捉到各种数据，哪怕是夜晚最难以观察到的部分。这个项目是一种外交工作，旨在理解真实存在于羊群、守护犬与狼之间的复杂相互作用："在多变且互补的语境中，我们做了最初的两季追踪，透过夜间世界用镜头记录了大量极其有趣的场景，就我们对这个领域现有的认识而言，有些场景甚至是异乎寻常的。"[守护动物推广与研究中心（IPRA），2014, p. 22]

这些数据应该可以帮助我们逐渐"建立一个新的视角来

---

[1] 关于这一点，见守护动物推广与研究中心（IPRA）的网站，可下载文件《以改良守护犬和羊群防御系统为目的的狼—羊群—守护犬相互作用研究》，2014 年活动报告，2014 年 12 月，2013—2017 年卡诺维斯项目。

看待羊群的保护和狼的行为（是否有害）"[守护动物推广与研究中心（IPRA），2014, p. 22]。

在这些数据里，有一些记录了狼接近羊群的行为，非常耐人寻味。首先，它反映了狼"占领地盘"[守护动物推广与研究中心（IPRA），2014, p. 18]。狼群非常频繁地静静靠近羊群，并不见得是对羊群感兴趣。这就否定了我们对狼的刻板形象：饥饿的大灰狼只要一看到羊就恨不得将其吞吃入腹。捕猎似乎是一种深思熟虑之后的行动，需要具备特殊的条件。我们要研究的就是这些条件。

但有一点尤其值得注意，狼真正攻击羊群的时候似乎并非是成群行动，而是单独或者成对行动。进攻的狼紧盯着羊群长达几小时，仔细观察、等待、反复试图发起攻击，往往一无所获。它们会被守护的牧羊犬赶跑，但是却不会因此而放弃捕猎。也就是说它们是因为自己的行动而与羊群保持距离，但是在狼身上从来不会因为负面的强化作用而产生过量不愉快刺激，最终形成持续远离羊群的习惯。

最后，发起攻击的似乎大部分都是年轻的狼（我们可以在官网上看到一段视频）："一些狼看上去毫无经验：这些执着攻击的狼大部分都显得轻率莽撞但是没什么实力。"[守护动物推广与研究中心（IPRA），2014, p. 18]这一假设还需要深入挖掘。上述发现给我们提供了一个看待如何杀狼的问题的新角度，在动物行为学方面进行细致的探讨。

事实上，兰德里也指出了随机猎杀的危险性。假设有一个组成复杂的狼群，由三代构成：一对育龄期的繁育者，一岁以上的青年狼和当年的小狼崽[守护动物推广与研究中心（IPRA），2014, p. 24]。如果杀死的对象是小狼崽，对捕食并没有影响。如果杀掉了繁育者其中之一，狼群就有解散的风险，于是流浪的年轻独狼不具备集体捕猎的策略，对羊群的单独捕猎就会大大增加："失去了父母的捕猎经验""结构破坏""探狼增多，成对的繁育者增多"[守护动物推广与研究中心（IPRA），2014, p. 24]。如果这些实际侵略羊群的狼都是不成熟的年轻学徒，那么我们计划猎杀的时候就应该锁定这一类具体的狼，因为狼的行为有长期持续且传递给下一代的风险。

防御措施的问题因此变得更加具体了：找到明确的有震慑力的措施，专门适用于很有可能缺乏经验且不成熟的独狼，做到不仅将其击退，而且长久地使其对羊群失去兴趣。

此外，兰德里还指出狼的数量并不能作为侵略的量化标准："当前狼的数量与攻击的次数在统计上并没有根本相关性。"这一点值得关注：很明显这并不符合当下的管理逻辑，认为狼袭羊是一个定量现象。用管理学的逻辑来分析，如果不考虑具体的情况，每年无差别地捕捉一定数量的狼（2015年36只），就可以在数学统计上降低被狼杀死的羊的数量。这种逻辑似乎忽略了狼袭羊现象的复杂性。

问题仍然要归结于狼对诱捕圈套的适应能力。在几次徒劳而返的尝试之后，狼观察我们的装置，判断这东西不会伤害自己，并冒险再进攻一次。我们采访了瓦尔省（Var）的一个牧羊人，他讲述了自己尝试过的防狼法：给羊熏香、夜间在牧场上发射无线电广播、人工看管、燃放鞭炮。这些方法都曾经有效过一段时间，直到某一天狼意识到这是一场骗局，就狡猾地跨过了牧羊人这一关。

保护生物学家约翰·施维克（John Shivik）及其团队在一篇重要文献中指出，在狼群管理的问题上，非致命技术在多个方面都要优于致命的技术：这是严格意义上的外交论据 [ 施维克（Shivik）等，2003]。首先，非致命技术可以避免出现上文提到的适得其反的副作用。通过维持狼群的社群结构，保存了狼群的领地权，可以限制其他掠食性动物取而代之、袭击牲畜。允许动物的领土边界长期存在，因而避免了其他的狼或者流浪狗靠近牲畜。尤其是非致命技术通过狼的文化学习习性让人受益，使狼群远离牲畜的行为代代相传。

在这篇文献中，作者以实验数据表明，一旦在已知区域中检测到猎食者，能发出耀眼光亮和随机刺耳声音的防御装置是有效的（狼害怕未知的东西，根据这种厌恶新事物的本能我们一共录了大约三十种声音，就是为了避免它听习惯了不会害怕）。这种装置被称为动态感应警卫系统（Movement

Activated Guard，MAG），如果根据法国特有的牧羊技术条件进行因地制宜的改造，或许可以进一步减少狼袭羊的事件。当然，这些手段还需要接受实验的检验、需要牧民的配合，并且会耗费一定成本。

因此，一方面如果认为狼的存在不可避免地宣判了牧羊业的死刑，那属于夸大其词（狼与羊曾经在过去的八千多年间一直生活在一起）；另一方面如果相信即使有狼的存在我们也无须技术手段和行业的显著转型，那属于掩耳盗铃。在当前的社会经济条件下，牧羊业发展步履维艰，我们就会明白这种改变的必要性远超出我们的想象：社会对生物的主流认识让人类很难接受动物居然能强制要求劳动者改变其劳动方式。但是如果让狼来承担牧羊危机的责任对它们是不公平的，牧羊业的社会危机早在狼回归之前就已经出现了 [ 里厄托尔（Rieutort），1995][1]。作为牧羊业革新的一次机遇，这种必要的转型构想也并非不可能实现，我们

---

[1] 在社会经济学分析以外，马克·勒卡舍尔（Marc Lecacheur）在他参与的欧洲夏季山中放牧的长期调查中也发现了同样的现象："（狼）常常是山里牧区的主要问题。但是在讨论中，我隐约明白了，狼只是吸引了人们的关注而已，可是除了狼还有其他更严重的问题。经济效益、国外竞争，牧羊人没有意识到的问题还有太多太多。狼，它确实存在。……我遇到的牧民经济条件稳定，不纠结于大型掠食性动物，他们把野兽的侵害归为天灾一类。"节选自马克·拉卡舍尔（M. Lecacheur），《夏季山区放牧：14000 千米骑行，遇见欧洲的牧羊人》，行进出版社（Editions Cheminements），2006，p. 188。

可以期望年青一代的牧羊人了解生态的重要性，或许可以接管这个领域，改变自己的行为，努力促成智慧和共赢的与狼共同栖居的模式。

现在尚待解答的问题还有：防御措施的有效惊吓的强度（条件反射要重复多少次？）；归纳的延伸（狼会把攻击的惊吓与一个羊群乃至所有的羊群联系起来吗？那么狼的思维在动物行为认知方面又会创造出怎样的行为规则？）；效果的持续时间（狼需要多久才能明白这种措施是个圈套？）。

发明防御措施：针对狼要发出什么样的超级刺激？

所有这些实验面临的理论问题还是如何能准确地知道哪里是狼的领地，它对领地怎么看、怎么想、怎样在上面生活，不仅仅是为了检验我们与狼互动中的刺激，而是如何制造更加有效的超级刺激。

超级刺激是尼克·田伯根（Niko Tinbergen）在其研究银鸥的专题论文里提出来的概念：通过在雏鸟身上的实验，他得出诱发口对口喂食行为最有效的感知符号不是雌性亲鸟头部的形象本身，而是一种强调了这种视角内在意义的抽象几何组合（对比、形状、位置）；在银鸥的例子中，就是一根细长的棍子，在末端有两条黑杠（突出强调银鸥喙部末端红色的点，雏鸟对喂食的定位点）。这种棍子的造型唤起的不是雌性亲鸟鸟喙的形象，而是鸟喙一下一下喂食的动作。这就是我们在与狼互动中需要根据狼的动物行为学编码来创造并验证的超级刺激。

我们需要开辟一个空间，试验一些未必会致命的防御措施 [1]。这些措施应该建立在超级刺激的基础之上，以便能够产生意义、能够被记住、能够产生有效惊吓并与深入思想建立联系。这需要同时测试一组技术，将其进行比较、共同使用，得出最有效经济的类型。牧羊人已经尝试过了一些措施，但是我们应该用更加有效的实验规程来取代原先的实证检验。播放占统治地位的狼群的合成叫声，在羊脖颈上、羊群附近或者牧羊犬身上涂抹合成外激素，给十分之一的羊脖子上戴一个装满胡椒的项圈，超声波报警器，遇袭时狗一叫就会自动触发声响的可携带扩音器，信号弹，粗盐枪，防护项圈……：这项外交实验的目标是发明一种兼容并包的技术，既能同时解决多个问题，又能聪明地融入饲养者的职业及生物多样性中，饲养业也是建立在生物多样性基础上的。

这些防御措施并不一定致命。首先是出于合法考量，其次，更深层的是道德原因；但是最主要的原因是在操作方面，

---

① 这种说法是指试图阻止动物重复某些行为的装置。它可以是初级的防御装置：阻止动物经过；或者次级防御装置：把排斥的刺激与某些经验结合起来。关于这一点，见 J. A Shivik, A. Treves, P. Callahan,《非致命猎食管理技术：初级和次级驱避剂》，美国农业部国家野生动物研究中心——员工出版社（USDA National Wildlife Research Center - Staff Publications），2003 年。

因为对一个高度社会化且具有集体习得能力的物种来说，非致命的惊吓是唯一一种可以让信息在种群内扩散的方法。在没有进一步数据的情况下，我们应该暂且接受这种实证规则：一头狼的所见所闻，即整个狼群的所见所闻[1]。但是在狼群里，正是那些还在学习文化和捕猎的小狼崽将会成为明天的探狼，也会在不远的未来成为阿尔法头狼和捕猎首领，最终会成为下一代小狼的教习，而新一代小狼又会再次四处探索。非致命的防御措施就可以借助自然界本身的力量让解决方案自发地传播开来，而无须用类似水坝防治水患这样固定的防御方式。狼不是毫无理解能力和学习能力的动物机器，我们可以利用它的社会动态为我们传播消息。当然这种方法不太可能彻底消灭狼对羊群的攻击，因为狼只要感到存在突破口就会再次尝试进攻，但是可以在很大程度上限制狼的攻击，从而大大减轻牧羊人的压力，让我们与狼共同栖居的梦想成为可能。我们要给牧羊人提供方法，向狼划清它捕猎领地的界线：狼是机会主义者；如果袭击牲畜变得有危险性，会受惊吓，会受创伤，它就会转而攻击野生猎物，虽然更累但是更有把握。也就是说我们要将狼群的捕猎文化向几乎完全以野生猎物为目标的方向转型。这些捕猎文化是否真的存在，或者它

---

① 安托万·诺奇（A. Nochy）的观点，个人交流。

只是我们的一种设想？要想回答这个问题，人类对动物的知识的了解形式还需要认识论的转变，这将会是本书第二部分的主题。

# 动物型政治哲学

外交型动物行为学并不仅限于实际管理人与野生动物的互动：它还可以就我们与动物的关系提出政治哲学问题。通过这种转变，我们可以突出能够在我们与回归的狼的具体关系中发挥作用的最优技术解决方案。对狼而言，"气味边界"（生物壁垒）才是它们的范式。

我们可以通过当代动物问题的某种系谱从这一层面来探讨这个问题，我们可以将系谱视为一种非人类的动物在目前仍专属于人类的领域的分布（道德、法律、政治），狼在法国领土上的分布就与之类似 ①。

其实早在二十世纪末，随着学者［如彼得·辛格（Peter Singer）］和保护协会的研究，动物已经进入了道德范畴：由

---

① 皮埃尔·查尔伯尼耶（Pierre Charbonnier）给了我开启这种视角的钥匙，用政治哲学的角度看待各种方法，他特别撰文写道："严肃对待动物。从政治动物到动物的政治。"摘录于《草图》（Tracés），2015 年特刊。

于其具有忍受能力和接受恩惠的能力，动物已经变成了一种
要求道德考量的道德客体。先前一直由人类专享的道德领域
也向动物开放了，打开了一个突破口，动物已经由此殖民了
权利领域，汤姆·里根（Tom Regan）的研究主张动物就是"生
命主体"。对权利领域的入侵又打开了一个新的突破口，动
物由此走上了政治舞台：从要求保护的被动权利，到我们为
它要求主动的权利，作为政治主体的权利，就像苏·唐纳德
森（Sue Donaldson）和威尔·金姆利卡（Will Kymlicka）在
2011 年出版的原创著作《动物园城市》里设想的那样，他们
二人在这本书里提出了"动物的公民权"的概念 [唐纳德森
（Donaldson）和金姆利卡（Kymlicka），2011]。

　　问题就变成了这样：动物在诺亚方舟里一直追随我们到
哪里呢？它们应该追随我们吗？还是我们应该用某种方式从
方舟里出来？因为从政治角度，接触动物的问题带来了难以
克服的概念难题。

　　事实上，现代政治哲学的概念工具明确表示，只有通过
契约关系才能成为政治主体[1]。契约作为政治主体地位的入门

---

① M. Rowlands 从这个角度主张重读 J. Rawls 的《无知的面纱》
（*voile d'ignorance*），把动物纳入了《动物权利：一种哲学防御》（*Animal Rights: A Philosophical Defence*），纽约，Macmillan，1998 年。在哲学范畴的另一个极端，卡特琳娜·拉海尔与拉法埃尔·拉海尔主张思考一种对家畜政治契约的替代品。见《家养契约》（*Le contrat domestique*）《环境通讯》（*Le Courrier de l'environnement*），第 30 期，1997 年 4 月。

形式，要求用一种话语表达其诉求、就自己的地位进行谈判。在之前许多个世纪的转折点，少数派为了获得自由而斗争借助的是这种途径：给少数派授权，允许他们自己追求想要的民权，通过积极使用"道说［原文用的是'logos（逻各斯）'一词］"他们才得以走上政治舞台。这些历史运动的兴衰变迁表明，一切正如德勒兹（Deleuze）对福柯（Foucault）所说，"没有资格替他人发声①"。

由此，将动物引入政治的疑难就显而易见了：动物现在不能，将来也不可能自我发声，这样一来，现有视角面临的风险就变成了扮演腹语者：替动物发声，并且给动物一个恰如其分的席位，允许它们有政治地位。这就引来了一些人对这类方法的反对之声；但是他们也没有否认这些理论构想面对一系列根本问题（从人类日常与家畜的关系一直到饲养条件和屠宰条件）表现出的进步作用。动物园城市堪称这类方案构想的绝对顶峰，但是也没有解决腹语的局限。它主张赋予动物民权和公民权，而这并非动物自己要求的，也就是说

---

① G. Deleuze，《知识分子与权力》（ Les intellectuels et le pouvoir ），与米歇尔·福柯（M. Foucault）的访谈记录，1972 年 3 月 4 日，收录于 M. Foucault，《言论与写作集》（ Dits et écrits ），卷二，巴黎，伽利玛出版社（Gallimard），2001 年。

偷偷背着它们将其解放[1]。

## 武力关系还是法律关系

我们完全可以从另一个角度让动物登上政治舞台：不是向它们强加人类政治的概念结构，而是把它们纳入动物政治的互动当中。如果要这么做，那就不得不重新审视必须要有契约才能入门的规则了。

为了让这种与野生动物开展外交的矛盾设想能够成型，我们必须打碎现代学者的政治哲学概念设置。后者在契约和道说之间列了一个方程，将法律关系作为武力关系唯一的替代品。西方的现代性基础正是这两种关系之间的二分法：要么是法律关系，要么是武力关系，没有第三种可能。法律关系发生在有能力识别且遵循由语言构成的协议和规则的生命体之间；也就是说仅限于人类。武力关系发生在所有其他对象之间：无法发声的就只能参与普遍的斗争，这正契合了达尔文学说中丛林法则的刻板形象。这种武力关系其实就是一种"最强者生还"的关系，仅限于所有不懂法律的对象。我

---

[1] 根据皮埃尔·查尔伯尼耶的理论，一种"经典立场"的外交途径，"当它陷入了某种顽固的执迷：它自问什么是动物，动物是什么类型的事物"，此时这种途径就值得怀疑了。在外交途径中，"需要优先重视的是动物行为学关系和技术关系，也是实践的关系，这种关系也要求我们思索什么是责任"。个人交流。

们赖以生存的"文明的进步"这一神秘主题在此过程中或许会被束之高阁：它鼓吹推进我们对非人类的武力关系的胜利，这么做之所以正当合理，是为了最大化人类之间的法律关系。现代学者发动"反抗大自然的战争"，其动机要一直回溯到新石器时代，当时的人们以技术的进步作为斗争武器，幻想从原始困境中获得解放。这种动机来自于对任意两者关系的二分法，是我们的政治本体论的组成部分。

现代学者在看待动物的角度犯了本体论错误，就是这种二分法的问题。本章的目的在于指出他们对狼的错误认识。狼不会发声且不会订立社会契约，但是我们并非注定只能和它们以武力关系相处。这就是动物外交的哲学意义。

动物存在政治关系，因为在脱离隐喻的意义上，动物界确实存在协议、符号化生活和地缘政治，这一点我们下文会看到。这就是说，非人类的动物之间的关系并不仅仅限于武力关系和生存斗争，当代的动物行为学和生态进化论都在不断地证明这一点。

既然我们能证明这些现象的存在，就不应该再把现代学者的政治哲学概念机制强加给动物界，而是要讨论和动物的政治关系，这种关系与其特有的政治形式刚好吻合。将政治动物化：这就是外交。对等地把人类动物纳入生物群落的"大政治体系"，这是另一种让动物走上政治舞台的方式。

因为虽然狼不签订契约，但它却具有政治行为，也就是符号化的行为：确定边界和划分等级的地缘政治行为，具有协议性质，既是种内行为，也是种间行为。为了让外交途径不仅仅是一个空泛的隐喻，我们应该做出操作性的类比，即侧重该现象的重点。面向动物的外交关系的类型当然应该包括上文提到的交流的可能性（交谈），但也要包含在相关主体之间建立协议关系的可能性（条约）。我们说的可能性是在生物形态意义上的可能性，生物形态也是我们要定义的概念[①]。

## 其他动物的象征生活

狼是一种具有协议行为的动物，因为它能够理解具有符号意义的边界，与边界互动，并建立这样的边界。这是认知动物行为学和生态学的科学的进步，关乎保护生物学的紧迫问题，足以撼动现代学者的政治本体论，因而有望在与动物的关系方面改变西方世界的地图基础。

根据申克尔（Schenkel）充分细致的研究，狼的动物行为

---

[①] 要表明在人类语言之外还存在象征和协议行为、交流，表现型和感受型的信息共享，这是一个哲学关键。一方面，哲学家乔治·西蒙东（G. Simondon）提出哲学主张，扩大交流的范围一直到机器界和物理互动。见《交流与信息：课程与讲座》（*Communication et information. Cours et conférences*），沙图（Chatou），透明出版社（Les Éditions de la Transparence），2010年。而另一方面，人类学家科恩（E. Kohn）则主张一种"超越人类的人类学"，凸显了生物中无处不在的符号交流关系，见《森林如何思考：超越人类的人类学》（*How Forests Think: Toward an Anthropology Beyond the Human*），伯克利，加利福尼亚大学出版社（University of California Press），2013年。

学告诉我们，进食行为在狼身上已经完全仪式化了。虽说同一个狼群中的每个个体都可以随便吃捕获的猎物，也就是说没有秩序，但其实它们内部存在着一种复杂的礼节，每一头狼抑制住自己的饥饿表现，轮到自己了再开吃，并不是每一次进食领导的头狼都必须用直接武力宣称自己的优先权（虽然仪式化的统治和压制的姿态常常反复出现，这是为了巩固等级制度）。这里说的统治者不像我们长久以来想的那样，是已经获得了至高霸权的"阿尔法头狼"（通过对人为重组的狼群的观察得出），而最常见的是繁育者——狼群的大家长 [ 梅奇（Mech），布瓦塔尼（Boitani），2013, p. 53]。这些仪式表明，在狼的生活中明确存在一种动物礼仪，起着协议和符号的作用：凸显了它们对记住的、已经上升为规则和行为准则的信息的反应能力，狼并不是只有通过冲突来修订的武力关系。动物虽然不是人类，但是却与人类同源，从这个意义上来说，规则和标准的边界可以拓展，将非人类的动物纳入其中。

## 动物纹章学

在狼新陈代谢的过程中，如果我们观察另一面就会发现这种符号生活的另一种更加决定性的形式：标记——通过排泄物（尿液、粪便）和腺体分泌物释放出信号，和来自其他狼群的狼进行交流，也和其他物种的动物进行交流。

2015 年冬天，有一次在上阿尔卑斯地区追踪狼的时候，我们通过一些能辨认狼身份的痕迹发现了一条狼的行踪：一条直线的狼道，大片菱形足迹，爪印很重，最后，在更远处有大型犬科动物的粪便，里面有碎骨头和鬃毛——有蹄类动物黑色坚硬的鬃毛，全都混在一起。特别是这些粪便都被极为规则地铺在路上，大约每60米到100米就有一点，都是小片小片的。

我们清楚地看到了这些粪便的符号功能，在此处是领地的象征：狼以排泄物作为象征，从地缘政治的角度就好像为了宣示领土主权，既能够标明领地的界线，又无须引发实际的冲突。值得关注的是在距离三处粪便的其中一处几厘米远的位置，各种小型肉食动物（很有可能是鼬和黄鼠狼）也有规律地留下了它们自己的粪便，这是物种之间的对话，国旗对国旗，边卡对边卡。我们缺乏翻译这种语言的能力。狼的领土主动吞并了小型肉食动物的领土？狼群的领土就严格地只属于自己吗？这体现出了地缘政治的复杂性，解读的对象不同，每一处粪便都会被解读成不同的含义。

因此，来自同一个狼群的狼通过这个标记读出了这是同群的伙伴，很可能还会读出同类的各种信息：身份、年龄、性别、是否可以交配、健康状况，甚至是情感状态和食性[①]。

---

[①] 雄性成年繁育者更频繁地"标记"，也就是说这类狼比雌性或者年轻的狼的粪便里含有更多的肛门分泌物。

来自敌对狼群的狼通过这个标记看到了领地的界碑，跨过去会有生命危险。大部分情况下，如果这头狼想要宣示位于这条界线以外的领地权，它会在这条我们看不见的非物质界线前面停下来，沿着它走，边走边标记出另一条平行的界线。黄石公园详细地记录了这种行为形成的"气味钵"现象：相比于领地内部的区域，每个狼群都在领地的外围更密集地留下记号，由此形成了一幅地缘政治地图，而这些记号就是用气味来标记的。

领地的边界彼此挨着并朝相同的方向延伸，中间有一片狭窄的无人区将其隔离开来。这些标记在人类地图上呈现出的结果十分惊人：领地以近似几何图形的形状呈瓦片状排列，紧密交错，拼出一幅类似人类国家地区的版图 [ 梅奇（Mech），布瓦塔尼（Boitani），p. 18]。黄石国家公园的学者已经指出，当一个狼群闯入敌对狼群领土的时候，它们会"暂停标记"，这暗示着狼清楚自己越界了。此外，似乎探狼在边界的反应方式和整个狼群并不一样；探狼的行为取决于自身的意图（战斗还是游荡去其他地方）及其对力量的感觉。这片新大陆潜藏着当代动物行为学仍未曾发掘的复杂的协议行为。

此外，这些信息不仅仅限于同一物种内部：其他哺乳动物也能读出别的东西。如果我们再次借用丹·丹尼特（Dan Dennett）提出的认知动物行为学的展示策略，即"动物独白"①，獾和貂等小型肉食动物似乎就可以这么说："当然，狼阁下您是在自家地盘上，但是只要你我双方彼此不犯错误，我们多少也有点权力在您的领地上捕猎。"（显而易见，他想要解读这些动物围绕粪便地界的实际对话，但是翻译得既投机又苍白）我们若是还想要了解狍子、岩羚羊如何解读这条界线，这就是个彻彻底底的谜了，未来只有更加细致的博物学家和更巧妙的信使才能找到答案了。

令人难以置信的是，对以狼为首的很多哺乳动物而言，（从新陈代谢角度）排泄功能，甚至排泄物就是完全没用的东西，现在转而具备了一种如此重要的政治信号的功能，构成了动物的社会身份：动物纹章。这是种极其优雅的扩展适应，本身最无用的部分变成了最实用的：大俗之中见"大雅"②。这是进化创造出的迷人象征，在循环经济中不断地拼凑，将最

---

① 丹·丹尼特（D. Dennett），《诠释者战略：共同含义和日常领域》（*La Stratégie de l'interprète. Le sens commun et l'univers quotidien*），巴黎，伽利玛出版社（Gallimard），1990, p. 335。这种展示的策略，其认识论的作用在于可以让我们想象必要的实验规程，以便得出一种动物行为中意向性的有效程度。

② 扩展适应是进化论的一个概念，表示功能的意外改变：为了某种初始功能而被选择的生物特征在后期转而具有了一种新的功能。例如，鸟类的始祖恐龙的羽毛最初被选择下来并不是为了飞翔，而是为了调节体温或者炫耀。后来它才促进了飞翔功能的出现。见 S. 热-古尔德（S. Jay-Gould），E. 弗尔巴（E.Vrba），《扩展适应——结构科学缺失的术语》（*Exaptation – A Missing Term in the Science of Form*），发表于《古生物学》（*Paleobiology*），卷八，第1期，1982年冬，p. 4-15。

无用的形式——废弃物，通过吸收和扩展适应升华成交流体系。此处的排泄行为实现了主要的人类纹章功能：排泄物就是领地旗帜，与城墙恰恰相反，这种标记不限制任何人，只是划出了领地的范围；它既是每个群体也是每个个体的复杂纹章，在背景上印出棕熊的家族或者白狼的部落，通过气味纹章详细地描述不在场的主体。从这个角度来说，追踪者是未知国度的传令官，它嗅闻每处粪便，查看粪便的形状、所在位置：是十分醒目地出现在足迹中央的一块白色石头上，还是在激流沿岸的岬角上？纹章能描绘出看不见的动物的威望、物种、身材、在这块领地上的地缘政治属性——外交家再次出现了。

这种纹章功能有两个特征，其一是深思熟虑的结果，其二是具有一定的意义。在猞猁这种动物身上尤其明显，像猫一样，它也习惯把粪便用雪或者土盖起来或埋到地下，到底是出于卫生考虑还是羞耻心理，我们不得而知。但是，它从来不会埋位于其领地边界的粪便；这表明猞猁能区分排泄物的不同功能并且能够识别纹章的特殊意义（行为序列要么是遗传的，要么是思考得出的，或者两者兼有）。

## 何为动物协议？

或许有人反对，认为此处用到的术语学不过都是拟人化的隐喻罢了。针对动物象征和动物协议的保留意见，在我看

来都属于 [ 菲利普·戴斯克拉（Philippe Descola）] 意义上的自然主义的本体论，根据这一理论，只有具有内在性——也就是话语——的对象才具有可以进行象征活动的协议。这种分类方式似乎已经过时了。

在第一层含义上，根据哲学家和语言符号学家查尔斯·桑德斯·皮尔斯（Charles Sanders Peirce）的定义，狼排泄出的是"标记"，即"在某个人眼里，某个事物在某些方面、在某种程度上代表（stands for）另一种东西"[ 皮尔斯（Peirce），1902, 2. p. 228]。但是这是什么类型的标记呢？皮尔斯把所有标记分成了三种类型：图像、迹象、象征。如果图像与目标对象具有实际相似性（十字架），那么迹象就代表了与目标对象的（因果或者归纳性的）实际联系（发烧就是生病的迹象）[ 皮尔斯（Peirce），1998, p. 461]。而如果我们在粪便中能提取出标记者的身份、性别、情感状态等信息，目标对象与意义之间的关系就呈现出皮尔斯理论中的迹象类型。因为事实上，这些意义是通过气味体现出来的，即使它们表现意义的方法仍然隐晦（我们可怜的鼻子很难想象一种气味里可能包含的心灵状态），也会归纳性地与目标对象建立联系。

但如果从粪便里提取的意义是限制和边界，那么其并不包含多少图像关系或迹象关系。粪便与边界或者界碑毫无相似之处，它与边界的关系也不是迹象型的。通过排除法，即使我们不愿意承认，粪便也只可能是象征型的标记。非常严格地来讲，只有象征关系是可行的——它被认为是人类专有的标记类型。1903 年，皮尔斯在《逻辑元素》（*Éléments de logique*）一书中具体阐释道："象征是一种遵循某种法则指代一个目标对象的记号，通常是一些想法的广义组合，而我们也会把象征解读为目标对象所指的内容。"[ 皮尔斯（Peirce），1960, p. 249] 象征的规则可以是通过协议预先设定的，或者通过文化习惯回顾总结的。禁止通行的指路牌既不是迹象也不是图像，而是象征。检验实体的目标对象（排泄物、抓痕）和意义（将目标对象解读为地缘政治边界的标记）之间的信息误差，这当然是一种象征，不过是动物意义上的象征，它让传统定义上的象征愈发变成了更加无法概念化的事物。

然而，为了创造类似象征的东西，接收者必须具备象征性思维。象征性思维这个概念是一直饱受诟病的，因为这个说法"唱得比说得好听"，根据保罗·瓦莱里（Paul Valéry）的看法：象征性思维更经常被作为上帝选民的符号，而非分析工具。认为人类动物与其他动物存在象征才能上的显著差异是庸俗的看法。但是，如果我们参考人类学家对萨满教的定义，R. 哈马庸（R. Hamayon）认为："象征性思维的本质特征在于赋予目标对象无法企及的内容，例如恰好让其召唤出除了自身以外的'别的东西'。"[ 哈马庸（Hamayon），1991, p.394] 在这种条件下，狼对粪便的地缘政治解读也算曲折地进入了象征活动的范畴。这似乎说明象征性思维的概念，作为典型的人类意义的发源地，其边界和性质都还没有稳定。

自此，我们可以为这些现象（协议、象征性思维、地缘政治）给出更加正式的定义。

我所说的协议是一个共识，一旦被接受，就会对行为产生限制、激励或者抑制的规范作用，但不涉及任何物理上的武力关系（或者冲突）。气味的边界是协议性的，因为不同于围栏，从物理上来说，它不禁止任何人通过。它在物质属性上没有什么效果，但是因为它能传达信息，故而我认为其具有"象征"的功能。

在象征性思维方面，在发射者和接收者的关系中，一个物质实体只有具备一种超出其单纯的物质属性的意义（这样做能消除标记的某种符号任意性）才能够作为信息被接收。我想说的象征性思维就是具备实现这一过程的最低才能。因此，象征的边界在地图上标出了不同的空间，也就是说在狼的认知经验里，它必然在感官丈量过的景观之上叠加了象征性的轮廓。这就是名副其实的意境地图。这张图不仅是一种对外部空间内化且结构化的表征，就像心理学家 E. 托尔曼（E. Tolman）在鼠科动物身上做的工程实验向我们展示的一样：狼的意境地图就是外部空间的内化，它对外部空间使用了一种协议信号——地缘政治的边界。

最后，在地缘政治方面，我认为以协议为基础的复杂领地主体逐渐出现，它要求动物进行一种象征活动，进而介入政治关系，因为它们围绕划分空间的边界做出的决定会在各个层级上影响其集体相互作用（在狼群里，在狼群之间，在不同物种之间……）。

所以，既然狼群之间存在政治关系和协议关系，那么人类在它们身上、在它们自身的动态里可以想方设法融入其中，向狼明示领地的界线，以求改变狼的行为。

这就是我所说的动物外交：和它们一起走进政治关系，而不是武力关系。由于动物不具备签订协议的能力，所以我们不能幻想和它们签订协议，而是要依靠它们具备协议性行为的能力。

在这种视角下，我们可以再一次讨论 1992 年狼回到法国之后我们对待它们的两种手段，以及由此形成的两种关系。由于狼的进犯，从那时起，牧羊区和乡村的边缘地带就要求采用武力镇压管理：最温和的方式是通过狩猎调节，不然就是将狼赶尽杀绝。他们主张只有武力可以解决人与狼的冲突，因为根据现代学者的本体论，狼并没有能力签订契约。事实上契约是必须要签订的：狼并没有被隔离在神圣化的荒野中（例如，国家公园），而在法国严重碎片化的生态环境中，它们四散开辟新领地的过程拉近了狼与人类活动的距离 ①。既然我们无法给狼"画地为牢",那么接触就在所难免;从此,我们面临两种选择:武力手段,或者外交手段。

然而与狼的武力关系(调控、消灭、用枪杆子说话)却适得其反。我不是说在保护羊群的时候完全不能使用火器:在防御过程中采用恐吓威慑性的开枪也是合理和必要的措施。但是应该把这种用法同狼群并未攻击羊群时的"提前"开枪区分开来,后者的目的在于对狼进行大范围的随机猎杀。生物学家对美国环境的定量研究已经表明,猎杀狼可能产生与预期相反的效果:这种做法会加剧狼对家养的羊的攻击 [ 维尔古斯(Wielgus),佩布莱斯(Peebles),2014],也会提高狼群的出生率 [ 布莱恩(Bryan)等,2015]。事实上,如果随机猎杀一头狼,我们就有可能分裂狼群,这种做法会让狼失去有组织的捕猎能力。在狼群稳定的情况下,它们本可以通过这种集体捕猎的方式以健壮的野生动物为食,而狼群分裂的结果是游走的独狼开始单打独斗,目标是更加容易得手的羊群。

---

① 有一次我们在瓦尔省(Var)的一个地区夜间开车追踪狼的时候,知道一个狼群已经跑遍了这片地区。我们看见了一头狼穿过了两个村庄之间的一个偏僻的幼儿园。这幅景象或许能再次唤醒远古的恐惧,我们应该对它进行科学的生态解读:当两个敌对的物种共同栖居的时候,由于存在生态位分离的现象,它们不会在同一时间占据同一地点。

## 狼的地缘政治

在我们提出的动物行为学外交设想中，其中一种尤为突出，它对领土这种共同的语言范畴做出了综合且细致的理解，将其作为与狼交流的共同编码来开发设计。这是蒙大拿大学的生物学家大卫·奥斯班德所说的"生物壁垒"（biofences）。他以生物保护的视角结合了生态学与动物行为学进行科学调查 [ 奥斯班德（Ausband），2010]。奥斯班德从爱达荷州与怀俄明州的狼捕食家畜的问题出发：面对狼的攻击，美国政府部门的回应就是随机猎杀这些袭击牲畜的狼（这项政策比法国施行的随机猎杀的举措在动物行为学上更加细致）。然而这些致命的枪击虽然在短期内确有成效，但是从长期看来却是失败的：狼又重新开始捕猎牲畜。而保护羊群的非致命手段还悬而未决，而且这种手段要求较多人手现场参与。根据观察，狼使用记号（尿液、粪便、抓痕）来"确立其野外的领地，并避免发生种间冲突"，他假设如果人类留下同一类型的记号，就能够引导爱达荷州狼群改变行动。因此，奥斯班德及其团队在包含三个狼群领地的空间范围里设置了长达 63.7 千米的生物壁垒（模仿一个强大狼群的一组气味记号）。这种方法来自于非洲的实验先例，目的是防止野狗进村，成效卓著。通过项圈发射器对动物进行追踪，我们可以得出这些气味边界对它们有着决定性的约束力——偶尔有狼跃跃欲试，但大部分情况下他们没有统计到任何一例越界。他专门在一个狼群集会的地点和 1.6 千米以外的羊群之间设置了一个生物边界，这群羊在设置气味边界之前的四个夏季都遭受过攻击。当年夏天（2010 年）他们没有统计到任何一例攻击事件。但是随后的第二年，又有狼越过了边界。为了效果持久，这种装置需要更新。他得出的结论是，这项实验必须扩大规模继续深入进行。

从狼的适应性角度来看，我们很清楚不存在什么万能的解决方案，但是这类建立在精细的动物行为学和动物外交基础上的解决方案，如果经过实验验证、改良和规划布置[①]，可以将狼袭羊的频率降低到畜牧业可以承受的范围。

这就是一个地缘政治的实战案例：使用具有边界协议性质的记号，不涉及武力关系，就像狼群之间避免冲突一样。

---

① 我们也可以想到"费律斯牧羊业与狼"（Férus Pastoraloup）项目实验中的"涡轮旗"（turbo fladries）装置（由风中飘荡的旗子组成的壁垒，连接放电装置，可以阻止狼）。E. 班斯（E. Bangs）等的文献列举了一系列致命的和非致命的实验防御措施，它们的优势和劣势都经过了实地实验评估，并提供了在这个问题上目前最好的一篇综述：见《美国西北部狼与家畜冲突管理的非致命与致命工具》（*Non-Lethal and Lethal Tools to Manage Wolf-Livestock Conflict in the Northwestern United States*），发表于《美国农业部报告》（*United States Department of Agriculture Review*），UC Press 出版社，2006，p. 7-16。我们在一本优质手册里发现了一篇面向饲养人的对这种设想的介绍，《家畜与狼：减少冲突的非致命工具与措施指南》（*Livestock and Wolves: A Guide to Nonlethal Tools and Methods to Reduce Conflicts*），野生动物保护者组织官网可在线阅读（www.defenders.org）。

这样一来，我们就可以融入狼的政治行为谱，而不是从外部把人类的政治形态强行施加于狼。

我们也可以把这种现象视为获取狼身上特殊的社会承担特质。社会承担特质（或者劝诱）是一个生命体或者一个事物允许他者与其进行固定的社会互动的属性，即它被得到的可能性。社会承担是不同生命体之间的行为跳板。交流人类学家维罗尼克·塞尔维（Véronique Servais）解释了人类与动物的社会关系为何不一定源于人类对动物的社会欲望投射，而是来自于它们自身承载的社会诱导。在描述人类与海豚之间的奇怪互动时，她这样写道："惊人的是，针对灵长类的感觉而言，海豚这种动物能够承载如此多的社会承担特质。它们能够激发出配合某种特殊关系的情感[1]。"我们所说的狼对我们灵长类承载的是地缘政治诱导。我们借助一种兽首人身的全观主义视角完全可以领会这种诱导。狼是一种政治互动诱导语言极其丰富的动物，在领地使用方面就是如此。家犬的社会政治承担特质不是驯养创造的奇迹：它只是延伸了狼

---

[1] 关于这一点，见阿尔诺·哈洛伊（Arnaud Halloy）和维罗尼克·塞尔维（Véronique Servais）的精彩文章《神灵附体和心有灵犀的海豚：两种魔力机制背后的动物行为学原理》(*Divinités incarnées et dauphins télépathes: Ethnographie de deux dispositifs d'enchantement*)，收录于保罗-路易·科隆（Paul-Louis Colon）(éd.)，《动物行为学化的意义》(*Ethnographier les sens*)，巴黎，彼得拉出版社（Pétra），2013年。二人的研究得出了魔力体验背后的动物行为学和人种学机制，雄心勃勃地想要解释清楚原理，而并不想将其简化。

身上被过分低估的政治可用性和潜力，哪怕在种间互动中也是如此[1]。

那么，外交家的作用不是把人类政治扩展到生物群落，而是关注在生物群里已经存在一些政治共性：不是要把非人类的动物纳入到我们的表征政治体系里来，而是作为动物的人类要向动物政治完全敞开。面向动物的外交家并不是要用腹语替代动物发声，而是要找到共同的语言形式；不是表达型（它们想要什么?），而是印象型（我们可以传达什么信息?），力求达到互惠共生——不是单纯的共生关系，而是不涉及生命依附关系的共赢的生态互动。生物壁垒是狼人外交的实践操作模型：通过仔细研究动物行为学，找到了人与动物混合的边界区域，可以根据动物在空间中互相靠近的特定方式与其他理性进行交流；生物壁垒非常实用且行之有效，反映出这项可靠的实验研究抓住了动物行为谱的重点，在人类与野生动物的关系上，放弃累人且无效的武力关系，耗费最小的力气取得最大的效果[2]。

---

① 无视他者的智力、可塑性、收集信息的能力、政治性地塑造其集体行为的能力，最好的方法就是先验地决定了这是头野兽；也就是说否定其所有的非物质诱导。

② 在 2015 年 7 月的一封通函中，法国生态部长宣布开放十个青年岗位，以帮助管理"狼档案"。岗位要求根本没有提到任何动物行为学的知识或者生态知识，只需要狩猎执照和会熟练使用猎枪。这一点也反映出国家部署方案对待狼的手段距离外交理解还有多么遥远。

我们大可以反对，认为这种措施不过是自欺欺人，自以为与动物展开了对话，而究其本质不过是人对动物的骗术。对这种看法，我分三点来回答。

第一点很简单：我们的目的并不是奢望能与大型掠食性动物建立和平的关系，而最终达成和解，通过纯粹的手段达到纯粹的目的。古比奥的狼还阴魂不散，用不可思议的天真给大家洗脑。这个故事告诉我们，真诚对话和善意连人与人之间的利益冲突都解决不了，却有可能让人类与非人类达成和解。而我们的问题切实存在：要寻求一个能让人与狼可以共同栖居的措施。

第二点，当然我下文也会再阐释，外交本质的道德问题不在于手段，而在于目的：如果外交目的是通过其他手段赢得人与自然的战争，那么这种措施实际上就是不道德的。但是如果外交目的是促成一种互惠互利的共同栖居模式，那么所采取的相应措施在道德层面上还是有望实现的。

第三点也是最重要的一点，只有当我们自己没有偏题时，才不会将生物壁垒措施理解为一种骗术。真正的狼人外交是全观主义的（此处说的是亚马孙河地区的全观主义的含义，我们在第二部分末尾会进一步分析），也就是说它借用了这种本体论的态度：能够辨识相互作用的生命体彼此的视点之间的有效性。厄瓜多尔的印第安美洲豹人（Runa Puma）给我们提供了一个有很说服力的全观主义的例子，人类学家埃杜瓦尔多·科恩写道：他的向导胡安尼库（Juanicu）告诉他，"在森林里，必须一直仰面睡，露出脸来"，如果这样睡觉，游荡的美洲豹就会把我们视为一个"自己"，因为这种睡姿可以让美洲豹看到我的视线。它相应地认出我是一个"像它自己一样的自己"，就不再打扰了。但是如果我们趴着睡，把脸藏起来，那么美洲豹就会将我们视为一块肉，毫不犹豫地发起攻击。人类的身份（"自己"或是肉）根据美洲豹看人的视角不同而发生改变。正如埃杜瓦尔多·科恩所说："其他类型的生命体看待我们的方式至关重要。它会改变一些东西"[科恩（Kohn），2013, p. 1]，也就是说他者对我们的看法甚至改变了我们的身份，进而改变了关系形式。我们学到的有助于狼人外交的全观主义实用技能，是在与其他生命形态进行实际互动的时候，我们既是自己也是对方，因为对方眼里看到的我们就是这样 [1]。

但是，在狼的他理性中，以狼的视角来观察，那我们这些保护羊群的人类像什么呢？它们很可能把我们看作了一个类似强大的狼群的东西，是这片领地现在的主人，也是不能挑衅的对象。在这个意义上，为了让狼远离人类活动而借用一个规模庞大且可怕的狼群的气味做出嗅觉记号，反而看似

①　见埃杜瓦尔多·科恩（Eduardo Kohn），《森林如何思考：超越人类的人类学》（*How Forests Think: Toward an Anthropology Beyond the Human*），伯克利，加利福尼亚大学出版社（University of California Press），2013 年，p. 1。

矛盾地变成了一个诚实的全观主义信号。这是一个全观主义的对话，我们在其中的干预作用是为了使自己在对方眼中呈现出应有的样子，最终促成和平的共同栖居。生物壁垒并不是欺骗：它只是让我们露出脸来，仰面睡觉。

长此以往，终有一天，这些外交实践能够实现自然系统在动物行为学特征上的平衡，就像"亲密敌人效应"（dear enemy effect）[阿尔克尔（Alcock），2009, p. 281-282] 这种生态行为学现象。实证上完全存在的这种现象衍生了以下情境：两个相邻的领土型动物种群一旦清晰且牢固地划分了双方领土的边界，种群之间的相互攻击性就会显著降低。一旦现状让双方都适应了自己的相邻种群，个体就会在彼此的防御行为上花费更少的力气和时间，而甚至对非相邻种群的外来者的行为攻击性也有类似的降低（这就是足以证明乡间攻击性降低的中性假说）。

狼人外交机制的使命是给狼营造一种"极度亲密敌人"的效应，绘制出一幅不同生命形态内在共同栖居的未来版图。

## 狼赋予自己的权利

狼的社会行为与政治行为里似乎已经存在我们对协议生活的这些思考，这为我们打开了探索动物权利问题的新世界。这也是当代文学极力研究的领域，或许需要我们来指明方向。这一举动的目的在于将狼纳入到人类的政治体系中来，自然有其重要意义。但是在共同栖居的问题上，研究动物赋予自己的权利以及这种权利具有什么样的生物形态学意义或许会对我们有所帮助。这一外交途径特有的举动是前者的补充：探索他者不可见的"权利"。我们因而能够把人与非人类的冲突诠释为与我们在同一片领地上栖居的外来者的"思想和法律体系"之间的权利冲突。本体论的基础令这种假设的提法变得荒诞不经，我们在前者的指导下生活和思考，就好像真正的法律只存在于人类特有的社会状态中，其余的生物仍然只停留在自然状态下，奉行最强悍的法律——无法无天。然而，我们这座堡垒上已经打开了一点缺口：承认狼确实会在种内持续使用"协议"，当涉及领地标记的时候，也可能是种间协议。

在这些分析的启发下，当狼袭击羊的行为被编码成这样的信息：一个无法无天的生命体造成了牲畜的损失，即人类根据正当权利私有财产的损失，我们就可以用另一种角度诠释狼与畜牧业的冲突。为此，从"思想和法律体系"的异质性角度，我们需要借助阿兰·泰斯塔特（Alain Testart）对人类文化之间的冲突分析做类比。他极具启发性地这样描述英国殖民者和澳大利亚原住民之间的相遇：

1800年前后，英国人与澳大利亚原住民最初接触的时候，一切都很美好，大家感情极为真挚，性情无比和善。但是后来，原住民认为新出现的绵羊就像其他猎物一样，是可以猎杀的，他们杀了羊群中的几头羊，羊的主人就大呼抢劫；政府逮捕了一些原住民，公正严明地以抢劫罪将其判处绞刑；土著人也是公正严明地用箭射了几个牧羊人，因为族间仇杀就是当地土著界的法则；此后，英国人就组织了全副武装的远征军去镇压这些针对平民的恶性犯罪。在他们根本不屑置评的敌人面前，英国人占尽了火枪的优势［泰斯塔特（Testart），2012，p. 496，我们自行标注重点］。

在羊的所有权方面，狼很可能有一种类似这些原住民的特性：羊不是财产，而是猎物。在狼的问题中涉及的是一个"不同的社会体系"吗？如果是的话，又该如何描述？我们已经知道，在狼的"法律和思想体系"中存在强有力的规范性协议：它们承认在狼群中等级更高的狼有进食的优先权，它们喂养并保护头狼夫妇的孩子，用各种方法识别并且遵守领地界线——并且，很有可能，狼认为它们能够保护的东西并不属于任何其他的猎食者。

这是对守护和拿取的另一个定义，它不是无法无天的原型（而只是我们的原型），而是另一种法律，我们在其中还发现了动物行为学的对应原理和哲学理论。泰斯塔特总结道："不是因为人类邪恶，而是我们的社会体系不一样，这种体系既是法律体系也是思想体系，所以导致了双方制定出了不同的法律，这些法律彼此之间产生了冲突。"［泰斯塔特

（Testart），2012, p. 496]

其实，我们是参照罗马法的模型，通过"只有合法所得，你才能真正占有"的规则判定狼抢走了羊，用饲养者的话来说，狼偷窃了羊。在我们的想象中，狼常常被塑造成一个偷偷摸摸的罪犯、一个狡猾的窃贼、一个可恶的无赖。依照我们的罗马法中对物权的规定，当然，它绝对是个强盗。但是这其实是不同文化之间的误解。狼的逻辑比较贴近另一种做法：拿取就是占有。我们可以找到历史上的另一桩奇闻轶事做类比：基督教修士认为，根据基督教的法律，乘着龙头船的斯堪的纳维亚人是有罪的海盗。但是如果参照维京人的习惯法，我们就得不出这样的判决。他们的"Konnungs skuggsa"（或称《海上商贩行为规范》）似乎表达了另一种规则，另一种标准，可以总结成这样一个原则："你能够保护的就是你实际占有的。"剩下的一切其实属于有力量和诡计能拿取它的人。在维京人的习俗中，拿取别人没有保护好的东西，这就是正当权利：因为你没有能力保护的东西就不属于你。因此，这种掠夺在维京人的法律中并不是犯罪，而只是法律的正常体现罢了①。

---

① 这里呼应了斯宾诺莎的自然法理论，值得我们分析。他认为我拥有的权利与我的力量范围完全一致：我有能力做到的，我就有权利。

　　我们不应该从字面意义上理解上述类比。它只是略微涉及了我们后来开创的动物行为学领域。动物行为学通过将动物行为与人类历史文化中丰富多样的元素进行类比，力求理解其他生命形式的某些侧面。这就是奇怪的狼族法律，它本身在狼群中似乎有很高的认可度：既是强大、规范化的狼群内部的协议，也是对其他物种微妙而复杂的领地准则，但是它不承认没有受到狼群以外的敌对猎食者保护的猎物的所有权。所以，人与狼的冲突也不是因为狼恶毒，而是因为不同的思想体系和法律体系产生了冲突。1800 年，一个在澳大利亚偷了羊的英国人当然有罪，但是与英国人共同栖居在同一片土地上的原住民，在他们的法律体系被废除之前，在他们自己的法律范围内，如果他在草原上射杀了一头羊，他有罪吗？难道他不是以另一种法律的名义这么做的吗？问题的重点不在于证明他不是强盗，而在于他不是没有法律（权利）。狼拒绝把牲畜看作私有财产也是一种形式的法律，而我们现在还有很多未解开的谜团，共同栖居的规则仍然需要我们去想象。

　　此外，这种类比引发我们思考人类对家畜的所有权，我们认为这是理所当然，但实际上却是一种历史和文化的特殊性使然。因为我们讨论的整个问题都围绕着在猎物和家畜之间的本体论差别和法律差别：正如泰斯塔特所言，这是因为在原住民的思想和法律体系中，绵羊和其他猎物没有分别，原住民都可以射杀（就像狼捕羊一样），而在英国人的法律里，绵羊是私有不动产。

罗伯特·哈马庸在《灵魂捕猎》（*La Chasse à l'âme*）中分析了西伯利亚的捕猎者—采集者，对他们而言，在丛林里，一个人杀掉的动物被另一个人拿走不算"抢"："狩猎和分享的概念相关，充分体现出参与者的范围可以一直扩大……到任何一个饥饿的人；每个人都可以当场吃捕猎者猎获的肉，捕猎者等着大家吃完，再把剩下的肉带回去——大家有来有往。这个分享的概念排除了抢劫，偷抢在森林里是一律不存在的，土著民族是难以想象的。"[ 哈马庸（Hamayon），1991, p. 296] 这个案例中有意思的是人类的乡土法律系统：虽然承认捕获可以随后占有，但却排除了偷抢的概念①。这种法律也延伸到了其他人类捕猎者身上，但是有时候在语义或者事实上也扩展到了非人类的猎食者。其实，在大型猎食者之间，人类与非人类之间，无论是否愿意，都会在捕猎现场留下猎物的残骸，互惠互利在捕猎者—采集者中无处不在。事实存在于猎食者之间的生态共生已经上升到了权利层面：我们不能指责他人背着我们吃掉了我们捕获的猎物，因为他们有分享

---

① 这是在一种"实效基础"的法律意义上的概念，所有权只通过使用来确定，我们并不占有自己没在使用的东西；例如，在因纽特人的文化里，一个人如果没在使用抓狐狸的陷阱，应该允许另一个人把它重新布置在其他地方 [ 泰斯塔特（Testart），2012, p. 409]。

的权利（我们可以通过藏起猎物或者把肉带走的方式试图阻止）。猎物，哪怕是杀掉的，也仍然是共有的。

那么外交误解的源头是哪里呢？就像与我们相关的其他问题一样，新石器化的产物往往弄得我们云山雾罩，这里困扰我们的云雾就是向农牧业生计的形式过渡。罗伯特·哈马庸研究出了西伯利亚的猎户和已经改变了生活方式、转向了驯养和放牧的亲缘部落之间的习俗差异。打猎与生物的关系是将其作为一种在互惠互利的循环中流动的存在，而饲养与生物的关系是将其视为一种"待转让的财产"。因此，从那以后，动物就变成可偷可抢的对象了①。

从以上分析来看，我们可以对法律在物种间的延续性大致草拟出一种假设性的诠释。如果我们可以在牧人和通古斯的捕猎者—采集者的法律之间（通过社会经济的突变）建立一种精妙的连续性，在猎人及其共同栖居的猎食者与共生者（熊、老虎、狼、猞猁、乌鸦、鹰……）的法律之间建立另外一种连续性——排除了丛林里的偷抢概念的分享义务——那

---

① 随着新石器化的进程，动物的本体论地位完全改变了：驯化和饲养的（不再是从别处接受或者捕获的）动物被视为产品，自那以后就可以成为所有物，这一次是土地所有权的模式（而不再建立在实用性的基础上了）。而动物曾经在捕猎者—采集者的象征体系中是一个个体，也是一种在人类和给予我们馈赠的大自然之间的交换系统中独特的共有形式；在饲养的体系里，它变成了一片无生命且可私有化的土地的所有权体系下的产品。动物改变了其本体论地位，同时被重新配置到了另一个法律体系中。

么我们需要寻找的就有可能是法律维度下的连续变化。我们所说的变化虽然出现在法律这一维度上，但它也具有双重性：被人类的主动法（纯粹意义上的协议）和动物的自然法（纯粹的武力关系）两者的自然属性差异割裂。通过细致的改变，法律的维度可以一直拓展到非人类的动物，并且这种囊括了一些捕猎者—采集者民族和其他动物的法律有时更接近动物法，而不是新石器时代的放牧法（我们继承了放牧法，又将其上升到了严苛的法律标准）。在假设中，只要我们把自己和狼、捕猎者—采集者、游牧民族放在同一个比较维度，人类对动物是否拥有所有权的问题就暴露了我们新石器时代对动物定义的暗伤。

这样分析的目的不在于证明什么，而更大的作用是通过各种彼此矛盾的叙述，把我们对于人与非人类的关系的政治概念的建筑技术结构变得陌生，撼动它的根基。

狼拒绝承认人类对牲畜有所有权，我们完全不应该就此妥协——但更不能无视这一点。不是要先决性地把所有法律体系都平等化，而是承认如果我们都不能详细地理解自己的法律，就无法与外来者互动。因此，我们已经了解了狼具备的能力：懂得使用协议、收集信息、明白界线，这为我们提供了契机，可以构想如何落实一门混合法。狼群当然不会和我们签署条约，但是如果有动物行为学的标记、防御和兴趣转移的机制作为保障，这份条约将会十分有效。

这类分析从狼的视角比较狼吃羊的法律和人类（为了吃而）占有羊的法律，拉·封丹在一篇题为《狼与牧羊人》的寓言里惊人地采用了同样的视角。这篇寓言有趣的地方就在于狼不是一个拟人的形象（比如其他寓言中的蝉和蚂蚁等形象）：借助让动物自己发声的虚构故事，作者的初衷是让人们听到狼这种动物在它真正的生态行为学特性上（一个以食草动物的肉为食而与人类产生竞争的猎食者）可能会有的想法。这篇寓言写得堪称完美，连评论家也望而却步，不敢轻易置喙。

## 一头有人性的狼

（如果真能存于这世上）

深深的反思，

哪怕只是必要时，

才不得不彰显的残暴。

我可恨，它说，被谁？每个人。

……

只是一头腐烂的羊，几只好斗的犬，

我没有遏制自己的欲念。

好吧！不再杀生；

茹素，食草；饿死拉倒。

我当真如此残忍？

难道最好招致大家的仇恨？

说话间，它看见了烤肉的牧羊人铁签上穿着羔羊。

哦，哦，它说，我尚在自责让这家伙流血命丧。瞧瞧它的守护者吃着它的肉，还喂着自己的狗；

而我，狼，我还在顾忌彷徨？

不，天可怜见。不，我真是可笑可叹。


这头狼说得没错。它说看到我们珍馐佳肴，饕餮宴饮，吃掉动物，并尽力把它们消灭在盘中，在最美味的年纪？

它们将来不会有钩子，也没有锅？

牧羊人啊，牧羊人，狼唯一的错处是如果它并非强大无敌：

你们还能否让它安稳过活？ ①

---

① 让·德·拉·封丹，《寓言集》，卷十，第五则寓言。古斯塔夫·多雷（Gustave Doré）配图。

外交智慧
开展狼学研究

# 引导狼群文化

## 无法观察，如何假设？

动物学和动物行为学通过研究特定的不变量，长久以来一直关注同一物种内部的共性（洛伦兹的纵向比较和横向比较）。由于狼极难在自然环境下观察到，于是这种现象在狼研究方面更加突出。生物学家史蒂芬孙（Stephenson）观察到，在位于阿拉斯加的因纽皮特民族的纽纳米特人中，动物行为学家在狼的观察方面有可观的进展：借助共有的生态特点（沙漠草原，视线望得远），他们了解狼群中的个体，它们的专属的特性、习性和习惯。他们得出的结论是，西方动物行为学家的问题假设的"动物，其行为和环境条件的可变性太少"。虽然生态科学发明了一种必要方法，能够了解狼的种群动态的相关生物知识，但是"如果我们不尽早预防，避免陷入盲从普遍规律的学科趋势，狼的一些未知和有潜在意义的行为和生态就会被埋没"[史蒂芬孙（Stephenson），1982， p.438-439]。

我们对动物的基础理解还停留在亚里士多德学说的时代。我们认为了解本质（特定特征）已经足以研究一种动物的行为：因为个体行为不会超出物种的特定特征。这种把物种等同于本质的同化作用是典型的例子，言之凿凿地论证了用"本能"来解释动物行为的合理性。本能被视为同一物种内的所有个体的共有特征，这种三段论指导我们该如何看待动物：我们人类认为，既然动物靠本能行动；而本能是特定的；那么了解一头狼，就是了解了所有狼。

如果说我们研究狼的传统科学方法仍有局限性——比如纽纳米特人在这方面就比我们先进——这是因为我们仍然继续从定量的角度把狼严格地视为种群和有机体，而忽视了狼群的定性层面，比如地区文化、个体及个体行为。我们将动物视为动物机器，因为这就是唯一能将数据定量化且数学化的方法。虽然物质科学颇具威望，将问题数学化是严谨论证的基础，但是因为有些问题的本质无法被数学化，强行量化反而会让问题变得更加复杂[1]。在我们的课题中，这样的做法反而把清晰的东西变得扑朔迷离：为什么有些暴露在狼群范

---

[1] 关于这些认识论的观点，见弗洛伦斯·布尔加（Florence Burgat）精彩的预期综述《构想动物行为：对简化论批判的贡献》（*Penser le comportement animal. Contribution à une critique du réductionnisme*），巴黎，卡出版社（Quae），2010年。

围里的放牧区没有被袭击，而一些距离更远的放牧区却成为了袭击的目标？用数学模型来研究其中的生物原因，找不到任何可量化的结果：这类模型的预期作用很弱，其原因可能是我们忽视了狼群独有的地域文化或者捕猎文化。

于是我们需要补充动物行为学的视角，不仅要统计猎杀的狼的数量，以保证狼的群落存续稳定的基因；而是让我们了解狼的行为，并且干预它的行为。

用于严格论证捕猎的压力的生态模型最大的问题就在于它是一个物理模型：它假设了为了平衡捕猎的压力，应该施以同等的反作用压力——一种保护压力或者调节压力。这种调节压力必须时时刻刻、点对点、对称地反作用于捕猎的压力，就像水坝截住河流一样。然而这种模型对狼已经不再有效，因为我们和狼的关系不是承担共同的物理压力，而是信息交换。从能量交换过渡到信息交换意味着从物理模型过渡到生物模型，这是一个复杂的过程。问题不在于反对持续保护，而是要采取告知信息的防御措施，进而聪明地、自发地消解捕猎压力。

归根结底是我们自觉地接受了每个人都不断重申的现实：狼是聪明的。每个人，从牧羊人到亲狼派，这是他们能达成的唯一共识。

在美国的爱达荷州，人们通过项圈发射器追踪一头母狼，发现了一种奇怪的现象：它曾经属于一个攻击家畜的狼群。

另一头母狼将其赶走，取代它成为了狼群中的繁育者（雌性阿尔法头狼），这场权力的角斗并没有用到狼群政治形态中的阴谋诡计。它在游荡寻找新地盘一年之后，来到了另一个从没有攻击过家畜的狼群（哪怕周边的家畜触手可及），成为了雌性阿尔法头狼，一年之后，这个狼群已经频频攻击家养的绵羊了。

虽然现在的动物行为学并不认可，但是我们可以根据这个故事假设"每个狼群有自己的捕猎文化"（让－马克·兰德里提出"捕猎传统"的说法），包括合作方式（分权式还是集权式统治、对个体强行限制还是任其自由发挥）、战略（迂回、隐匿、牵制攻击），以及猎物偏好，狼是这些方面的专家，了解其猎物的行为，细化它们的战术（美洲羚羊的径直起跳（stotting），麝牛的突击、北美野牛的"惊吓逃窜"（frighten and run）。

我们无法在实验中观察到这些狼群文化，也无法收集可靠的统计数据对此做出诠释：我们有的只是奇闻轶事、口述和不明推论。所有这一切在行为科学方面都不足以构成可靠的科学数据。在自然主义的认识论中，无法客观化就等于不存在。就像那些奇闻轶事是无法客观化的，它们只被视为拟人化的多愁善感。

但是在实验科学无法得出数据的地方，在无法观察、只能通过逻辑演绎的未知领域，知识却可以奇怪地向前发展。

在这样一个哪怕最优秀的观察者也无法提供数据证明的领域，我们又如何才能提出思辨性的假设呢？科学史上有一种方法，一种发明创造的工具，从可引证的前提出发，用逻辑演绎得出必然存在但是无法观察到的结论，可以让人暂时跳过实证数据这一步。1930 年，日本的灵长目学学者今西锦司首先做出了这一推理，后又被弗兰斯·德·瓦尔再次论证 [德·瓦尔（de Waal），2013]：如果一个物种具备习得能力，那么就必然会存在群体文化传统，无论实证学者是否有能力观察到或者诠释出来，这都是一个符合逻辑的结果。我们可以从这个演绎入手，将其作为研究假设。

狼有确定的学习能力。要想捕猎体重是自身 20 倍的庞然大物或者扩大食物来源，狼群必须具备习得能力[①]。狼崽和青年狼都接受过"捕猎首领"传授的狩猎术，捕猎首领这个角色通常由雄性或雌性繁育者担任。狼崽成长、学习、成为四处探寻新领地的探狼。它们会在其他领地上建立属于自己的

---

① 在上瓦尔地区追踪狼的时候，有一次我们花了很长时间跟踪一条狼的神秘足迹：大片的足印，从形状来看应该是成年雄性，很有可能是繁育者，一条细小的狼崽的足迹紧随其后。这两条足迹沿着一条黏土河床的河流分布。阿尔法头狼的足迹多次垂直地陷入河床，走一到两米，然后停下。身后，小狼崽的足迹转向河流，但是停留在岸边。我们一直无法破解这幅图，直到我们又发现了四处散落的鳌虾壳，虾肉已经被吃掉了。假设就显而易见了：我们见证了一堂捕虾课。小狼崽跟着爸爸来到河边，然后一动不动地站在河岸上看着它，每次头狼走进较浅的河床是为了示范捉鳌虾。

家族，繁衍后代，继而把狼群的捕猎文化也传播到各处。

这种研究角度的优势在于我们假设人类可以向狼群明示：以牧人的羊群为食比以野生动物为食难度更大，进而引导狼群的地域捕猎文化。我们应该创造性地跳脱把狼视为机器的僵化模型，认为狼饥肠辘辘、盲目冲动，只要遇到一个猎物就不加分别地攻击。我们知道狼会仔细分析攻击条件、选择猎物，更重要的是它还是"机会主义猎食者"，只要遇到抵抗就会放弃。这里有一个有趣的现象，一些狼花很多时间围着家畜打转，而并不一定真的攻击。比如说，在蒙大拿州的弗拉特黑德河（Flathead River）沿岸，一个狼群在这里占地为王，其领地里圈进了几处牛羊富足的牧场。几十年来，它们从未攻击过家畜。狼群穿过畜群或者绕过它们去猎食鹿和驼鹿 [ 梅奇（Mech），布瓦塔尼（Boitani），2013, p. 308]。

因此，我们可以想象一种或许会诱发狼群全新捕猎行为的新型牧羊防御措施，它可以在某种程度上通过狼群对捕猎文化的习得和地盘的扩张，一代代传递下去，从一个狼群传到另一个狼群。我们可以想象，如果我们已经把这些领地的边界观念强而有力地灌输给了那两头 1992 年来到法国莫里埃尔山谷（le vallon de Mollières）的意大利狼，那么今天，它们不计其数的后代，法国现在的几百头年轻力壮的狼，或许会更少地主动袭击牲畜：因为这条信息、这种地域文化已经从阿尔法头狼传递给了狼崽，而狼崽又会长成新的探狼和下一个阿尔法头狼，培育未来的世世代代①。

## 动物文化研究：方法论问题

捕猎文化的实践问题反映出了一个认识论难题：我们对动物了解多少？把动物编码为自然的生命体，通过生物科学的规程来研究，它的生活方式里还有什么是我们不了解的？例如，近三十年来，动物文化的问题就正在发展扩大。

除了观察非遗传性的习惯②（日本猕猴会清洗马铃薯，英国山雀会打开瓶装奶）以外，想要把我们理解的东西从非人类生物的文化角度定义成概念很难，我们不得不再一次陷入

---

① 在动物行为学思辨的领域，我们也可以自问，是否无法影响狼的捕猎文化，使其捕猎对象部分转向野猪（Les Sangliers）。野猪在意大利狼（lupus italicus）的饮食结构中只占很小的一部分，野猪生性好斗，没有其他猎物那么容易得手。但是我们仍然可以开展实验，在靠近狼群集中的地方留下人类猎杀的野猪崽的尸体，尝试让狼群偏好这种猎物。如果我们观察到狼的捕猎偏好有向野猪转移的趋势，我们就会和狼达成一种"目标联盟"。事实上，野猪的迅速大量繁殖是一个相当严重的生态问题，尤其是在一些像瓦尔省这样的狼活动地区。如果狼有望缩小野猪的种群规模，它们会更加容易被人类接受，它们的生态作用会被更多人理解。整个大型掠食性动物的群体都被新石器时代的形而上学同化成了害兽、只会杀戮的人类的敌人。如果我们的实验成功了，整个掠食性动物群体会得到新的评价，人们会看到它们自上而下调节有蹄类动物种群的生态基础功能，可以重新激发生态系统的活力。

② 关于这一点，见综述：E. 阿维塔（E. Avita）和 E. 亚布隆卡（E. Jablonka），《动物传统：进化中的行为遗传》（*Animal Traditions. Behavioural Inheritance in Evolution*），剑桥，剑桥大学出版社（Cambridge University Press），2005 年，p.448。

古老而深刻的认识论论战：重新掀起动物科学的"方法论之争"。我们感兴趣的这一构想最初是由德国人雅各布·赫尔德（Jacob Herder）提出雏形，1919 年由温德尔班德·瑞克特（Windelband Rickert）和海因里希·瑞克特（Heinrich Rickert）在《自然科学和文化科学》（*Sciences de la nature et sciences de la culture*）中正式完成。

对分析特定进程的历史性模型，他反对割裂规律的自然法理学、定量、决定论、预言性范式。在这种模型中，只要在构成规律的方程里用一个值将某个可变参数实例化，每个个案就只是规律的一种状态。每一个案例都包含在法则里，法则不是亚里士多德学派学说中的整体，而是一种案例的既定展开形式，遵循一种进程，确切地说是一种数学功能：两个主体根据其质量和距离相互吸引。把可变的质量和距离换成任意值，我们就已经描述 / 预言 / 解释了任意两个天体之间的引力关系。

相对的，与之形成竞争的另一种模型有多种叫法：威廉·维韦尔（William Whewell）在《归纳科学的哲学》（*Philosophie des sciences inductives*）一书中称它为古源学（paléo-étiologique），或者历史性科学，但是我们在本书中还是称之为"特发性科学"。特发性科学是自然法理科学的反面，它无所不包，往往遵循由法则决定的同一种展开形式。这种科学关注的对象只会发生一次。一旦发生过了，就解决了。或者我们可以说，这是关于宇宙中挥发性事物的科学。这种对比在十九世纪前后的理论意识领域十分强烈，那个时代继承了牛顿科学的辉煌胜利，把对自然法理科学的热情全部倾注到了浪漫主义泛滥的天文学上。"爱上我们不会再看到第二眼的事物吧[1]。"

从这个视角来看，文化现象又是什么呢？它是一种历史，一种程序历史性，它在时间里将生命体矢量化，产生了身份。但是只有暂时性不能形成历史，还需要有记忆。时间加上记忆就足以形成能踏入"文化"殿堂的现象。重视这些现象就必须改变我们获取且诠释数据的概念模板。在灵长动物学革新的时候，借助这一突破口，动物行为学也经历了这样一次突变。

---

[1] Alfred de Vigny，《牧羊人的家》（*La maison du berger*），336行诗，摘录自诗集《命运》（*Les Destinées*），米歇尔乐维兄弟出版社（Michel Lévy frères），1864 年。

# 走近狼的社会科学：内在性、多变性、社会性

对我们的调查而言，这是一个具有决定性的事件：狼在近几十年来已经获得了特权——"荣誉灵长目"动物的神圣光环。荣誉灵长目这个分类是由灵长目学学家塞尔玛·洛维尔（Thelma Rowell）提出的，用以形容表现出类似于灵长目动物的认知才能或者文化才能，且由此涌入文化领域、主观性领域和社会性领域的动物：海豚就是其中之一，以鸦科为代表的某些鸟类，还有章鱼、逆戟鲸等。

请注意这个概念最初并不是一种荣誉称号：它来自于洛维尔在 1990 年对"等级丑闻"的理论化研究，根据她的理论，灵长目动物在动物行为学领域享受了方法论上的优待，这就把其他物种贬入了野兽的队伍。然而狼学，尤其是在黄石公园的狼研究，已经在灵长目学的路上走了 20 年了。

我们研究灵长目动物的方法与传统的动物行为学流程非常不同：以长期研究和对特殊个体的研究为基础，并且强调交流关系和形式。换言之，灵长目学逐渐地采用了人类学的研究方法和问题。传统的动物行为学主要关注营养关系：谁吃掉谁，动物根据可用的资源如何自我组织等。

[ 戴斯普莱引用洛维尔的理论 (Rowell cité par Despret) ，2006]

灵长目学已经逐渐地采用了人类学的研究方法和问题，而狼学则采用了灵长目学的研究方法和问题：这是一种悄无声息的扩散，形成了巨大的悖论：人类学的方法用在了狼身上，更准确地说，用在狼的社会科学研究上 ①。

## 内在性的识别

围绕着狼学的几大主题，我们可以重新规划，让动物行为学从自然法理科学走向历史性。动物行为学首先开始提出狼的惊人区别。生物学家简·M. 派卡德（Jane M. Packard）有自己的一套关于狼的社会行为的方法论观点，她引用了两种"思想学派"作为理论基础：决定论视角和随机视角。

---

① 在本章中，我们做得更多的是另辟蹊径，而不借助已经成型的基础；我们做得更多的是构建自己的工具，而不是发现明确的结构；对于现行的举证程序的认识论体制，我们更多地思考方法论态度而不是给出真正的建议。

从决定论的视角，自然界的事件根据可预见的或预定的规则发生，并反射到规律性的状态上。与之相反，从随机视角来看，规律只出现在特定的时刻，是随机性事件的反射。[派卡德 (Packard)，梅奇 (Mech)，布瓦塔尼 (Boitani)，2013，p.42]

我们对这两种理论并不陌生。她想要在狼的行为研究中保留这两种研究视角，互为补充，相辅相成，这就带有一定的外交敏感度了。

这是我们第一次打开行为的多变性的大门，但是我们看到她表达的时候仍然使用物理化学类的科学用语。因为动物行为学已经在自然科学里艰难地找到了一席之地，并且为了保持地位的稳定，应该继续使用这些术语进行表达。

这种合二为一的研究方法对于研究统治优势问题是最值得挖掘的。她采用决定论的研究方法来定性一种科学态度：统治优势与一种多样性相关，但是这种多样性是预设且具有遗传性的。比如说，根据实验心理学，羟色胺是关联统治优势的激素，由此，我们就可以通过测定羟色胺的含量来预测同一胎小狼之间的统治优势。但是她也记录过这样的案例：兄弟两头狼在一次打斗之后发生了关系的反转，一头具有统治优势的狼在受伤之后，对之前一直臣服于自己的兄弟表现出持久的臣服行为。

先天遗传与后天习得的问题已经过时了，但是还没有人从操作性的角度重新修改这个问题。在这个问题的背后，我们忽视了比例，也不了解一种原始形态：在一个基因里，行为是什么？我们完全不清楚。事实上，青年和成年狼身上很有可能存在可观察到的遗传性行为序列，但是我们从来没有在发育以前的狼身上看到过这种遗传，因此我们永远都不能确定这些行为序列究竟是发育期出现的，还是由基因决定的。尤其值得注意的是狼身上存在"技艺获取本能"，即对某些习得能力的诱导因素，也存在求知的行为序列，或者能够使某些信息和某些身体技能的获取变得更为容易的行为模板。

于是，派卡德指出的问题不是社会统治优势，而是"自我肯定"，因为前者或许并不是一种可靠的分类（社会统治优势混淆了一种性格特征可能带来的效果——成为狼群里的统治者——和特征本身）。我们要回答的问题于是就变成了：什么样的个体具备（极有可能是遗传性的）自我肯定倾向？这种规律性的倾向能够被我们观察到，具体表现为不拒绝矛盾升级。什么样的个体自发地拒绝由他者的自我肯定引发的矛盾升级？但是"个性会随着年龄和繁殖经验而改变［……］这说明描述性情的模型反映的是动物内心状态的变化。只要内心状态相对稳定，行为特点就是可以预测的；然而，当外部条件或者内心状态改变时，就会出现波动"［派卡德（Packard），梅奇（Mech），布瓦塔尼（Boitani），p. 56］。

就是这一点让派卡德在一种有趣且不乏加密暗号的认识

论探索中发掘出"性情"与"性格"之间细微的概念差别。性情指的是个性当中终其一生几乎不变的方面——性格指的是个性当中在个体成熟并且"学习了解决或者管理紧张情况的做法"之后会改变的方面。但是这种概念的细微差别来自于人类的心理学。派卡德补充说明:"我认为这种区别十分重要,在未来针对狼的个体变化的研究里应该受到重视。"[派卡德(Packard),梅奇(Mech),布瓦塔尼(Boitani),p. 56]

　　狼历尽艰难,已经形成了自己的个性(一种性情),它现在也得到了一种可以自我塑造的性格。这不是确定无疑的拟人,而是一个后期研究的假设。这种假设是有必要的,因为我们意识到有些实证数据用其他方式无法解读。为了更加可靠地研究狼,或许应该从现在开始为狼著书立传,讲述狼的生活①。

---

　　① 让动物具有主观性,这一观点从此在动物行为学上变得稀松平常。此后我们要回答的问题就变成了:"这是什么意思呢?"我们可以合理地怀疑,现代学者赋予动物主体地位或者人的地位并不是留给我们的赠礼。这礼物可能是个毒苹果,因为它建立在"错误的"拟人论上。我们要回答的问题是:什么样的地位才有可能把动物应有的本体论尊严还给它们?根据博伊斯(Boèce)的理论,事实上,最初"人"是一个神学概念,拥有上帝赋予的灵魂,是道德责任和法律责任的基础。我们真的要赋予非人类的动物以人的地位吗?"主体"是一个本体论概念,其基础是与被物化环境产生超越性的分离,这个概念构成了现代人存在方式的基础。现代人与诞生于有机界动物的存在方式毫不相关,甚至也并没有垄断人类生存方式。对这些概念的隐含意义我们要保持怀疑态度,不随波逐流。汤姆·里根(Tom Regan)"生命主体"(sujet-d'une-vie)的说法似乎更为狭窄。

166      这类标记虽然低调却具有决定性作用：动物行为学越细化，实证数据就会越发成倍地增加。实证数据越成倍地增加，其多变性就越明显——先前过分简单化的模式论就不攻自破了（狼群的结构、统治优势的可预见性）。

典型的例子就是否认意识形态的呈现的刻板印象：对狼从阿尔法（Α）到欧米伽（Ω）进行线性的上下等级划分。因此，如今在动物行为学里阿尔法这个说法用来形容头狼已经不再准确，我们称其为"繁育者"[①]。

## 多变性，生物的共同特权

这种多变性越是凸显，就越要寻找承认行为多变性的理论模型。而要去哪里找呢？我们现在开始明白了：答案就在把多变性上升到特权的物种科学中。它不同于自然科学的单一自然主义，没有把动物归入自然法理科学的规律性。单一自然主义理解动物的角度还是亚里士多德学派的本质动物学，他们主张本能，对动物行为做出物化的理解，认为动物行为是遵循决定论的一种行为程序，整个物种的所有成员的程序设定都一模一样。

---

① 关于这一点，见 L. 大卫·梅奇（L. David Mech）《狼群里的阿尔法地位、统治与劳动分工》（*Alpha Status, Dominance, and Division of Labor in Wolf Packs*），发表于《加拿大动物学杂志》（*Canadian Journal of Zoology*），卷 77, 1999, p. 1196-1203。

相对地，人类就是纯粹的多变性：特发性、文化主义、符号专制和文化专制、绝对的文化和个体多变性。在当代动物行为学中，多元文化主义和单一文化主义[1]之间的这种对立经过了打破之后再以其他方式重构的过程。

为了准确把握在狼与社会科学之间的衔接点，或许应该从多变性的概念入手，因为正是以它为基础形成了单一文化主义和多元文化主义之间的鸿沟。达尔文思想的本体论内涵还没有完全被理解。达尔文认为，从形而上学的角度来看变化，动物和人类的多变性均起源于生物本质的特性。所以本质上是生物在变化。

在自然主义的形而上学设下的一堆陷阱和圈套中，人类崛起了，凭借内在的丰富性格和多样性成为了万物主宰。虽然自然是一再重复的，自然法则是普适性的，但是文化是各异的、丰富的、不断变化的，这就是人类内在性的标志：不是由客观条件决定的，自由、有创造性、独有符号和象征，因此摆脱了环境决定性的影响。但是达尔文在这座方舟上打开了一个缺口，人类主宰的神话随之崩塌。达尔文总结得出，生物的起源是一种多变性的本体论：这种人类文化的多变性

---

[1] 关于这一点，见 B. 拉图尔（B. Latour），《自然的政策》（*Politique de la nature*），巴黎，发现出版社（La Découverte），p. 200，382；维卫罗斯·德·卡斯特罗（V. E. Viveiros de Castro），《食人的形而上学》（*Métaphysiques cannibales*），巴黎，PUF，2009 年。

根本就不是特权，而仅仅是生命多变性的形式在人类这个物种里被催化出来的结果而已。从这一点来看，我们不能再把多元文化主义和单一文化主义对立起来了，但是我们有责任为多元生物主义开辟一席之地，它是多元文化主义的基础，也为其创造了实现的可能性。

如果我们真的想要观察，狼和绵羊的行为的多变性来自于一个本体论事实：生物本质上就是变化。狼或者人类文化的多变性，不同于统一的自然法则，只是一种生物变化的表现。人类文化（语言、信仰、习俗、身体技能）中这种变化尤其突出，并非提炼自生物，而是承载了这种生物变化的特性，赋予它新的力量[①]。人类文化的超级变化在狼群的文化里是有先兆的，因为在复杂的动物行为生态学关系组织中会产生个体变化。借助社会学习，这种变化可以起到历史性作用，并因此构成了有差异的社会形态。生物有多元自然主义，而人类的多元文化主义只是生命变化的表达在人类认知功能的催化之下转变成了象征。

文化的多变性来自于不同元素的镶嵌：个体、团体、生活条件以及由各个时间阶段积淀而成、创造出非同步性的历史进程：人类的多变性是又一个与其生物基础的交汇点，生

---

[①] 我们或许可以说，一个超级生物，而不是一个外生物。

物基础反映出了其形成条件：首先必须鲜活；其次，既是物
质的也是思想的，这是个悖论。

多变性的这种共同生物基础证明了狼的动物行为学接近
人文科学；这种欺骗性的突变具有本体论意义，反映出自然
与文化之间的自然主义隔阂，因为自然的认识论模型已经不
再适合形容这些位于物理自然交界面上的生命体——生物；
我们需要特发性的、定性的、历史性的、带有文化视角的认
识论模型。在植物社会学和植物神经生物学的高地上，动物
带着整个生物群落跨入了象征意义和评价的殿堂。这种理论
并不是贬低人类，主张人类只是有机结构，是一个可预测的、
被预先决定的有机躯体；而是把整个生物界都排在动物的后
面，让动物重新回到人类专属的认识论和本体论的高地。人
类亲手完成了这项壮举，把自己的生命又推上了一个新高度。

## 案例分析：狼的政治科学

在围绕着狼的政治哲学逐渐出现的争论中，这一点很直
观。很久以来，狼族领袖的行为方式是刻板僵化的，建立在
一种雄性阿尔法头狼统治的扭曲的意识形态模型上。比如，
生物学家福克斯（Fox）1980 年的观点："一头雄性阿尔法头
狼不仅推行自己的法则，而且也是狼群的领袖。它是决策者。
其他的狼，哪怕比它年长，对它也俯首称臣，表现亲热，就
像小狼崽对待父母一样。"[ 梅奇（Mech），布瓦塔尼（Boitani），

2013, p. 60]

与之相反，泽门（Zimen）却主张："在狼群里，一项活动何时开始，何时结束，狼群需要以什么速度走哪条路，没有任何一个成员能够独自做出决策，或者在任何一个对狼群的凝聚力至关重要的活动中独自行使指挥权。专制领导的狼是不存在的。"［泽门（Zimen），1981, p. 60] 他强调最年轻的狼有时也可以切实反对领袖的行动。由此，他将狼的政治和管理模式定义为"有保留的民主"。动物行为学的重点不在于实证数据的多变性与精确性，而是需要在人文科学和社会科学里寻找合适的概念和模型，以证明社会结构和行为结构的精巧性。

我们也可以说到"主场优势"：当狼群之间发生冲突时，相较于试图争夺领地的一方，在自己熟悉的领地上抵御外敌的一方往往会胜出。这是一个来自于战争人文科学的战略概念，也得出了又一个同源的方面。

这些围绕狼的政治科学的论战重点讨论的是在狼的生存方式里理解"权力"意义的复杂性。毫无疑问，它们也存在某些我们称之为"权力"的行为关系：在肯定姿态面前表现出谦逊——动物很少会有这种规矩，成年狼的举止做派也像青年一样，为统治者欢呼喝彩；在我们灵长目复杂的生命形态里，我们称之为"权力的表现"。但是人类学的权力概念在什么意义上可以应用于非人类呢？这个概念问题来自于人文科学，或许应该把它转移到动物行为学上，在神人同形的拟人论及其不同的变体之间形成主要的理论联结。黄石公园的狼计划（Yellowstone Wolf Project）颠覆了我们对狼的认识，分析这一颠覆性的创举也会推动我们的调查向前发展。

# "黄石" 实验室

为了实现我们的外交野心，首要的要求就是深入理解谈判对象的生命形态。黄石国家公园为我们提供了一个更广阔的非入侵性的露天实验室，有助于我们深入挖掘和革新对于狼的原有知识体系。

道格·史密斯（Doug Smith）是黄石公园里负责狼研究科学的生物学家。他在 1995 年积极地促成把狼这一物种重新引入黄石公园的工作，而此前人们为此努力做出的法律抗争已经持续了近二十年。一众科研项目研究的主题围绕黄石公园内部定居的狼群展开，史密斯现在统一协调这些项目。他著有《狼的十年》（*Decade of the Wolf*）一书，体现了认识狼与动物的新型范式。事实上，他所著的科学文献主要使用精确的实证数据和符合数学化的定量实验规程（数据分析、破译 DNA 密码、改良洛特卡—沃尔泰拉方程）研究猎物与猎食者的关系。但是他的书却采用了一种与众不同的认识论论调：讲述生命的故事。在拉马尔山谷这个活的生命实验室里，观察条件完成了一次认识论转型，革新了我们对狼的认识：过去从来没有按照科学规程的研究者能够如此敏锐和连续地观察狼群。他的研究工具有：能够定位狼群的 GPS 项圈、满足远距离观察的望远镜、黄石公园的生态相——覆盖着低矮鼠尾草丛、植被稀疏易于观察的平原、研究者极具外交敏锐度的视角。

那么，本书就可以作为研究狼的动物行为学家双管齐下的新尝试：在定量研究方法中融入了一种历史性和特发性的范式。为了让整个狼群和每一头狼的个性都可见，只需要提出一种相当具体的观察的定义（"定义"取视觉角度的意义），于是动物行为学的任务就变成了创造历史，并且不再继续满足于只普遍化可定量的种群。这就是这两种科学研究方法的结合，相辅相成，构成了一种狼学的研究模型。

## 叙事性认识论的必要性

史密斯在黄石公园观察狼的第一课，就是体验到了狼学家的职业生活充满了惊讶与错误：对狼而言，不存在科学上"无可辩驳的事实"。"它们不仅个体的个性差异巨大，而且在狼群之间也是如此，但是每头狼都根据周围每时每刻发生的事情表现出一系列惊人的行为。"[D. 史密斯（D. Smith），G. 弗格森（G. Ferguson），2012, p. 63]

史密斯承认了自然法理科学模型是失败的，他当下的认识论目标是要重新定义自己所研究的这门科学，继而重新定义这门科学下知识产出的行为实践：过去，这项任务旨在更新动物的行为法则，而未来它的目标则是向我们讲述历史。

"在所有理论和思辨以外，存在着严重的紊乱因素［不按常理出牌（wild card）]，始终作用于狼的社群，并且影响狼的个性。"[D. 史密斯（D. Smith），G. 弗格森（G. Ferguson），p. 91] 动物的个性（性情加上性格）不仅妨碍了一些理论预期的实现，而且这些个性还迫使我们在陌生的概念模型中融入自然科学："动物的年龄也很重要：在狼的世界里，经验意义非凡。"[D. 史密斯（D. Smith），G. 弗格森（G. Ferguson），p.72]

当然，自然法理科学的层面依然保留了下来，但是狼的动物行为学具有双重性：一方面，定量动物学与行为生态学仍然属于自然法理科学的范畴，它们的研究成果仍然发表在科学期刊上。但是另一方面，一种新的黑色文献诞生了——在出版方面借隐匿于"大众"的保护色之下，迎了大众对于狼的痴迷，因而也在市场上占有一席之地，以十分媒体化的出版物向读者传达黄石公园的禁忌科学：特发性动物行为学①。

---

① 这种科学为何是禁忌？本质上是因为科学的社会学原因：自然科学举证程序的核心制度是程序化的语言和数学化/定量化的实验，而禁忌科学要求跳出这一切。而在《科学》和《自然》杂志上发表文章也是十分有必要的，但这些刊物还不具备一种可靠的泛灵论认识论。

要想重视狼的种群动态，这些模型还不够，还需要讲述狼群的历史。

2015年春天，黎明时分，天下着雨，在与拉马尔山谷平行的路边，我们透过望远镜观察到了"汇丘（Junction Butte）"狼群围在一头北美野牛尸骨周围，姿态悠闲。在它们正和两头北美灰熊、大约十五只乌鸦还有一只白色脑袋的鹰（白头海雕）周旋的时候，一位观察狼的专家却理起了狼群内部的复杂关系，这位生物学家曾经在黄石公园工作过。睡在骨架附近的浅色皮毛的雄性或许是新的繁育者。曾经的阿尔法头狼，即狼群里大部分成员的父亲，在几年前的冬天丧偶。它没有选择和自己的某个女儿婚配，而是离开了狼群去追求新的伴侣。而被它留下的狼群家族则暂时陷入了慌乱。在这种群龙无首的局面下，它的两个大女儿就逐渐善意地接纳了两头游荡在领地边境的年轻雄性探狼。它们的父亲还没离开的时候，只要这两头雄性探狼试图接近，就遭到狠狠地威慑和驱逐。在长达几个月的游荡之后，一度离群的父亲带着从另一个狼群里追到的新伴侣回来了，想要重拾本来属于自己的狼群，但是这个狼群已经因为自己女儿们迷恋的两头探狼的加入更加壮大。几天后的一个早晨，生物学家们发现了一具尸体——老狼王带回来的新伴侣死在了夜里，很像是那两头年轻探狼做的——为了保住自己新晋繁育者的地位和它们趁着老狼王离开期间从狼群中窃取的权力。老狼王离开了女儿们，从那以后，狼群的领袖似乎就奇怪地换成了两对年轻的公主和驸马。

只会发生一次。在这个故事里就是叙事风格占主导，因为动物行为学已经变成了一种历史性科学。

为什么自然法理科学与叙事相悖？主要问题出在科学语言要求的规程性上。把一种语言规程化就是为一个理论中相互衔接的全部概念赋予一个独特的、清晰明确的、具有可操作性（也就是说在一个技术实验中要具备量化相关性）的意义[1]。然而，我们不能用规程化的语言进行叙事。科学语言的规程化是一种语义的人工驯化：通过模型化、风格化并摒除次要细节的方式限制住了生命体的特性。叙事，从结构上会产生一种语义野化[2]。

但是，解释重新殖民的动态、狼群的结构这些过去属于定量动物学范畴的所有问题，在新的语境下都意味着要讲述历史。这样一来，我们就远离了定量生态学要求的那种可量化、可程式化的狼，程式化的狼研究的是狼群规模、领地规

---

[1] 因此，为了理论化智力，心理学应该已经在可定量的概念中规程化了智力的定义，例如出现了"智商"的概念。智商的首创者比奈（Binet）在一种巧妙的矛盾中捕捉到了规程化的局限及其如何取代条款型概念复杂且含义丰富的共同含义（只用我们赋予的唯一含义下定义）。一种条款性的定义无所谓准不准确：因为就是由它来决定这种事物是什么。曾经有一个评论家问比奈：但是归根结底，智力究竟是什么？他回答道："就是测量我试验的东西。"

[2] 这里是一种评定；究其主客观原因，我尚且无法分析。

模、健康评估之间的关系，只要集齐这些数据就足以演绎出一个系统的发展，就像决定论的模式一样，而我们在新的语境下需要叙述事件的进展过程，即标准的变迁史：我们认定的标准，最好是一种由果溯因的统计标准。以变化的本体论和种群思想为主导，绝不是亚里士多德式的本质动物学混搭牛顿的自然法理学。多变性和程序性是生命的本质，也似乎在某种程度上排除了规程化与自然法理学。生物的本体论的特性（此处指多变性）具有认识论的隐含意义。

为了假设其特发性模型（尚未完成且很有可能无意识，道格·史密斯不热衷于认识论），史密斯的书选择了决定性的展示方式。该书的故事丰富，为了理解狼，隐喻体现了必要的简明易懂风格。例如，它有一些章节明确地记叙了"伟大"的狼的历史传记，就像伟人传记一样：40 号母狼曾经是执掌"祭司峰"（Druid Peak）狼群命运的独裁女王；还有 42 号母狼，独裁女王的受气包妹妹，在历史的峰回路转之后也成为了女王，与其姐风格截然不同。

肖像刻画的章节明显让我们看到了传记的必要性；对狼群内冲突的描述反映了历史性的一面；狼群的动态是社会学的层面；而"狼群个性"则是人种学的层面。

问题在于，一旦你决定采用阐明行动的方法来叙述历史，你就入局了。在你研究的科学里，规程化的语言与自然语言的关系就反转了。在进化生物学和生态学中，这种关系是复杂的：我们经常使用隐藏在拟人化词语背后的（竞争、选择、战略……）规程化的概念。在当前语境下，为了便于隐喻，两者地位逆转了。隐喻变得无所不在①。正是这种方法构成了我们对狼的叙述，这就是狼群的历史。

## 狼群的历史，王朝的历史

为了重视一个狼群的构成动态，我们无法继续满足于仅仅量化狼群规模／可获得的猎物／繁育者的压力比这三者之间的关系，而是需要讲述自该狼群诞生之初的狼王朝的历史。

在 1995 年黄石公园重新引入狼之后没多久就形成了祭司峰狼群。研究者已经连续观察了该狼群二十年左右，他们已经变成了这个狼群政治史的专家。史密斯写道：

> 2001 年，祭司峰狼群规模庞大，——它们经常就活在我们眼皮底下，就像史诗般的传奇英雄故事，充满了战斗与征

---

① 我们可以假设黄石公园的狼学家在他们科普的书籍里获得的最丰富的哲学知识还是这种加密的异端科学。只要我们把伟大的动物行为学家和灵长目学专家 [ 简·古道尔（Jane Goodall）、塞尔玛·洛维尔（Thelma Rowell）、弗兰斯·德·瓦尔（Frans de Waal）和普利马克（Premack）……] 经委员会筛选之后发表在期刊上的文章（对推动某些所谓"科学性"的知识前沿起到的作用是不可估量的）与他们在自己的大众科普类书籍中组织的概念理论（推动另外一种知识前沿：哲学上解放了我们有权对非人类的动物进行的思考）进行对比，就不难发现甚至是对他们而言也是如此。这些文章铺成了知识之路，而书籍则通过探索我们与生物之间的关系及其变化拓展了新方向。

服——在过去十年中留下了一些让人难忘的因缘际会。有人曾经在这个狼群解散之前，在黄石公园的东北门有幸一睹真颜，偶尔能看到多达二三十只狼，横跨拉马尔山谷，就好像公园里最精彩的角逐（the best and brighter game in town），这毫无疑问将会是一次最大的狼观察实验。[D. 史密斯（D. Smith），G. 弗格森（G.Ferguson），p.77]

这些观察突出了对动物生活风格的另一种理解：正如史密斯所言，在重新引入狼之后，"黄石公园的北部区域及其资源很快就变成了中心，围绕其展开了不计其数的行动和故事"[D. 史密斯（D. Smith），G. 弗格森（G. Ferguson），p. 76]。我们要讲述的正是这些故事。

祭司峰狼群的典型女族长是 40 号母狼。它于 1996 年开始掌权："非常年轻，生性好斗的它打败了原来的女王——自己的母亲 38 号母狼，坐稳了雌性阿尔法头狼的地位①。"

史密斯又说道："在这场显而易见的政变过去一段时间之后，它的母亲离开了狼群独自游荡了一年，然后回到了狼群中，或许是感到 1997 年春天出生的小狼崽急需它来帮忙抚养。"它的女儿容忍了母亲的这次回归，但是待它尖酸刻薄，

---

① 见黄石公园基金会官网，瑞克·麦肯泰尔（Rick McIntyre）的访谈 (www.ypf.org)。

于是 38 号母狼又一次离开了狼群，流浪到了黄石公园以外。同年 12 月，在隆冬的一个的夜晚，一个农场工人把它误认为郊狼杀掉了。

在此后的三年中，40 号母狼"稳居祭司峰狼群的首领之位——有些人可能会说它是专制的暴君。谁也不敢挑战它的权威。所有迹象表明，只要一头母狼与 40 号母狼目光交汇，就会被咬穿脖子，横死当场。几乎没有任何其他的狼像 40 号母狼这样得到了如此长久的观察，而它也从不羞于展示自己的个性。在整个族群里，受到最多惩罚的就是它一母同胞的妹妹 42 号母狼——这头长久忍受自己姐姐残忍压迫的狼曾经出现在两部国家地理频道拍摄的影片里，被称为母狼里的'灰姑娘'"[D. 史密斯（D. Smith），G. 弗格森（G. Ferguson），p.78]。1999 年，灰姑娘离开了狼群独自挖掘了一个狼穴：史密斯团队期望她能产下狼崽。狼穴挖好不久，40 号母狼来探望自己的妹妹并穷凶极恶地欺负了它，而 42 号母狼完全没有还手。它放弃了狼穴，谁也不知道它是否曾经生育过后代，这些后代是否长成了狼崽。

此后一年，出现了一些奇怪的现象，颠覆了动物行为学家以往对狼的认识。首先，40 号母狼在狼群的"官方"狼穴中产下了一胎小狼崽。通常情况下，它本应该是唯一的雌性繁育者，似乎这样才符合狼群社会的规则。但是 106 号母狼——狼群中地位很低的一头雌性——在小石溪（Pebble

Creek）的一处狼穴也繁殖了一胎。最后，42号母狼挖掘了第三处狼穴，违背头狼的意愿，也产下了狼崽。在狼群社会中，非繁育者的雌性和雄性本应自发地担任阿尔法头狼后代的保姆：承担起喂养、看管和保护幼狼的责任。

那一年，狼群里几乎没有什么狼去帮助40号母狼抚育幼崽，她身边只有伴侣21号公狼，这是整个狼群里风度翩翩且极其耐心的雄性阿尔法狼王（也就是繁育者），我们下文会再次提到它。等级低微的106号母狼就更加孤单了。与此相反，42号的母狼灰姑娘却频频获得很多成年雌性的帮助，尤其是大它三岁的两个姐姐，103号和105号母狼。六周以后，狼崽已经长成了独立自主、可以离群的小狼，42号母狼及其同伴就离开了狼崽。狼学家透过望远镜远远地观察到：在40号母狼狼穴的不远处，母狼们遇到了"它们的女王，对方一如既往地欺辱其妹妹42号母狼，凶狠无比。然后，就像想要弥补曾经错失的机会一样，它转向了105号母狼，想要把它也痛打一顿。不久以后，所有的狼，包括40号母狼在内，都去了42号母狼的狼穴。但是夜幕降临之后，我们视线受阻就什么也看不到了，内心又急切地想知道接下来发生了什么。毫无疑问，那天夜里发生了许多事。而到了第二天早晨，40号母狼却出现在了它妹妹灰姑娘的狼穴外一英里处，血迹斑斑，精疲力竭，几乎站也站不住了"。

几小时以后，"生性好斗又剑拔弩张的女狼王，大部分狼都避之不及、所有狼都恐惧万分的雌性头狼——死了"[D. 史密斯（D. Smith）, G. 弗格森（G. Ferguson）, p. 80-81]。

谁也不清楚那天夜里究竟发生了什么。但是黄石公园的狼学家们想象出了这样一幅场景：一群狼来到了灰姑娘的狼穴洞口，但是灰姑娘一改一年前唯唯诺诺的形象，不想让它专横的姐姐靠近自己的狼崽。狼学家们认为是灰姑娘主动攻击了作为头狼的姐姐。正如犬科动物小规模争执时自发站队一样，狼群的其他成员选择了各自的阵营并投入了战斗。但是40号女狼王已经没有多少盟友了，它被咬断了颈部动脉，我们在它身上发现了数十处深深的咬伤。

如果这个故事是真的，这或许将会是科学年鉴上的首次雌性阿尔法头狼被其属下杀死的记录。但是历史并不会停止于此：六天后，我们观察到42号母狼用嘴一只一只地把自己的狼崽叼去了祭司峰狼群的主穴——长期处于其姐40号母狼暴政统治下的大本营。

42号母狼收养了被杀死的姐姐的狼崽，并和自己的狼崽一起抚育。更加戏剧化的是，它在主狼穴中接纳了在小石溪产崽的等级低微的母狼106号及其幼崽。通常雌性阿尔法头狼往往都心怀嫉妒，唯恐失去自己的狼穴，并且对其他雌性难得产下的幼崽表现出攻击性。但是2000年夏天，三胎一共20只小狼崽都养在了同一个主狼穴里。

"非常明显，狼群里不再有暴君统治，取而代之的是一

个更加仁慈的领袖。"研究这个狼群的专家瑞克·麦肯泰尔
（Rick McIntyre）又说道，它"在团结狼群齐心协力方面功
不可没 ①"。麦肯泰尔思考仅仅摆脱了原有女王的桎梏是否解
放了等级低微的雌性。例如 106 号母狼，之后表现出了极强
的领导才能，并且"变成了狼群里最好的捕猎者，也不乏其
他长处"[D. 史密斯（D. Smith），G. 弗格森（G. Ferguson），
p. 82]。2005 年，它依然是自己参与创立的晶洞溪（Geode
Creek）狼群中精力充沛且生性善良的阿尔法头狼。

但是历史不会停止于此：正如所有的王朝历史一样，深
陷于世代更替的兴亡沉浮和波涛不止的往昔岁月。

四年后，42 号母狼与莫利（Mollie）狼群发生了小规
模冲突，对方的领地在更南边，靠近海登山谷（Hayden
Valley）。这是它的最后一役。它的爱人——40 号母狼的前任
伴侣——在这一战中幸免于难，这位雄性伴侣本身也是一个
了不起的角色。"如果真的是莫利狼群给了 42 号母狼致命的
一击，这个故事就变成了莎士比亚喜欢的那种——女狼王死
了，它几年前排挤过的拉马尔山谷的敌对狼群却卷土重来。"
史密斯对这种官方的认识论公设眨了眨眼，急忙补充道："当
然，狼并不是用这种方法联网设定（wired）的。"[D. 史密斯

① 见黄石公园基金会官网（www.ypf.org）和 Outside Online 杂志
上他的访谈（www.outsideonline.com）。

（D. Smith），G. 弗格森（G. Ferguson），p. 83] 言外之意，即行动背后有复杂的复仇动机。

42 号母狼通过自己宽宏大量的个性及其史诗般的历史经历，成为了黄石国家公园中最受爱戴的母狼之一①。祭司峰狼群的历史就变成了一个王朝的历史，一出莎士比亚的戏剧：所有的人物角色都到位了，残暴专横的皇后；强大、高贵而温厚的国王；皇后备受屈辱的妹妹，然后弱者胜利了，成为了国王的妻子和新一代宽容的皇后。

我们能如何看待这些事件呢？我们对这些事件的看法又有怎样的局限性呢？借助地缘政治的隐喻，并且将其类比于我们已知的权力关系，以及各种动物的行为生态学的生活条件之间的相似性告诉我们的权力关系，当然，我们也是这些动物其中的一员。

麦肯泰尔也研究黑尾高原（Blacktail Plateau）狼群的谱系，他认为："这是一个正在发生的历史，就好像我们活在历史年代里——俄国的十月革命，也可能是内战——各种暴动和起义都在发生。而我们永远也不知道事件接下来会有怎样的后续发展②。"

---

① 它的故事被拍成了电影纪录片《狼：回归黄石公园的传说》（*Wolves : A Legend Returns to Yellowstone*），国家地理频道，2007 年。

② 见引用的访谈。

麦肯泰尔有两种决定性的特点，构成了他作为狼人外交家的观察艺术：他不是生物专业的学者，因此并没有受到语言标准化的限制和生态行为科学特有的思维方式的束缚；也就是说他可以直接道出自己的所见，而不用冒险把研究打上拟人论和心灵主义的烙印。而且，与同一群狼的深入接触也能够为他在方法论上开辟出一种历史学家的方法来研究狼的生活。

麦肯泰尔因而提出了一种有力的预测：他通过提出人类史角度的解读进而假设[1]，为了理解狼的地缘政治生存方式，最好的模型就是欧洲的日耳曼民族神圣罗马帝国的封建制度。实际上，狼这种领地型动物具有一定的特殊性：领土的边界是确定的；领地扩张的游荡方式建立了内部和外部关系，非常类似于封建主义的历史和社会发展动态[2]；因此，这种模型将会是所有诠释标准中最细致的，远比真社会性昆虫或者独居猞猁的政治行为更加可靠。这是一种在狼群之间并不存在封建君主的封建制度，可以类比文艺复兴时期的意大利。

持怀疑论的读者会反驳，上文所用的隐喻只不过是拟人论的投射罢了。但是问题不在于了解这些隐喻是否拟人：问

---

[1] 作者与安托万·诺奇叙述的个人交流。

[2] 非常严格地说，似乎"封建主义"定义的是生产方式［马克思（Marx）/ 杜比（Duby）］；而"封建制度"指的是封建领主与封建君主之间的政治和土地关系。

题在于区分哪些优先使用的拟人论隐喻用于定义哪个物种的什么行为，或者哪个种群的什么行为。英雄史诗的反复出现、"战斗与征服"，或者狼学家对莎士比亚戏剧的引用，都可以被诠释为一种指数，反映出狼的生活风格与生活面貌，自发且合理地唤起这种类比[①]。狼的生命形态被自发地诠释为封建形式，而许多狼学专家却奇妙地联想到英雄史诗与悲剧题材。

随后，这些隐喻需要我们在严格的动物行为学层面进行解读，以便区分隐喻衍生的演绎规则有哪些适合形容狼，有哪些不适合。和其他手段一样，拟人论也是一种类比，它借用了一个领域的演绎规则去预测另一个领域。物理学家弗雷内尔（Fresnel）把光比作波，并不符合牛顿的粒子学说，那我们是不是也要警告他犯了波形态化的基础错误，擅自把波作为光的模型，而光根本就不是波？这种思想实验可以表明，对拟人论的强烈批判来自于别处：一方面，人们需要某种形而上学来一遍又一遍地确认自己与非人类之间的区别。另一方面，自然主义学家也不乐意看到人类抹杀动物生命的独特

---

① 这本书明确表示要给狼学家们权利表达一种科学文献的规范禁止的言论，在书中，当代大部分伟大的狼学家都赞同联系体会他们对狼的神秘生存方式的拟人化理解。因而，关于狼对一个训练有素的动物行为学家而言可以是什么的话题，本书体现出了前所未有的哲学丰富性：R.P. 蒂埃尔（R. P . Thiel）等，《我们所知的野狼》（*Wild Wolves We Have Known*），国际狼研究中心（International Wolf Center），2013 年。

魅力，只为满足自己的自恋情结。

总之，类比的做法，也就是借用某些演绎规则，拟人论和其他类比一样，也要遵循同样的认识论规范：类比具有绝对的假设性，从来都不是哲学正题，它要求在比较的每一个方向上都进行检验，反映出原始先验模式在派生案例上衍生出的所有隐含侧面。

我们建议采用拟人论，不是为了把动物的地位抬高到与人类平起平坐，我们本来就已经和它们处于同一水平线上了；也不是为了平庸地赋予其人类的内在性就因此抹杀了它们的独特性：而是为了借助于人类为自己设置的一模一样的学科、方法和概念，让我们与之更加靠近并努力了解它们。这还需要包含基础类比的认识论规范：存在主义（动物的存在先于其本质）、文化的地位、离散差、历史性、多级别镶嵌（个体、人际关系、群体、种群、生物群落）、动物内部的明示多元性（情感、认知、冲动、遗传性行为序列、"技艺获取本能"）、分离参数的不可削减性、文脉主义、方法论互动主义……

拟人论变成了一种生物形态方法的一个阶段：它旨在类比动物与人类生活的相似性，分离出我们在当前对动物的观察中发现的关系类型或者行为类型：在拟人论中称之为"权力""吸引"或者"博弈"。我们由此对能够观察到的行为序列进行启发性的演绎，判断其是否属实。此后，应该把它翻译成一种在人类与动物产生区分以前的生物行为模板（或者趋同的产物），并将其应用在我们研究的物种上。最后我们得到了实证和实验研究需要对观察提出的问题。

问题是如何达到这种几近相同的深入差异、达到这种内在的相异性、达到这种由同样的作用力打磨和雕琢成的特异性。

## 动物界的"权力"为何物？

隐喻于是就变得十分清晰了，因为它可以指导我们如何向动物提出认知动物行为学的问题。如果事实上这一个体在人类的动物行为谱上的"权力"地位已经确定了，我们应该能够由此演绎出在人类权力的行为学形式上可观察到的特性。一旦我们得出了这些特性，就应该把它们翻译成动物生活特有的行为面貌：我们可以在狼的关系里找到这些特性吗？伟大的英国灵长目学学家塞尔玛·洛维尔理论化了非人类的灵长目动物特有的统治优势问题。这些问题为我们提供了很好的指南，它帮助我们了解的并不是动物之中占整体优势的是谁，而是在动物的统治优势行为中我们能寻找到什么。

洛维尔（1974）已经发现，通过检验以下四个假设我们可以得出灵长目动物之间的权力关系：某一个体是否在活动的每一个变化中都得到了大部分的关注？在定向移动的时候，某一个体是否以一种极高的频率位于队伍的前方？该个体是否在发生冲突的时候保护整个群体？其他个体的行为是否受到该个体的"指导"？

通过与统治优势的动物行为学形式进行类比，或者与人类行为的领袖形式做类比，洛维尔在非人类的灵长目动物身上仔细寻找这些迹象。然后，她借助多年来在非人类灵长目动物身上观察得出的动态轴线将其构建出来。如果我们不进行拟人类比，或许就不会知道应该寻找什么。同样地，一旦得出了行为序列，我们就能将这些假设在狼身上进行检验。谁经常带队巡视边界？谁在捕猎之前会受到狼群默默的关注①？

我们已经知道，活动变化瞬间的关注中心假说在狼身上尚未得到验证。根据关系和内部情况的不同，狼群中的关注转移非常频繁。但是似乎有一点又十分明显，在狼群排成一字纵队移动的时候，往往是同一个个体（几乎四分之三的概率）领导队伍。大部分时间是雄性繁育者；虽然雌性繁育者有时也会担任领队的角色。例如，在冬去春来的繁殖期，雄性更频繁地领队；这很容易理解，它希望永久保留其繁育者角色的重要象征地位。很有可能在初冬的时候，雌性繁育者和雄性繁育者领队的频率不相上下②。雌性和雄性繁育者双方

---

① 最后，得益于这种生物形态在与动物界的连接中重新获得的循环性，这些行为序列变得让我们更容易理解人类本身（《在上桌之前谁会受到关注？》）。

② 在大型狼群中会出现非繁育者领队的情况。

的地位孰高孰低很难评估。瑞克·麦肯泰尔谈道，在二十世纪八十年代的时候，狼的动物行为学变得更加关注雌性，动物行为学家透过望远镜看到的东西突然改变了：与生物学家申克尔（Schenkel）口中的雄性阿尔法暴君和族长的神话相去甚远，雌性繁育者开始扮演领袖的核心角色。这就要区分并明确雌性和雄性繁育者各自准确的身份地位，并确定它们对团队生活的重要性。例如，更换狼穴是由雌性繁育者说了算，它也可以自愿担任捕猎首领，因此从某种角度，它的领袖意义比雄性繁育者更加重要。但往往还是由它们各自的个性导致了领袖的强度差异，正如祭司峰狼群的一对头狼，传奇的40号母狼和21号公狼夫妇。最后，我们需要注意，在黄石公园这个特殊案例中，王朝的统治权并非由雄性阿尔法头狼传给自己的一个儿子（因为头狼的儿子们会更加自发地分散到其他狼群里成为探狼），而是由雌性阿尔法头狼传给自己的一个女儿，后者留在狼群中继任新的阿尔法头狼。这里的权力传承是母系氏族的模式[1]。

---

[1] 关于这一点，见 P. Steinhart《与狼为伴》(*The Company of Wolves*)，纽约，兰登书屋（Random House），1996 年。

# 开发动物行为学话语中的隐喻学 ①

问题并没有重新回到究竟是该批判还是颂扬拟人论上，而是在于分析用于每个动物物种的隐喻风格。研究者很少使用封建贵族的隐喻从认知动物行为学的角度描述狐獴的合作行为、黑猩猩的权力博弈行为、倭黑猩猩带有微妙的社会性的调解型性行为，以及大象平静的母权。问题变成了：在长达多年的观察之后，当实地研究者试图概括自己所见的时候，并且试图让读者容易理解的时候，他会自发地使用什么样的隐喻呢？

问题是：隐喻类型的不变性和趋同性是什么？针对哪个动物物种、哪种社会行为？关于狼的生活方式的隐喻的这种趋同性催生了动物行为学中的动物隐喻学：它可以通过动物

---

① 哲学家汉斯·布鲁门伯格（Hans Blumenberg）发明了隐喻学，分析话语中的隐喻，反映出他想表达的深层含义在概念化过程中的内在难点。隐喻被视为"守旧的领导""概念形成的门厅"，这种手段有助于克服捕捉事实的阻力。他写道（p.24-25）："在非常广义的角度，它们的真实性是实用主义的。作为方向的定位坐标，它们的内容决定了一种态度，它们构建出一个世界，体现了我们永远也无法实验、我们永远也无法完全体会的真实性的全部。"见汉斯·布鲁门伯格（H. Blumenberg），《目击沉没》（*Naufrage avec spectateur*），巴黎，方舟出版社（L'Arche），1994 年，p. 42。布鲁门伯格把隐喻分为两种类型。一类是临时的表达，具有可塑性，有可能被超越；另外一类被定性为绝对隐喻，"其概念化永远不可能消失"；在抵抗超越性过程中，它们具有比概念更极端的意义，并且以思想作为基础。用拟人化的隐喻来形容共同的生物形态很可能值得被视为绝对隐喻。

行为学的文献和著作汇编构想整个元分析研究，以得到与某些物种相关或者物种存在的某些方面（统治优势、领土权、炫耀）相关的潜在递归隐喻。

这是一种我们需要的动物行为学秘密言语的隐喻学，为了深入了解动物是谁，我们又是谁——从而能够扩大动物外交。从中我们得到的不是一种知识，而是一系列新的表征，在生物差异性中让目标越发明确、在内在特异性上更易捕捉。

拟人论是动物外交提出的一个问题，需要经历客观化和深入观察的艰难过程；然后我们应该满怀疑虑地重读这些隐喻。例如，当有人说到"高贵的"或"贵族的"狼的时候，就要对我们从这种表述中听到的含义存疑。一个点一个点地剥离出引发这种类比的狼的行为脉络的地点，并且通过几乎中性的行为序列将其组合起来：形成了一幅关于高贵的动物行为谱。这是由于对经过自己领土的事物怀有无法满足的好奇心而产生的一种领地权，也是集体凶猛地对抗敌人保卫领土：此处我们称之为主权。这是一种社会行为，引发这种行为的原因是共同承担的危险挑战（捕猎中的一场硬仗）、愉快的瞬间以及捕猎开始和结束时的团结一心。这是一种围剿猎物或者对抗敌人的方式，第一个冒险的个体非常需要狼群集体的价值观来激发它的勇气，因为这种鼓励可以使其捕获猎物或者赢得胜利。这是一种没有阴谋诡计、没有预谋的集体生活，但是要靠对家庭部族的忠诚来维系，这种忠诚与狼自我繁殖和建立独立狼群的欲望是冲突的。因此，如果阿尔法头狼作为繁育者的权威过于强势，等级较低的狼——往往是头狼的孩子或兄弟——就会冒险离开狼群去开创自己的王国。

## 两种拟人论

这并不代表我们需要天真地将人类的社会结构投射到其他动物身上，而是要在动物界找到也存在于人类世界的行为调性 [ 怀腾（Whiten）的政治家黑猩猩理论，麦肯泰尔的贵族狼理论，瓦尔的色情狂和外交家倭黑猩猩理论，卡尔·凡·弗里希（Karl von Frisch）的灵巧且具有牺牲精神的蜜蜂理论 ]。

我们会发现这些隐喻和寓言里惯用的那些隐喻不同，寓言里的隐喻是更狭义的拟人论，并不会涉及复杂的辩证法，讨论动物行为学的客观性、在人类角度的二次翻译，以及在专家们从对目标物种日常观察中总结出的方向里出现的隐喻的趋同。如果我们说鹰是骄傲且傲慢的，这是从它的面部形态学出发的判断，因为凸起的眉弓和深陷的眼窝在人类的脸上对应一种高傲的表情。洛伦兹把这样看待动物的视角称为一种"错误的诠释"：他恰恰在动物脸上凝结的形态学特征中找到了某些能联系到人类情绪的仿特征。

于是，根据洛伦兹的模型，存在两种拟人论。第一种是自发形成并且错误诠释的拟人论，是人类思维的认知偏差。第二种形成了启发性的方法论阶段，建立在类比推理基础之上，建立在动物行为哲学研究规程上——我将其称作生物形态学。它需要质疑用于形容某种类型或者某个物种的行为的含蓄隐喻，将其细分和提炼，演绎出我们应该观察到的特质，并且和我们能捕捉到的行为的准确形式进行比较。二者的区别很简单：就是圣经。只有写满了和圣经一样厚的日常观察笔记，我们才能够相信这些隐喻可以作为理解动物原始基质的类比指导。如果我们自己不是实地动物行为学家，就更要谨慎，不要只相信这些长期观察的研究者的隐喻。

做出错误诠释的自发拟人论是一种人类冲动，其他生物的沉默让我们心生恐惧，这种恐惧触发了把动物拟人的冲动，为其赋予各种人类的含义，才能更容易被我们理解，看似让动物走出缄默，却剥夺了它们在语言面前的主权，而动物却感觉不到失去语言的缺憾，一种不同于我们所属的灵长目的缺憾。我们需要直面动物说话，与它们交谈，在我们之间谈起它们的所作所为：让它们回到人类中，回到词语语义中。

另一方面，我们所说的方法论的拟人论是在伟大的动物行为学家的启发之下产生的，需要一种寂静的苦修：必须长久地在寂静中观察，尽可能长久地抵制想要诠释动物所作所为的欲望（这是描述行为序列的动物行为学方法），暂时抑制理解的欲望（也就是说翻译违背原意）。在这种寂静的观察同时也是寂静的投射中，我们最终能够证明可以发生的事情。

## 因为观察难，难于上青天

动物行为学哲学家文希安·戴斯普莱（Vinciane Despret）详细分析了灵长目学学家塞尔玛·洛维尔在绵羊动物行为学上的研究，发现为了让有意义的元素能够被观察到，需要付出极度的细心。利用她在长期的灵长目动物研究中打磨出的动物行为学规程，洛维尔在自己职业生涯的尾声致力于观察她在英国的花园里养的一群绵羊。她不满足于简化的传统主题，并不仅仅视统治为雄性争夺雌性的斗争，而是在绵羊身上寻找统治优势行为。我们都认为绵羊很愚蠢，但是洛维尔付出了极度的耐心，终于发现了一些在复杂的社会化中很有可能起作用的非常微小的行为[①]：定向的面部动作给羊群确定了方向，只有当某个个体受到了同伴的关注和类似于信任的东西，其他羊才会跟随。

这背后的秘密在于：生物行为中结构最精妙之处其实并

---

① 见文希安·戴斯普莱（V. Despret），《羊有话要说》（《*Sheep Do Have Opinions*》）收录于 B. Latour et P. Weibel，《让事情公开——民主氛围》（*Making Things Public. Atmospheres of Democracy*），剑桥，M.I.T. Press, 2006, pp. 360-370。引文如下："雄性的组织方式是无法预测的。想要使其变得可见就需要一种对重复的持续关注。研究者经过长期的观察之后，才注意到每次就在羊群要移动的时候，其中一只雄性做出一个人类几乎无法察觉的动作，轻微地抬起头并且把面部朝向一个方向。有时候整个群体就开始前进，有时候并非如此，直到另外一只雄性重复了同样的动作才能把整个群体引向它们所指的方向。"（我们自行翻译）

不惊人，十分微妙，几近胭腆，与之交流的生命形态微不可见：我们看不到，就好像一个外星人也或许无法解读出一个人在看到另一个人微笑的时候，目光在对方身上比平时多停留了零点几秒，这其中暗含的恋爱心动。

这就是动物行为学的外交：它实际上要求我们不能简略地强加可观察的内容，即不能把模式化的行为结构强加给其他物种，作为主导的语言能指投射到互动组织上（例如，在家养的羊身上寻找灵长目动物的统治优势类型）。这不是说这些行为结构就不是主导的语言能指，而是它们可以呈现出其他形式，尤其是它们不一定是问题的本质。我们人类每天都要完成一系列融入生活的统治仪式而不自知：我们对老板的态度并不是尊敬，而是持一种防御态度，而我们真正的尊敬却能透过其他的微小举动体现出来，比如一句语气加重的道谢。统治优势作为一种结构应该广泛存在，问题就在于它藏在暗处。对狼而言，一旦我们花几个小时来观察它们，这些结构就显而易见了。

这是一种要求苛刻的解脱型精神训练：手边一个防水的本子，卧在低矮的鼠尾草丛中，持续数小时仔细观察拉马尔山谷的一个狼群，一直到寒冷让人待不住为止。要严格地记下所见，而不是对所见的理解。

## 狼人外交的自我精神练习

视频设备的普及和网络上影片的传播对动物哲学的变化起到了潜移默化但至关重要的作用。过去人们围在火炉边上讲述的那些惊人的奇闻轶事，让理智的人不禁心生疑窦，但是从今往后，通过媒体和网络，这些故事就能够在世界范围内流传，每个人都看得到。优兔视频网站（YouTube）上面的视频、动物爱好者拍摄的动物纪录片变成了我们对奇闻轶事的意外收获，就在我们的眼皮底下，非人类的动物正做着我们的意识形态波澜不惊地假设它们做不到的事情。奇闻轶事不是动物行为学的污点，而是有控制地调查的出发点[①]。

在这种新的斩获之外，还有自电影发明以来就备受肯定和大获成功的专业动物纪录片，它们暗暗道出了哲学的重点。

因为虽然纪录片作为一个叙事工具，确实大部分时间都违背了外交动物行为学要求的沉默不语原则，这也是纪录电影的问题。电影纪录片往往是共犯，在人类自我的模型上将生命体人格化，并且要一点粗浅的达尔文主义的花招就把它们的存在戏剧化了。我们可以假设到处都还是陈词滥调：优

---

① 关于这一点，见丹·丹尼特（D. Dennett）著作中的分析，《诠释者战略》（La Stratégie de l'interprète），巴黎，伽利玛出版社（Gallimard），NRF，1990 年。

胜劣汰、适者生存，残酷的自然法则，各种危机重重和险象环生在动物纪录片的评论中无处不在，这不是告诉我们动物生存方式的告知性的达尔文主义，而完全是媒体自身推动的官方命令：为了制作一部可看性强的长片，需要把能够感动人类的戏剧情节极尽所能地搬上荧幕。人们就往动物的生活中添加了叙事性的生存主义模型，否则对我们来说，少了意义宏大的故事高潮，剧情就略显苍白。我们期待的是普洛普（Propp）形态下的标准化剧情（一个主人公、一个初始场景、一次危机、几个反派、几个帮手、一个大结局……）。然而，正是这些电影的弱点，这种剧情危机几乎系统性地成为了优胜劣汰、适者生存的危机①。

我们相信生物的生存基调就是为了生存而斗争，在更加文明的层面上，这种信仰可以视为我们对自认为文明诞生以前身处的困境的恐惧的一种投射：我们恐惧退回到舒适的现代生活诞生以前，如果退回从前，我们就变成了他律性的生命，且无法顺利地发展到现代文明。这就是人类以前的原初困境神话主题，虽然这一总结尚存疑点，但是它又深深地根植于霍布斯式的人类学（狼人为人）和误解的达尔文主义。

---

① 一些拍摄黄石公园的狼的纪录片采用了另一种叙事口吻，避免了这种陈词滥调：《黄石公园的母狼》（*The She Wolf of Yellowstone*）、《狼之谷》（*In the Valley of the Wolves*）、《黑狼的崛起》（*The Rise of Black Wolf*）……

然而，只要仔细观察我们的近亲灵长目动物就会发现，它们之中有哪一种看上去是生活在大自然的困境中呢？别忘了达尔文主义的生存竞争的含义有一定程度的抽象性：在种群层面上，它受到多个变量的影响；它很大程度上影响的是婴儿夭折率；在这个前提之下，动物的生活就变成了生活，而不再是生存。狼的生活并没有湮没于所有个体之间无休无止的冲突之中，它们也有社会关系、有搜寻猎物的愉悦和胜利的满足感、有年轻的雌性与冒险游荡的雄性探狼之间互生的情愫、背后有身为阿尔法头狼的父亲嫉妒的目光、有忠诚的友情，也有捉到一只足够大吃一周的猎物之后放肆的狂欢、饱腹而眠……

动物的日常生活是非常平静的，尤其是在叙事上几乎没有任何戏剧性（很少出现生命的重大节点、追寻、复杂的欲望、从属性矛盾、自我的意识……），这一点与粗浅的达尔文主义相去甚远。通过持续几个小时观察拉马尔山谷里的狼、北美野牛、熊和驼鹿之间的周旋，我们准确捕捉到了在大部分纪录片里把周旋诠释为生存竞争的变性作用：而这是一场没有对白的缓慢斡旋，动作很细微但是含义丰富，眼神和气味交流毫无戏剧性可言，掠食性动物和草食性动物之间有很长时间的共同放松状态——直到闪电般地发动攻击为止。这或许完全是另外一种表现它们的生存方式的叙事口吻。

不过我们每个人都可以自己开展一项观察实验来尝试体

验这种动物行为学的苦修：不附加任何意义的观察，不附加解读的描述。不用出门，每个人都可以用一种极端的方式来做这项实验：把一部动物纪录片静音播放。这是一项以内在变化为目标、关于自我和自我与生物间关系的实验。动物生活不应该被编码成纯粹的生存竞争，它的风格和面貌有些部分是我们熟悉的，也有些部分是我们无法理解的，能够教给我们生存的谋略和诡计。

当你在练习静音观看电影长片的时候，这一假设的作用就体现出来了。很快，你就会感到无聊——无论如何，在电视作品要求的叙述规范方面就已经无聊了，从更深层的意义上来说，对现代人的心灵也是无聊的。但是看了几十分钟之后，这件事就不可思议地变得有趣起来：没有了编码行为和把行为单一化的文字，你不再感觉置身于一种亚当为动物命名的立场和动物行为学家的立场，深深潜伏的远距离观察实验带来了这种超自然的亲近感：在一片安静中，你看到的行为既没有名称，也不会联系到任何一种我们熟知的感情——这就是生存方式之谜①。

美国艺术家山姆·伊斯特森（Sam Easterson）提出了另外

---

① 阿拉斯加的卡特迈国家公园已经在某些重要的荒野环境里定点安装了持续摄影的摄像头。夏季，我们可以从屏幕上连续数日直接观察到北美灰熊在湍急的水流中捕捉三文鱼的场面，没有旁白，没有剪辑，也没有刻意的导演。www.explore.org/live-cam。

一种拍摄视频形式的外交练习。他的一些作品在怀俄明州杰克逊的国家野生动物博物馆展出。首先在不伤害动物的前提下要在一头狼或者北美野牛这样的野生动物身上隐蔽地固定好一个便携式摄像机。没有评论，无须把一个线性化的故事脚本按照人类的规则搬上荧幕，几乎没有剪辑。只是一段一段活动的时间，没有旁白，也没有戏剧化的优胜劣汰、适者生存。2012 年，他的视频《奔跑的野生动物》(*Running Wild*)就用了这种奇怪的形式，让观众进入了一头野牛的身体看世界。

这就是我们会边观察边写下来的东西：我看见自己是一头北美野牛，正在一片水塘里！我听见自己正在喝水，边喝边看着自己的角。当水从嘴唇上淌到平滑如镜的水面上，我听见自己正在呼吸。看到树倒映在水塘里。看到自己巨大的黑色舌头在舔嘴唇。奔跑：感到每一步都敲打在自己的髋骨上。看到一头年轻的北美野牛从我的角前逃跑了，向它挑战。看着雪地里的牛蹄印，我的蹄印：我在看着它们。

# 论意向性：走向泛灵论的认识论

## 意向性：认识论的公设

我们在这里遇到的哲学问题是双重的：为了试图理解其他动物的生存方式就假设它们具有一种复杂的精神生活是否恰当呢？尤其是这种假设应该处于什么样的地位：这是一种情感同化的欲望、一种道德责任感、一个既定事实——还是一个方法论的阴谋呢？哲学家丹·丹尼特（Dan Dennett）在其著作《诠释者战略》（*La Stratégie de l'interprète*）（1987）一书中决定拷问这一假设，不是从探讨其是否真实存在的角度，而是探究它是否具有可理解性。他的哲学问题似乎部分来自于他对进化论的深入理解（或许轻微地偏移到了超级适应论的方向）。生命有机体在其结构、构形和最自发性的反应上，似乎表现出了具有终极目的的组织和机能。当然，进化没有终极目的，但是生物的终极目的似乎是确定的，因此，只要我们从存在意义的角度来探寻，就更容易解读什么是生物。这是适应论或者贝尔纳·威廉姆斯（Bernard Williams）的逆向工程的推理方式：你想知道这个部件是什么吗？找一个天赋异禀并且耐心十足的盲眼匠人问一问，出于什么目的能够将部件设计出来，你的假设就很有可能获得成功。世界上的一些实体既没有意向性也没有终极目的，但是如果我们从意向性和终极目的的角度去探讨，就能更有效地对其进行解读。这就是"诠释者战略"。

一个一级意向系统既有信念也有欲望。一个二级意向系统更加复杂，有信念、信念相关的欲望、自己或他者的欲望本身。等级就是如此联系起来的。

从意向系统的角度提出动物行为学的问题是一种论战的请愿，建立在摩根的规则基础上，这一规则"命令我们重视这类假设：越令人讨厌越好，越不浪漫越好"。他反对行为主义的倾向（这里是指一种科学推论风格，而不是历史性的行为主义），因为根据行为主义：

我们总是能在理论上对一种动物行为做出次级的分析（一种完全生理学性的分析，甚至是一种局限于难以想象的复杂性的行为主义标准的分析）。如今我们感兴趣的是，如果采用一种更高级别的假设，冒险给出一种意向性的特征描述，那么在洞察力、预测能力和普及性方面能增加哪些收获。这是一个实证问题。采取意向性观点的战术并非用先验调查

（"闭门造车"）取代实证调查，而是使用这种观点来建议要向自然提出哪种粗略的实证问题。[丹·丹尼特（D.Dennett），1990,p.321]

例如，1982 年赛法斯（Seyfarth）与彻内（Cheney）合著了一篇关于黑长尾猴回应三种不同的猎食者的复杂交流的著名文章。联系这篇文章，我们就可以探究独自游荡的一群黑长尾猴是否会真的在猎食者靠近的时候吼叫。事实证明并不会：它们会悄悄地躲起来。这一论据有利于证明分化的警报鸣叫的意向性使用。当出现猎豹或者巨蟒这类猎食者的时候，它们的吼叫不会再像行为主义学家希望的那样被诠释为"焦虑地乱叫"。我们看到了这里的意向性战略与动物的善良道德决定毫无关系，这是一次意识形态的革命，因为我们赋予了动物过去并没有承认的事实，这甚至是一次跨越了隔阂的本体论革命，落脚在了认识论的必要性上。这是我称之为泛灵论的认识论战略。

然而，如果我们尝试分离出意向性的行为，又会造成一个认识论的问题，丹尼特认为这是一个恶性循环：如果我们希望一个原始行为或者特别复杂的意向性行为可以被记录下来，那么这种行为需要具有可重复性并且重复发生。只要它重复发生，行为主义学家就总是可以争辩，因为这种行为重复了，所以它就是通过行为主义的条件反射习得的结果。

除了这种可重复数据的恶性循环,动物行为学家又遇到了第二个认识论问题:如何恰当地处理非重复性的数据,也就是奇闻轶事的数据?事实上,后者因为具有欺骗性而且很难用得上,因为没有代表性所以在归纳上就比较缺乏说服力;但是它们又常常是"如此地舌灿莲花"。然而一门实证科学的举证程序制度又结构性地把这类数据排除在外。为了绕开这个问题,丹尼特的论题是需要使用"夏洛克·福尔摩斯的方法"。他引用了夏洛克·福尔摩斯在《波西米亚丑闻》案件中的一个计策:夏洛克要寻找一张照片,而照片被对手藏在了一栋房子里,他就自己藏起来,让华生医生丢出一个发烟器,同时大喊:着火啦!对手就不动声色地跑到了藏有照片的地方。丹尼特又说道:

> 我们可以发明一些相似的计谋来验证关于黑长尾猴和其他生物的欲望与信念的各种假设。这些计策的优点是能够激发起一种新的行为,但是我们完全能够诠释清楚,并且在可控条件下(因而科学上具有可行性)产生奇闻轶事。[丹·丹尼特 (D.Dennett),p.328]

我们不会再得出像十九世纪及更早以前的所有动物观察中得出的那类奇闻轶事;也不再否认动物心理学家受到行为主义的启发所述的奇闻轶事;而是在可控条件下产生奇闻轶事。

## 发明非人类的内心独白

为此，丹尼特重新借用了道金斯（Dawkins）(《自私的基因》)的一种"暴露战术"，即发明生物实体的内心独白。例如，有的鸟为了把猎食者从有雏鸟的鸟巢边引开而假装一只翅膀受伤，如果我们想测验它的意向性，丹尼特想象了这只鸟的内心独白：

> 我是一只靠近地面筑巢的鸟……我能料想到这个正在接近鸟巢的猎食者很快就会发现我的雏鸟，除非我转移了它的注意力：它想要抓住我并吃掉我的欲望或许可以转移注意力，但是这种计策只有当它认为很有可能抓住我的时候才有用……[丹·丹尼特（D.Dennett），p.335]

丹尼特发现他编写的内心独白赋予了这只伪装诱敌的鸟一种很强的复杂意向性："几乎完全不可能存在任意一只长着羽毛的'伪装诱敌'的鸟天生就能有如此聪慧的意向系统。"一只鸟更现实的内心独白很有可能是这样的："这是一个猎食者；我立刻就感到了突发的冲动，想要愚蠢地表演翅膀受伤了的戏码。我自问这是为什么呀（是的，我知道，假设一只鸟能够自问它的突发冲动是什么简直是浪漫得吓人）。"

二级意向性对应的是具有信念的能力、具有信念相关的欲望的能力，或者具有欲望的能力。从这个意义上往外引申，我们就得到了三级意向性的意义：对信念的信念的信念。

我们要解决的问题是使用内心独白的方法来准确地定位具体在哪一个点上"一只鸟的认知控制系统可以敏感地感觉到周围环境中的可靠变量"。

如果一只鸟接受了这种测试，在根据条件使用计谋的方面表现出了极端的复杂性（改变猎食者、多次重复使用同一种计策已经无法继续迷惑猎食者的表现），那么就有可能证明对其高级行为的一种诠释（假设这只鸟具有更高级的意向性）是恰当的。

内心独白的暴露战术不是诗意的放肆、不是错误的拟人化愉悦，也不是再次迷惑理应由简单、活跃的本能构成的动物界的欲望；这种第一人称叙事的插入是一种建立在认识论基础上的方法，也是一种动物行为学的研究方法，其目的在于开发一种可以评估其他动物意向性级别的实验规程。

## 狼的意向性

我们可以最后探讨以狼为对象的高级别意向性研究是否可靠。威尔士分析哲学家马克·罗兰兹（Mark Rowlands）曾经与狼一起生活了十几年，在狼人外交家的预测方面有着不俗的著述①。他在书中提出的一个论点非常具有诡辩性：对他而言，人类这种灵长类动物是高级意向性方面的专家，因为意向性就是为了政治场合的欺骗和战略性互动而存在的；那么我们不是政治动物，而是出色的动物政治家。

灵长目学学者怀腾（Whiten）和伯恩（Byrne）所说的"权谋的智慧"是指某些灵长目动物特有的构成高级意向性的智慧，凭借这种智慧它们能够完成复杂的互动和结盟。在灵长目动物中，黑猩猩就是一个例子，智人在这方面则堪称典范，互动就是这样一类时机："操控并利用同类，从一个集体存在中争取以最小的代价谋求利益。这些手段凭借的是愚弄他者的才能：最基础同时也是最有效的操控形式就是欺骗。"由此，罗兰兹推断，在灵长目动物身上，选择压力对提高其分辨欺骗手段的才能和欺骗的才能起到了一定作用。他画出了灵长目动物社会生活的这样一幅图像：用骗术才能对抗阴谋，阴谋策划的才能无处不在。狼，同样作为社会性的哺乳动物，"却并没有走这条路"。事实上，"与猴子相比，狗和狼在玩弄手段和故弄玄虚方面真是奉公守法的好孩子［……］如果我们忽略为什么的问题，事实本身的真相是毋庸置疑的"。

罗兰兹的修辞学游戏是为了意识化智慧的等级，因为智

---

① M. Rowlands,《哲学家与狼》(*Le Philosophe et le Loup*)，巴黎，百乐丰出版社（Belfond），2010 年。

慧也存在程度上的纯粹差异。"当我们肯定猴子在智慧方面比狼要高级的时候，就不该忘记比较的关键词：如果说猴子比狼高级，那是因为，归根结底，猴子是更优秀的阴谋家和骗子。"[M. 罗兰兹（M. Rowlands），2010, p. 78-79]

这样就可以表现出这种等级既不是中性的也不是所有动物都兼而有之的，而是模仿了认知功能的一种非常特殊的形式，只存在于一系列物种和其先祖性的独特的关系中：一些社会性的灵长目动物，自下而上一直到人类为止。在意识化这种等级之后，他又把这种等级从认知领域迁移到了道德领域，对前者而言，它似乎头顶着光环；在后者的概念中，它似乎被钉上了耻辱柱，评价的始终是同一个主体——人类。这样一来，他就翻转了价值论的两极：伟大变成了耻辱，愚蠢变成了道德上的无辜，也就成了美德。

"实事求是地讲，创造了预谋或许是伟大的猴子带给世界的最有意义的东西，是它们独树一帜的贡献，正因为此等创举它们才能被载入史册。"他认为预谋是图谋不轨的险恶用心，但是预谋却扩散开来。

从能够预谋的特殊认知能力出发，罗兰兹总结出了愤世嫉俗的道德起源："因此猴子在自然界完全成了特立独行的另类：唯一如此可憎乃至无法成为道德动物的动物。"[M. 罗兰兹（M. Rowlands），2010, p. 98] 它之所以成为了一种道德动物也是因为必须调节它获得的新力量的副作用。道德沦丧永

210 远是力量的反面——他者的力量。强制性的道德伦理之所以能够诞生，是因为当一个早就知道冒犯为何物的物种懂得了预谋，手握权术智慧，大大增强了一个集体内的同类之间互相伤害的能力，此时就必须有一种能够通过规范来调节恶意行为的手段。这是不同于达尔文、利奥波德和凯里科特的另一种道德的起源理论，它假设存在一种"社会感觉"延伸向道德意义的连续性。

与此相反，罗兰兹认为狼并不是一种动物政治家：而是一种贵族动物。他论述这一点的实验类型和用到的隐喻都十分有趣。他讲到的这些实验和隐喻与瑞克·麦肯泰尔的某些观察经历有趋近之处。而后者隐喻的质量我们前文已经证实过了 ①。罗兰兹提到自己驯化的一头狼，布莱宁（Brenin），在

---

① 在一次访谈中，后者讲述了他对祭司峰狼群的 21 号雄性阿尔法头狼的喜爱和尊重，他观察了这头狼十多年："21 号的搏斗光明磊落，从六对一的阵容就可见一斑，而它就是这个一。它也从来没输过。"但是它"从来都没有要过手下败将的命"。除此以外，它对自己狼群里的成员还非常亲切（它给自己生病的姐妹喂食，陪在它身边），尤其是对小狼崽："当它需要为下一次捕猎调整休息的时候，小狼崽来骚扰它，它就逃走躲起来。整个黄石公园里最坚韧不拔的一头狼被一群小不点儿狼闹得躲了起来，真是太不可思议了。"无处不在的贵族隐喻，甚至是骑士风度的隐喻，最后提出了一个生物形态的谜题：生态社会学的生活条件如何使动物的生活形态与人类历史上的某些时代和某些道德系统趋同？摘自外部在线（Ouiside Online）杂志（www.outsideonline.com）。

与其他动物的暴力冲突中，它只攻击和自己一样强大好斗的对象。只要对方表现出象征性的屈服，它就停止攻击。对比自己更弱的对象，它表现出一种漠不关心或者"奇怪的仁慈"，哪怕对方表现出攻击性也是如此。他讲了一个故事，一条六个月大的拉布拉多犬凶狠地攻击布莱宁，而布莱宁无法继续漠然视之，就轻轻地把拉布拉多的整个头都含在嘴里，让对方动弹不得，安抚它镇定下来。

他又补充道："如果我们根据昆德拉提出的标准来判断的话，我认为布莱宁不失分寸而又光荣体面地跳出了被攻击的窘境。"他在这里引用了米兰·昆德拉《不能承受的生命之轻》中的段落："人性真正的道德测试［……］在于人类及其所支配的动物之间的关系。"［罗兰兹（Rowlands），2010，p. 124］"不失分寸又光荣体面"：我们会把荣誉的拟人隐喻自发地用在哪一类动物身上呢？为什么各种观察学者都使用过类似的语义场［史密斯、派卡德、麦肯泰尔、斯坦因哈特（P.

212 Steinhardt）……]① ？这具体反映了什么呢？一位女性主义的社会学评论家或许会从中看到大多数男性知识分子的影子，他们就是自己投射出的没落贵族的后人，但是这样思考就很好地回避了一个问题：那么研究蜜蜂和狐獴的专家为什么又并没有采用这种论调？最大的可能性是狼的动物行为伦理学行为自发地唤起了更容易让人理解的隐喻，而这些隐喻都是关于贵族行为的。也就是说存在于人类的某些社会历史形势中的某些行为序列，反射出中世纪的欧洲和欧洲以外的骑士制度下的道德和规则。它们自带一种朴素的高雅，人的头脑里并没有什么凌辱和预谋的概念，面对挑战时会自发地展示

---

① 在《他和哺乳动物、鸟类和鱼类说话》（ *Il parlait avec les mammifères, les oiseaux et les poissons* ）一书中，康拉德·洛伦兹自发地使用了一种类似的隐喻："如果狼憎恨的敌人是受自己支配的对象，那么它就不会咬对方……请求宽恕的一方总是向进攻的一方展示出自己身体上最脆弱的一部分，更准确地说是可以直接进行任何致命攻击的部位。"[ 洛伦兹（ Lorenz ）, 1969, p. 200] 他又表示，荷马史诗和日耳曼式的故事中都不乏各种各样的事例，在这些事例中，"荷马的主人公从来不为任何事物所动，在这方面表现出的温和宽厚的感觉要逊色于狼……只有在盛行骑士制度的年代，战斗的规则要求获胜的一方饶过投降的对手。传统的宗教性的道德把基督教的骑士变得像狼一样如此具有骑士风度，而狼却只遵从自己的本能和天性的抑制"[ 洛伦兹（ Lorenz ), 1969, p.201]。他承认狼的行为与人类的社会道德没有半点相似之处，但是也发现了一种"情感影响判断：我既感动又赞赏地看到狼不会咬手下败将，但是更加赞赏的是我看到对方信任这种抑制！一只动物把自己的生命完全交托到另一只动物的骑士精神品质上！"。他最后坦言，通过观察动物行为的种内攻击抑制机制，他对《圣经》福音书的一句格言有了更加深入的理解，"如果有人打你的右脸……"这一句。一头狼或许会从神学上这样教育他：这句动物行为神学格言完全不是训诫我们要再被打一次，而是要告诫我们抑制攻击和暴力的欲望。

力量，对抗时会因生理愉悦而表现得威风凛凛，做事光明磊落，不会要迂回曲折的手段取胜，如果知道对方弱小就绝不攻击。这真是奇怪的动物的原始基质①。

受到动物生活形态的启发，或许无意识地借鉴了尼采的道德体系，罗兰兹把政治家的猴子与贵族的狼对立起来，初步构想了一个尚未成形的二次解读。当罗兰兹设定好了猴子与狼的两极，一切就呼之欲出了："狼代表了一种更为精致的艺术，在这种动物身边，无法不感受到自身的升华。[……]

---

① 我们可以探讨另一个类似的难解之谜，狼与人各自究竟有什么样的生活活动机，进而深入挖掘这一分析。首先是探狼的模型，探狼能够在青少年时期就离开由父亲领导的狼群，而父亲是狼群中唯一有生育权的雄性。它们四处游荡探险，背后的动机不得而知（生殖欲望？挣脱狼群强加给自己的等级枷锁？），在这种动机的驱使下，它要寻找一个伴侣，同伴侣一起在一块新的领地上缔造一个新的狼群，建立一个自己的王国。我们也找到了中世纪的或者骑士精神的仪式性冒险的基本动机（例如，普洛普的童话故事模式）：想要挣脱皇家桎梏、经受考验，年轻的王子离开了家庭，期待出去冒险，期待遇见一位公主，占领（这次是通过联姻的方式）一个新的王国，建立一个王朝。同样地，作为呼应，故事的情节还有另外一种动机：我们或许可以相信，狼群里排在最末位的忍气吞声的欧米伽（Ω）狼作为替罪羊包揽了整个狼群积累的全部失望，系统性地成为了一个生理上弱小且等级出身低微的个体。事实证明，这个角色往往是之前狼群里排在第二位的雄性或雌性贝塔（β）狼，也就是说地位仅次于阿尔法头狼，它反叛了阿尔法头狼，或者并不完全顺从它的统治，在某一次战斗中被击败了。这与犹太基督教的神学理论中魔鬼的命运模型如出一辙：原本是上帝身边的第二位贝塔大天使，在反叛阿尔法之后，后来就变成了被放逐的欧米伽，催生了世界上所有的耻辱，成了创世纪的替罪羊。这里发生的一切就像是狼的生活结构反映了动物的原始基质：人类的存在结构的卓越性为其提供了文化和寓意深远的神话模型。也就是说在生活条件的生态行为进化的趋同作用影响下，形成了一种共同结构的生活形态，让我们更容易理解这种具有神话色彩的存在性的平行类比。

214 　狼的艺术是无法模仿的，但它建立在一种力量的基础之上，我至少能够为这种力量而努力。我自身所属的猴子是一种笨拙的生物，毫无优雅可言，自己设定的基础就是软弱交易：它在其他生物身上制造的软弱最终也传染给了自己。正是这种软弱为道德上的恶提供了在这个世界上生存的土壤。而狼的艺术恰恰相反，它建立在狼的力量之上。"[M. 罗兰兹（M. Rowlands），2010, p. 121]①

　　罗兰兹在这里提出了这两种动物分化的认知才能导致的道德副作用。道德，作为不同价值观之间进退两难的困境和冲突的总和，不可能只是认知能力产生发展的副作用：那些因为机缘巧合突然拥有了预谋才能的动物，最终也会为了调节这种才能承担起宽恕的责任。

　　"对于冒犯，一头狼总是能宽恕和迅速遗忘，这和猴子不同，猴子在预谋的驱使下并没有这么容易就平静下来。"[M. 罗兰兹（M. Rowlands），p. 96-97] 很有可能是因为灵长目动

---

① 罗兰兹在这个新的尼采式隐喻中犯了一个错误，就是把整个人类与猴子同一化了，显然是出于种系发生的考虑。而尼采则细致地把人类——或许每个人类个体——分成了两种类型。罗兰兹的概念性错误就在于把猴子的地位隐喻化，然后却严肃地看待猴子与人类的种系演变关系，这就造成了一个毫无根据的厌恶人类的暗示：它在狼身上找到的道德类型也存在于人类身上，这就是为什么他可以尝试为之努力并且没有禁止自己这么做。如果我们仔细读尼采的理论就会发现这种类型在人类身上甚至极为普遍，人类在生物学上并不是一个特殊的可恨物种。

物的感情生活机制的特点和它们模棱两可的情绪（恐惧与骄傲混杂、既屈服又气愤）对这种预谋的产生起到了一定作用。所以我们并不能将预谋视为一种道德的沦丧。

在这些分析的启发之下，祭司峰狼群莎士比亚式的戏剧性色彩变得更容易理解了：40 号和 42 号母狼姐妹之间的剧情并没有掺杂任何预谋和"背后的筹划"，一切都在正面的统治优势和开放的冲突关系之间发生，只要这类事情发生了，就会不可避免地染上一种悲剧性命运的色彩[1]。

除却这些夸张的简化模式论，也抛开罗兰兹推论中有待批判的厌恶人类的观点，这些深入的思考十分难能可贵，它们描绘出了一幅事业蓝图：从人类多样的先祖性出发，分析人类的存在，从生态进化论形势出发，得出一种关于各种道德的行为方式，人类文化会伴随着价值论标准一起进化。

这将会构成我们智力的进化史。为什么狼和其他社会性的哺乳动物在几千万年前与灵长目动物有着共同的祖先，却并没有走上这条权术智慧的进化道路？这是一个彻彻底底的谜。

但是我们可以假设狼不需要种内的战略性智慧，不用掌

---

[1] 在英雄史诗中，战斗和征服是主题，我们就此回到了动物原始基质的问题。在人类的存在中经常缺席的英雄史诗，我们如今在狼身上又再次找到了，说来还真是有戏剧性。这是狼的动物行为——伦理学基调和政治基调与风险的结合吗？有可能。总之，狼唤起了我们已经遗忘的激情，并且描绘出了哲学地位尚不明晰的动物原始基质。

握读取标记的能力，因为它的社会结构和行为基调几乎不含权力博弈的成分。当权力的角逐发生的时候，这些冲突都是正面的，象征性的，本质上展现的都是默认需要唤起的信号——动物的勇气：双方的自我肯定导致了冲突逐步升级，在这一过程中，最先屈服并且接受对方统治的狼就在自我肯定的方向走得更远吗？但是这一切都与权谋和欺骗毫无关系。我们已经长久地看到了狼并不具备高级意向性。而如果事实恰恰相反呢？如果狼的政治生活条件抵消了能够作用于高级意向性才能的选择压力呢？如果这种生命形态没有经历过权谋和心理学的进化，只因为它的政治基调和道德生活——如果我们可以这么说的话——排除了对这种同类之间的关系的适应性奖励呢？

从这个意义上在狼身上挖掘意向性或许不太恰当：狼这种贵族动物不会常常揣测他者的想法，根据他者认为自己怎么想的来行动、欺骗、玩弄他者的自我分析：它是这个世界上的一种力量，从非常坦率的忠诚行为出发，表现力量的方式也相当直接。

此外，围绕意向性的分析能够让我们明确上文提出的一种论点，不盲从"级别差异"的普世性新神话的重要性。这种说法对动物而言已经算得上是最为慷慨的了，但在认识论上仍然坚持人类中心论，也是一种在所有动物身上划分意向性的三六九等的灵长目中心论。就好像意向性是智慧或者意识的唯一标志，而其实这只是智慧和反思性的一种，是典型的灵长目政治家的智慧和反思，而具有这样特征的灵长目动物却很少能够占据道德的制高点。动物科学现阶段把意向性作为其他动物的智慧形式来研究，认为这是一种"自我意识"的研究，是研究与意向性相关的反思性。这种项目的成功反映了科学上的偏差，打着动物智力上的级别差异的旗号，标榜着达尔文正统学说，在其他动物身上进行了只有灵长目动物胜出的试验，却毫不考虑其他的智慧形式与自我的关系，而更加确信无疑的是，后者才构成了其他动物的生存方式。

这些发展让我们可以深入地理解智人与外交才能之间建立的特权关系：从生态进化的本质上来说，我们是外交动物。但是除此以外，这些发展也把这些才能的一些本来模糊不清的道德混乱阐释清楚了。通过进化被赋予了高级意向性的动物具有了欺骗的能力。这暗示它们懂得分离内在生活与外在生活。在这种道德模糊地带产生了唯一的认知才能，也是两种外交用途的起源：通过欺骗来赢得战争，或者通过理解来活跃关系。进化赐予了灵长类动物这种天赋，我们却可以改变它的终极目的：坚定地把这种天赋建立在互惠互助的外交能力上。区分这两种用途构成了我们调查中的主要挑战之一。我们会在本书的第三部分讨论。

# 追踪

直到那时，我们对追踪的关注一直停留在实践的层面；如果我们彻底改变方向，从另一个层面讨论它在我们从猿猴进化成人的几百万年漫长过程中的作用，我们就可以假设追踪很有可能对人类的思维方式的形成起到了主要作用。智人最特别的一些认知才能或许是跟踪猎物的选择压力带来的副作用和副产物。如果这种假设可靠，就赋予了动物外交一种超越了简单的生态行为学实践的意义：它就会象征已经被我们遗忘了的原始力量——灵长目动物变成人类的原始力量。

智人作为一个物种，是在进化的轨道上与并行的其他物种经历各种复杂的生态机制共同进化的复杂产物。物种是在种群的基因流穿过的复杂生态机制中的组成关系的新兴特性[ 布朗丹（Blandin），拉莫特（Lamotte），1988, 1989]。整个物种就是一部特殊戏剧的历史。海豚、白蚁、狼等动物都有绝对的独特性。人类的构成轨迹究竟有什么奇怪之处，让这个物种对我们来说如此的富有戏剧性？人类进化的特殊现象之一就是在两百多万年前，在某个非洲丛林的综合生态系统中，某一个以果食性为主的灵长目动物的食性发生了转变，在此之后，它的基因流就在热带稀树草原的生态环境中变成了以肉食性为主的杂食性结构。这是种历史性的组合：一个果食性灵长目动物变成了肉食性动物是人类这个物种的特性。相较于动物学的对比，这种进化的视角让我们能够更加敏锐地理解一些重要特点，因为动物学过于看重人类和种系发生接近的灵长目近亲的对比，反而排除了其他的可能性。

## 智力的进化

在实地调查卡拉哈里沙漠（Kalahari）的布希曼民族的捕猎者—采集者的追踪实践过程中，人类学家路易·里本伯格（Louis Liebenberg）就追踪活动对人类认知才能的出现起到了怎样的作用提出了一个假设，我们会继续扩展这一假设，对它进行调整，并与外交逻辑进行衔接。

我们要做的推理就是找出猿猴向人类进化的过程与某种觅食（获取食物）类型——持久捕猎——及其所需的认知能力之间的关联。多类数据表明至少从大约 190 万年前出现的直立人以来，人属的物种就有积极捕猎的习惯。腐烂的动物残骸上留下了许多用工具锯开肉的痕迹，似乎在食腐动物之前就已经被其他动物吃过了，这几乎已经证明了主动捕猎的存在。但主动捕猎是如何实现的呢？

　　想象早在人类诞生以前的我们的祖先，不用深思熟虑就能接受他们一定可以借助石头或者冒火的长矛抓到大型猎物。而实事求是地说，考虑到大型有蹄类动物的运动能力和防御能力，这种假设成立的可能性极小。弓箭虽然是最多功能的武器，却在很晚才出现 [ 谢伊（Shea），2006 ]：很有可能在智人出现以后（目前发现的最早的弓距今大约六万四千年到七万一千年）。长矛的有效投掷距离只有十米左右。在助推装置和弓发明以前，由于猎物十分警惕，当时的人几乎无法近距离接触大型有蹄类动物从而将其杀死①。

　　因此，我们假设在人属的历史上占据了最长的一段时间的普遍捕猎技术是穷追狩猎。穷追狩猎是一种今天在一些捕猎者—采集者文化的民族中仍然看得到的技术，以生活在卡拉哈里沙漠的布希曼族为代表。他们寻找有蹄类动物的新鲜足迹，然后跟踪它，猎物闻到了追踪者的气味或者听到了追

---

　　① 当羚羊疾速奔跑的时候，人类的动作太慢根本就抓不住。人类既没有豹子那么强的爆发力可以跳到羚羊身上，也不像狮子那么强大能够一口咬死它，更不像狼一样能够持久地保持快速追逐，拖到羊群集体疲惫不堪最终给它致命一击。由此，我们总体得出了人为什么需要变得"聪明"，人在生理上并没有足够的天赋与自然斗争。但是我们的独特之处似乎建立在和其他动物一样出色的运动天赋上：自身的灵长目天赋让我们成为了纯粹的奔跑者（优秀的耐久跑运动员、手眼合作的运动员、投掷运动员）。我们的智慧并不是从模糊的生理弱点中诞生出来的，而是从一种满足精神需要的混合运动性中诞生的。这是我们为了跳出智慧起源的古老神话而需要的本质上更加精确、严格的进化论假设。

踪者的声音就会一直跑下去，追踪者就沿着它的足迹一直追，几个小时之后，直到猎物体温过高跑不动了为止。这都是猎人的功劳。实际上，热带稀树草原上的大型有蹄类动物有调节体内热量的机制，其长期调节效果比人的体温调节要差（就像大型的猫科动物，它们对疾速短跑的温度调节更有效）。于是，通过诱发动物的体温升高直到它无法逃跑，猎人就能够靠近从而捕获猎物。围捕猎物一般持续八小时，极其特殊的情况下甚至可以长达十二小时。最终，猎物死于近身的致命一击，心口被刺穿①。

人最初的捕猎活动是持久捕猎，人属最特别的一种表现型特征强化了这种假设：体毛逐渐消失，我们变成了"无毛猴子"。而之所以褪去了体毛，其原因可以理解为穷追狩猎具有持久跑动的特点，为了出汗，人类做出了相应的体温调节适应。现在在智人的表现型中似乎还有持久跑的痕迹：有利于保持平衡、提高速度，最大化平衡动作的种种生物力学适应都反映了这一点。当智人的灵长目祖先转向了以肉食性为主的饮食结构的时候，它面临的选择压力就是发挥自己移动速度快和持久性的才能，塑造了善于两足行走和奔跑的特征。

① 见 BBC 关于这个问题的精彩系列片《哺乳动物的生活》（Life of Mammals）（2002—2003），大卫·阿腾博洛（David Attenborough）评论，优兔网（YouTube）上可在线观看。

如果这些选择压力影响了人类长达几十万年的时间，如今仍然可以在我们身上看到，我们就能够假设它也存在于我们的精神中，和体毛退化一样至关重要。因为实际上，为了实现这种长时间的捕猎，当然需要长时间奔跑的能力；尤其是沿着正确的方向奔跑的能力。猎人的视线是看不到追逐的猎物的：他看到的就只有足迹。因此结合了无体毛和适宜奔跑的身体这两种特征，自然选择也应该赋予了人类祖先另外一种能力：不会跟丢踪迹。

这种假设让我们开始思考一个新的问题，远距离追踪（里本伯格将其定义为系统性追踪和思辨性追踪）特有的认知技能，我们之后会具体分析。而我们想要思考的是这些认知技能上游发生的事情，某个进化事件导致某个灵长目动物开始使用追踪觅食的方法，其中到底发生了什么[1]。

我们可以进行如下假设：人类的这些认知能力之所以会出现并发展起来，是因为它处于一个需要思辨才能获得食物的生态位。果食性动物并不需要思辨；腐食性动物就更不需

---

[1] "追踪的艺术包含了在自然中出现的每一处动物符号，包括气味符号、喂食符号、尿液符号、粪便符号、唾液符号、爪印符号、领地符号、踩出的小道和藏身处、声音符号、听觉符号、可视符号、侧面符号、情况符号和骨骼符号。痕迹并不限于有生命的活物。风吹走的树叶和枯枝、被压倒在地上的高草、从陡峭的山坡上滚下来的石头都留下了特殊的符号。"见 L. 里本伯格（L. Liebenberg），《追踪的艺术：科学的起源》（ The Art of Tracking:The Origin of Science ），New Africa Books, 1990 年，p. 62。

要了。而作为穷追狩猎的猎人，人类的营养方式和扭角林羚、狮子或野猪都不同，人类的营养方式必须有技术性的思辨：只要把人类逻辑的三种基本推理方式衔接起来就构成了一个调查过程。

不明推论（提出假设）、演绎、归纳。我们或许就是要这样在更新世寻找产生知识的原始形式，在某一时刻，就像遇到了催化剂，人类的营养方式转向了捕猎。而对追踪的需求是如何塑造人类思想的某些方面的呢？

## 不可见而见

我们智力并非与其他灵长目动物直接相关，因为它们并不进行追踪捕猎，在大约两百万年时间里，曾经的直立人（或者匠人）也是如此。整个问题就回到了这个历史性的转变上：我们从果食性动物变成了肉食性的追踪者，即不得不用肉眼的可视信息找到不可见的猎物。我们是有生命的思想者，构成了这种认知身份的生态进化组合是一种过去的果食性社会灵长目动物（表现为嗅觉弱、视力强、头脑灵活）的生命形态与带来新的选择压力的新的生态环境之间的碰撞：在热带稀树草原上两足行走的生活意味着向肉食性过渡的杂食性结构，这就要求人掌握追踪的技能。由此，人类这种组合型动物就打开了通往智力的大门。

为此，必须唤醒能看到无形的眼睛，心灵之眼。我们在和新猎物的共同进化中诞生了最初的认知能力。但起到核心作用的并不是肉食性结构（虽然这种饮食结构很可能为人类大容量的脑部提供了必要的蛋白质）；也不是作为捕食和进食的捕猎行为（虽然它在表现型和生态方面都起到了一定作用），真正起决定性作用的是追踪。在追踪的感觉运动条件下，也就是说寻找动物而不是将其杀死的过程中，通过这些纯粹由各种条件促成的前所未有的异质性逻辑的结合，我们从进化史中发展出来的神经感知的解剖学模型在新的生态环境中会产生动物行为学意义上的行为，成就了人类的智力。人类智力——深入思考的能力——是一种调查。

天然的陆地食肉动物大部分都生有强大且敏锐的嗅觉。猛禽自然是以视觉为主导的猎食者，但是它们的狩猎术面临的问题与陆地上的走兽大不相同：飞行生活的视野意味着最优的进化对策就是选择一种穿透性的视力，因为顶点视角可以从很远的地方就看到猎物，并可以用眼睛追踪。

回想一下陆地食肉动物的生态生活条件。它在自己的领地上走来走去，也不用预先知道猎物的位置。突然发现一条"足迹"，就跟踪足迹直到找到猎物为止。它通过足迹抓到猎物的能力是直接受到选择压力影响的。足迹就是视觉和嗅觉刺激。对于嗅觉捕猎者来说（如犬科和猫科动物），只要有嗅觉刺激就可以通过神经反应触发动物的鉴别行为。同样地，它只凭气味就可以知道留下气味的动物去了哪个方向：一定是刺激强度最高的那个方向；同理，它们也可以这样确定猎物的方向。我们可以假设一个本地实验，根据热面包的气味追踪一条街上的面包店在哪里，这个例子很形象地说明了气味追踪只需要很少的抽象认知操作就能够确定方向且保证较大的正确率。猞猁在雪地里追踪白靴兔的时候如果遇到了一条变味的足迹，走错方向的概率就会达到二分之一：如果没有了气味信号，它几乎无法通过视觉读出足迹里的含义。

而我们是陆地食肉动物，但是并没有强大的嗅觉（如果只是吃水果和树叶就不需要多么敏锐的嗅觉，因为它们不会逃跑）；我们有强大的视力，但是我们只能看到表面：猛禽的视力也不足以穿透树木的覆盖或者地球的弧度。我们可以做如下假设：选择逐渐细化了认知特性的适应性解决方案，那么人就面临一个造就了其认知特性的特定关键问题：当我们不具备适应追踪任务的感觉运动适应性，又该如何追踪食物呢？答案就在我们身上，因为我们是转变成追踪者的果食性动物，那么视觉功能的缺憾应该由内在的眼睛来完善。

人类根本上是以视觉为基础的猎食者；其特有的视觉形态与偶蹄类猎物的关系决定了追踪关系，也就是在人类历史上大部分时间我们获取食物的方式。这是因为人在追踪足迹的时候视力非常敏锐；但是如果只用视线来捕猎，这种视力就不够敏锐和突出了。追踪很可能造就了人类的部分思想能力。人类有不错的视力但是视野只局限于地面，既没有飞翔的高空视野也没有发达的嗅觉为追踪形态搭建平台，这就是人类所具备的条件 [ 里本伯格（Liebenberg），2010]。嗅觉弱、视野被困在地面上、跑得慢：为了捕获动物必须长距离地跟踪，还看不到对方；也就是需要追踪动物。这就是人类视角的力量，也是人类视角的局限，它能够唤醒心灵之眼，这种能力是时至今日生物演化出的最强大的认知效果。对比之下，狼的感觉运动性模式并不是这样的。它的嗅觉非常发达。狼在看到有蹄类动物留下的足印的时候，它看到了什么呢？这是个很难回答的问题，众说纷纭。它能破译出足印的来源吗？也就是说，它能够通过内心的激烈反应，根据足印这个既存在又缺席的象征还原出整个猎物的形象吗？我心中的问题则是：它需要这样吗？有蹄类动物的蹄子分泌出了气味，相比于人类在看到足印之后神经系统剧烈反应燃烧出的精神形象，狼在这种气味中看到的有蹄类动物则更加清晰明了。在我们身上，强烈的气味还有一种类似的诱发效应，但是我们的嗅觉本身很弱。我们可以假设狼更加主动地跟随气味踪迹不是因为它们的视觉不好，而是因为另一种踪迹更加活跃。因为气味踪迹对人类而言并不活跃，也很难诱发记忆，人类就必须提高对沙地上仅有的死气沉沉的足迹的诱发记忆的象征能力，进而也增强创造抽象的精神形象的神经元之间的联结：通过更倾向于解读而不是观看的诠释活动，诞生了原象征。

假设沙地上有一个足迹：对于视觉型的猎人，这个足迹需要解读、翻译，也就是被诠释成符号。他不得不寻找印记，这个动作让他更接近符号现象：一个存在的元素却表现出既存在又缺席的符号，形成了最初的象征特点：学习解读足迹，也就是诠释足迹的必要性。在丛林里靠近过有蹄类动物足迹的人会想起过去应该已经学习过怎样从足迹的非对称形状来破译动物离开的方向。这种表意文字可能包含庞大的信息量：物种、年龄、性别、行走方向、健康状况、个体身份、情感状况、正在进行的活动。

在追踪中，我们参与了潜在的认知能力的决定性提升，这种能力关注的始终是怎样把不可见变为可见，如透过足迹看到动物前往的目的地或者它过去的一段经历。例如往右边走表示动物去了一个特别的地方。当动物回到洞穴的时候，它的足迹经常是笔直的；如果动物的足迹和它早先的足迹交汇了，说明我们离它的洞穴不远了。因为它出去觅食的时候都是漫无目的的游荡，但是回来的时候就很清楚自己要去的地方。一个优秀的追踪者可以从猎食者的足迹中读出它在捕猎，随后在天热的时候休息一会儿，又吃了一点肉，然后离开了。

从一种足迹里，围猎者可以说出：狮子当时正在这里休息，它听到了雌性的叫声，起身，小步跑到沙丘高处仔细听，听到了，然后离开去寻找雌性。提出了这样的假设之后，追踪者就要去寻找足迹，他在200步以外的地方突然发现了一头雌性狮子的足迹，留下的尿液表明它正处在发情期。就在这里，追踪者还发现了另一头雄性狮子的痕迹，还有两头雄狮打斗的痕迹。然后一头雄狮逃跑了，另外一头与雌性狮子一起走了。很显然，本来只有一头狮子站起来小步跑到沙丘的痕迹，只有留在沙地上的脚印而已。但是它们的形状和步伐反映出狮子并没有在捕猎，因为小碎步很平静，且不像是隐蔽潜伏时留下的深陷的爪印。如果它爬上了沙丘停下了脚步，说明狮子是为了倾听。然后它离开的方式表现出这头狮子是被一头雌性吸引了。[里本伯格 (Liebenberg)，1990，p. 119]

因此，追踪就是重建和推断动物活动的历史，这种历史的丰富性要远远超出单纯的足迹表现出的内容，足迹因而为我们提供了前往"不可见"的通途。围猎者于是就扮演了一个诊断病情的医生，将字面意义上的不可见变为可见。

追踪有正规的实践教材：第一眼做出的判断往往是错误的 [里本伯格（Liebenberg）等，2010，p. 83]；一个好的围猎者应该把符号放在内心深处，和其他符号形成一个系列的、有待考证的整体或者相辅相成的集合，然后再确定猎物的身份。因此，围猎需要系统的调查，对判断要怀有系统的疑问，等待继续获取足够多的符号进行最终确认。

他认为我们不应该用太仓促的眼光来看待足迹，因为看得太快就有可能看走了眼，反而错过了足迹本来的面目。他主张我们应该在研究足迹的时候慎之又慎，并且在决定之前再三思虑。[里本伯格（Liebenberg），1990，p.57]

在决定鉴别足迹之前，追踪者要做的就是这种反复思考，放慢节奏，不要急于求成。实地鉴别的时候需要对判断持有系统的存疑态度，这本身就是这种练习的一部分。因此我们不妨自问：如果追踪是一种基础性的活动，如果存疑也是必要的，在日常的认知任务中它又能导致什么样的结果呢？我们可以假设这是判断中止的起源之一，是有远见的标志。可见而又不可见是人类的认知问题，需要暂停判断。既存在又缺席是围猎的问题，也是把意向分配给其他同类的问题——从可见的行为中确定一种不可见的意向，根据留下的印记重构过去发生的行为。种种现象的发生就好像这两种生态生活条件（追踪型动物和社会性动物）导致了一种选择压力，进化更需要保留这种利用可见的碎片线索在精神上重构不可见联系的能力。这很有可能是让人类之所以变成人类的一个特别的认知问题。从这个意义上来说，夏洛克·福尔摩斯只是一个社会性灵长目追踪者的极端形象罢了。

追踪分为两种类型①。一步一个脚印跟踪动物的称为系统性追踪（systematic tracking）。不过，这种追踪要求追踪者已经懂得如何解读和诠释足迹并且对判断存疑。系统性追踪完全可以解决短途的问题，但是正如我们所知，人已经变成了跑步高手，从事的是穷追狩猎（persistence hunting）。距离一旦拉长，就总是会发生跟丢动物的情况（岩土、河流、动物走出了十字交叉口……）：这里就必须使用思辨性追踪（speculative tracking）的方法。

从这个角度来说，进化或许不只是赋予了我们系统性追踪的能力，也同样给了我们思辨性追踪的能力：

为了重构动物的活动，追踪者首先要收集足迹形式及其他符号的实证证据。思辨性追踪需要在对符号的初步诠释和

---

① 我们也会发现存在第三种追踪类型，random tracking，即随机追踪，当一丝线索都没有的时候，我们采取的就是这种追踪方式。南非的布希曼人用片状的皮革来占卜，以此进行随机追踪。我们就算认为萨满教在这种方式里具有一定的必要性也并不夸张：掌握随机的变数，在绝对的不确定之中画出路线。布希曼人求助于皮革片就是想要在狩猎之前就知道应该去哪个方向，因为此时还没有任何已知信息。里本伯格做出了两种假设：要么是布希曼人知道了猎物的动作之后才来诠释这些皮革片，要么他们用这些皮革片来随机地分散狩猎的道路，猎物具有根据猎人反复出现的习惯而改变自己习惯的能力，随机分散也是对此的回应，并为狩猎引入一种不可预测性和拯救性的革新 [里本伯格（Liebenberg），1990，p. 120]。

对动物实地行为的认识的双重基础上提出一种研究假设。脑海里有了重构动物活动的假设，追踪者就到自己判断能够发现符号的地方去观察符号。这种方法首先强调的就是思辨性，观察符号只能肯定或者否定预测。当预测得到肯定，假设性的重构就被强化了。当事实证明假设是错误的，追踪者就应该修正研究假设并寻找替代方案。[里本伯格（Liebenberg），1990,p.122]

追踪者利用正负反馈提出可能的猜想。我们从中隐约能够窥看到里本伯格是在何种严肃意义上认为在追踪上可以找到科学的某种起源。虽然追踪并不完全进行区分，显而易见这不是作为标注历史年份的知识手段的科学，而是一种"理性的"特殊调查形式以及有条理的衔接所需的特殊认知才能。思辨性追踪特有的首要能力就是提出设想并进行验证。

思辨性追踪实际上就是对某个含义不明的东西——不可见的事物——提出一个研究假设。然后进行演绎：万一假设成立，我们应该在实证中观察到什么。最后通过真正去实地

与狼共栖

232 寻找来验证假设的正确性①。在这方面，人类逻辑的三种基本推理方式（不明推论、演绎、归纳）的衔接与实用主义逻辑学家查尔斯·桑德斯·皮尔斯所说的科学研究方法——又称调查方法——不谋而合②。持久捕猎或许就是哺乳动物运用认知才能的觅食形式，而这种认知才能催生了调查。这里的调查在实用主义的层面上指的是研究可靠的信念的过程，它将人类逻辑的三种推理方式以明确的顺序衔接在一起。

　　追踪特有的几千年的选择压力对人类认知的某些逻辑才能的出现或者引导作用值得我们系统地考察。认识论学者伊恩·海金（Ian Hacking）假设，如果科学推理的风格是标注了历史年代的，那么逻辑才能则是史前的 [ 海金（Hacking），2001]。例如，归谬法似乎就在追踪中起到了决定性的作用：

---

　　① 在 2015 年春天的一次追踪中，我亦步亦趋地追寻着一头母狼在一条黏土小径上留下的足迹，走到了一块又长又宽的石板跟前。岩石上没有任何的抓痕，也没有苔藓。我就抬起头观察，在石板后面很远的地方，灌木丛中有一个缺口，在一片刺柏之中，或许就是这个缺口吸引了它的注意力并且让它有了往前直走的想法。沿着想象出来的路继续前行，我很快就又在这条略带淤泥的小径上发现了狼的足迹；在右前爪处也有同样微微裂开的爪痕；后足印后面还留有尿液：就是它。我在后面遇到的又一个石板处再次跟丢了它，但是石灰岩形成了山间狭道把移动路线汇集在了一处，于是我选择了沿着它的行动方向往更深处走去，在小山谷里又一次找到了它的踪迹。

　　② 对皮尔斯来说"归纳就是验证假设，验证结果要么是肯定，要么是否定"，克罗丁·提尔斯兰（Claudine Tiercelin）又进一步明确了这个观点，把这种科学方法分三次详细阐述，见《C.S. 皮尔斯与实用主义》（C.S. Peirce et le pragmatisme），巴黎，PUF 出版社，1993 年，p. 95-98。

　　对追踪者而言，懂得如何辨别什么时候完全没有任何踪迹也是很重要的。在一片坚硬的场地上，追踪者必须能够分清如果动物真的经过了那里是否会留下痕迹。这很重要，因为追踪者必须知道自己什么时候就已经脱离了踪迹。我们要承认动物可以走两条不同的路。如果追踪者看到应该有足迹的地方却没有任何痕迹，那么这是因为动物很有可能选了另一条路。[里本伯格（Liebenberg），1990，p.60]

　　一个灵长目猎人追踪的特有生态条件可以指导某些推论，比如归谬法——灵长目追踪者特别简洁明了的认知才能。外在化的足迹存在是抽象推理的载体，也是某个灵长目动物日常熟悉这类逻辑问题的工具（此处应该有痕迹，因为淤泥是松散的，否则就没有，于是……），有利于得出论证。

　　我们和里本伯格一起参与了人类思想的某些方面崛起的进化史：只要追踪必需的认知能力模板还面临选择压力就够了。在扩展适应的作用下，这些能力就会变成模板，将人类调查这种抽象思维塑造成型。

## 情感同化附体

　　在思辨性追踪里，一旦围猎者找到了踪迹的大致方向，并且也知道沿着这个方向存在一条动物走的路、一条河、一个关键点，他就会抛开这条踪迹直接到关键点去重新寻找路

234　径。为了预测这种行为，需要对动物的了解达到不分你我的程度。应该能以它的视角看得到自己是如何移动的。

追踪需要精力高度集中，这样追踪者会经历主观上把自我投射到动物身上的过程。从足迹看来，动物开始有些累了：它的步伐变得更小了，带起的沙子更多了，休息点之间的距离也越来越短。我们在追踪动物的时候，应该试着像动物一样思考，预测它要去哪里。通过观察动物的足迹，我们可以看到它的运动。或许在追踪动物的时候最具有标志性的换位思考就是把自我投射到动物身上，有时候甚至要感觉自己就变成了动物本身——就好像能感觉到自己的身体里还有一个动物的身体在运动一样。[里本伯格 (Liebenberg)，1990,p.38]

因此，这种对动物的认识不只是一种对其习惯、行为和生态的归纳性知识，这也是一种自我代入到动物身上进行假设的能力。从这个角度来说，我们结合了毫无嗅觉优势的动物身上特有的追踪认知能力和我们社会性灵长类动物特有的掌握一种心智理论的能力，也就是一种假设他者具有意向、信念和对意向的欲望，并且将其破译出来的能力。对变成了猎人的灵长类动物而言，心智理论也发生了错位，它把自己唯一的灵长类动物同类一直变成了自己的猎物。我们可以假设人找到了自己作为面向追踪的社会诠释者的认知特性，也就是说他要使用自然选择出来的灵长类善于分析心理的天赋来诠释同类以外的其他生物。追踪催生了心理学和社会的诠释能力，也将其扩展到了兽首外交活动的范畴。

进行思辨性追踪就是要沿着想象的道路走，节省力气，不用逐一检查所有脚印，仿佛能透过动物的眼睛看到它在灌木丛中移动的轨迹。思辨性追踪的专家双眼看着地平线，并不看地面，地面在他的想象里。也就是说他只会在自己投射到应该有符号的地面上寻找符号。当他迷路的时候，为了重新找到正确的方向，他会像求助罗盘一样问自己这个问题："动物，如果我是你，我会做什么（我说的你是指深层的你，有你的欲望和你的憎恶、有你的节奏和你的世界）？"

在某个灵长目动物身上，思辨性追踪需要的各种能力和心智理论结合了，这说明寻找猎物的活动与某种形式重叠了，都是把精神转移到动物的身体上。在追踪的日常行为和选择的压力双重作用下，人类原始的野兽形态由此诞生：古老的与其他动物宇宙杂糅的能力——既有能力变成捕猎的狼，也能变成选择路径的羚羊。对里本伯格而言，这种穷追狩猎必要的附体强调了情感同化的适应作用。之所以能归纳出这一结论，是因为他采访了一位布希曼追踪者纳特（Nate），后者向他解释了围猎的内在需要：

纳特向我解释说，追踪者应该持续地用扭角林羚的尺度来评估自己的生理状态——观察扭角林羚的足迹、步幅大小，走路时带起沙子的方式能反映出它的疲劳程度。你应该比较自己和扭角林羚的身体状态，你得用个人感觉告诉自己你和扭角林羚的状态如何——如果对这些感觉的关注度不足有可能导致体温过高。这个例子说明情感同化对捕猎成功的重要性及其在自然选择方面的适应功能。[里本伯格（Liebenberg），1990，p.39]

　　变身成情感同化程度最高的形态不是一种浪漫的空想：在这种假设下，这是一种人属在进化过程中处于选择压力下的能力。狼人外交或者兽首外交是我们试图触及其他动物内心深处隐藏的他理性而做出的一种尝试，更广泛地说，我们想要触及生物和非生物（海洋、山峦、天空）的内在逻辑。我们在这里明白了从什么意义上来说，这种外交的基础是让人类具有了部分认知特性的古老能力①。我们是凭借一己之力要了解万物如何行为的狼人外交家，身处进退两难的道德困

---

　　① 有一个悖论，在人类历史上非常晚的阶段，追踪这种最初的模型化行动才被用于从狼驯化成的狗［艾斯戴尔·钟（Estelle Zhong）的想法，个人交流］。狗参与人类基础活动的历史已经有大约35000年了（随着日后的考古发现，年代还有可能改变）。我们可以把这种神奇的现象从辩证法的角度诠释为主人—奴隶关系；或者从另一个角度来看，对作为扩展适应条件的一种特征（认知才能）的功能（追踪）的自然选择压力减轻了。这种特征可以满足其他功能需求：抽象思维，对气象、植被、星象、海洋、死亡、生育、善恶的调查。这或许从另外一个角度解释了45000年前人类象征的大爆发与35000年前狗的驯化二者在时间上的重叠。

境，不知道要用这些力量来做些什么。

狼人不是我们通往原始兽性的愚笨的一面，而是我们关系智慧的最高形式。

## 追踪能力的扩展适应

追踪是日常习惯和生存的必然要求，也就是建立在几十万年的进化中被选择的认知能力基础上。追踪为我们建立的认知能力就是人类思想能力的扩展适应的保留。通过扩展适应的保留，我们明白了现阶段的能力很有可能是进化过程中选择的心理器官的变相使用。选择压力整体是复杂且不均匀的，它在猿猴进化成人的过程中曾经影响过人类的认知能力，构成了一种特征储备，而这些特征不是为了让人类进行当下从事的各种精神活动本身，而是使之成为可能，这些精神活动指的是——数学、艺术、哲学等[1]。在进化生物学中，两种特征可以形成扩展适应；首先是因为基础功能被选择的特征，它们在意外的变化中有可能产生第二功能；还有，最有趣的是，一个被选择的特征刚刚出现会引发建筑性约束，

---

[1] 我们会从金斯博格（Ginzburg）主张的历史研究的谱系学角度再次讨论这一点，他认为谱系学在历史研究中是一种基于进化过程中被选择的捕猎认知能力的功能性扩展适应，见《神话、象征、踪迹：形态学与历史》( Mythes, emblèmes, traces : Morphologie et histoire )，《指敬范式》( Le paradigme indiciaire )，巴黎，魏迪尔出版社（Verdier），2010 年。

238 后者可以产生某种功能。越复杂的器官就越容易表现出建筑性约束的副作用。大脑是个极其复杂的器官，具有进化选择的各种能力，它的使用需要我们不断地重新定义。古尔德（Gould）把这种归纳结论回溯到了达尔文：

> 达尔文不是严格的适应论学者，他承认虽然大脑毫无疑问是在自然选择下形成的某种综合性功能中心，可以凭借其错综复杂的结构在无限的路径中运转。而这些路径与促使大脑形成的选择压力相对而言没有关联。其中很多路径在之后的社会环境中可以变成未来生存非常重要甚至不可或缺的重要条件（就像生物学家华莱士所处的十九世纪那个时代下午茶一样重要）。大脑为了强化我们的生存所做的大部分事情都是一种扩展适应[1]。

追踪很有可能诱发产生认知能力的选择压力，其中一部分几乎在今天仍然起到相同的作用，而另外一部分或者其建筑性约束则产生了新的作用。

我们假设"进化法则"之类的东西存在：在强烈、错综

---

[1] S.J. 古尔德（S. J. Gould），《进化论结构（1972 年版）》（*La Structure de la théorie de l'évolution (1972)*），巴黎，伽利玛出版社（Gallimard），2006 年，p. 1766。

复杂和深入的选择压力影响下的所有特征都会因而表现出更高级的能力，最终会突破其原始能力，发展出无法预期的、创造性的新功能（前提是这不是一个过分发达的器官，如蜂鸟的喙）。因此鼻孔这个呼吸器官在鲸类动物中又具有了交流功能（鼻孔有自己的特殊语言），抹香鲸也能通过细化对声呐的感知能力，用声油来保持平衡。智人的祖先寻找食物的认知能力也是如此。如果无论哪种"超能力"的产生都要经过自然选择的压力，它最终也能为其他新的创造和组合所用，通过扩展适应在原有的使用方式之上衍生出新的使用方式。创新或许是选择导致的力量过剩带来的副作用。

印记是不可见事物的可见符号，对符号的整个解读似乎来自于这种解读印记自然习惯。从根本上来说，一个物种现在的生命形态是对过去习惯的颠覆和混合，这个过程离不开被生态历史的发展——"拼凑"——转化之后的新的基本问题。但是组成基础的材料是至关重要的，此处指的材料就是追踪的认知能力，比如符号解读和对空白的内在重构。诠释与重构是追踪中无处不在的两种活动。它们的出现远远早于文本。相对于文字书写，追踪的生活形态要更加扑朔迷离：解读符号。有了印记作为图象的想法集合（烟和火）和符号的影射（词与物）之间的线索媒介，象征变得更加容易理解了，它起到了承上启下的作用。追踪能让我们思考象征思维、口语用词和书面用词出现的可能条件——这是印记的变形[1]。

在人属下面的各个物种（很有可能是直立人，然后是智人）进行领地探索的过程中，占领新环境随之产生了觅食技能的辐射（采食贝类、捕鱼、用陷阱捕兽、在更加分化的植物生态系统中采摘更多的蔬果），这是到达革命性的新石器时代的必经之路，在新石器时代人们驯化了植物并学会了存储食物。多样化的觅食技术首先减轻了对追踪能力的压力，这些能力因此得以发展出其他的使用方式。这种功能闲置是扩展适应特有的状态。它是一个特征的"释放"，可以产生意外的功能变化（此处指使用方式），这种变化也可能革命性地改变一种生命形态，但是基础模型仍然不变。在人类这种组合式的动物身上，狩猎行为模块本来是存在原型的，但是在后来的转型中几乎变得面目全非：

[1] 历史学家卡尔罗·金斯博格（Carlo Ginzburg）在其所著的《神话、象征、踪迹》一书中表示，对线索的解读也是认知能力的来源，这种能力从明显无关紧要的经验事实一直回溯到无法直接体验的复杂现实。根据金斯博格，这是人类在思想文化史上的第一步，史前猎人的一步。在几千年中，人类通过其狩猎活动学习了如何从泥地上留下的爪印上、从遗迹上重构不可见的猎物的形态和动作。"在浓密的树丛中，在布满陷阱的林间空地上，他学习了如何用惊人的速度完成复杂的精神操作。"[金斯博格（Ginzburg），1989，p.148] 因此，追踪或许是符号学的来源。符号学是一种面向个体案例分析的行为，我们只能通过痕迹、症状和线索来重构这些案例。它的起源或许是指数范式，整个一系列现代科学都有它的特征：医学、法理学、历史学、古生物学……

*在人类的经验和历史中最特别的就是食肉精神的能力，总是保持警惕：集中精神力量关注没有猎物的世界、感受、保持天生的敏锐感侦察森林和田野、追逐、捕获。[舍帕德（Shepard），2013，p.57]*

那么，我们的认知身份或许部分是源于扩展适应性的储备通过我们累积先祖性以选择的行为和大脑能力的形式反映在了我们身上。我们已经提出了追踪者—收集者（解读符号、追逐猎物）身份的概念和倾向于合作、集体生活的社会动物身份的概念（心智理论，对施动者的不明推论）。我们也应该指出果食性和叶食性的灵长目采集者对色彩着迷、具有记忆力（能够通过松鸦在几千颗种子里找到藏起来的那颗，就是重点选择的认知能力的例子）；根据微小的差别进行分类的能力（一株药用植物和有毒植物）、归纳能力（把一个特性推广到整个纲的植物，并且从亲本植物中进行寻找），或许甚至是对概念的使用（自然主义学家所说的 Jizz[①] 原始形态）和对所有新形态的可喜的好奇心。

但是应该加上拼凑者的身份，它很有可能在人类才能中

---

① Jizz 表示一个物种的活动本质：在实地观察时，我们可以借此从许多物种当中一眼就将其辨认出来。这是它的特殊面貌，或者是独一无二的飞行、运动风格，我们能据此确切地识别出它的身份，甚至不需通过意识分析细化它的特征来做出正式鉴定。

摄取了实物的智慧。制作复杂产物技术操作链（双面燧石刀）很有可能是为想象的行动链扩展适应性的储备，作为达到一种投射目的（制订计划）的手段，也是人类智慧的特征体现。这种实践和理论的推理链之所以能延伸，离不开语言的支持，语言作为先前思想的辅助记忆凝结成词语，那么如果没有象征载体，它们就很容易被忘记。来自狩猎生活的模板元素、认知元素和情感元素构成了我们社会性灵长目动物史的组合模块，从过去的果食性动物——那时我们曾经还是猎物——最终成为了现在更加扑朔迷离的整合性综合体①。这些动物的先祖性、对应的选择压力、脱离自然选择而释放出新功能的能力，这些都是兽首外交成立的条件，也为试图挖掘兽首外交的学科创造了条件。

新石器时代的农耕文明掩盖了人类狩猎术的漫长历史，改变了人类寻找食物的关系。农耕文明在人类的历史上只占据了百分之三的时间，但是却迅速催化了源自狩猎生活的精神模型向前所未见的方向辐射，发明了手、头脑和欲望的新用法。但是，长达几十万年对动物的高强度和食物性追求很

---

①"各种倾向的组合就是我们所说的人类天性。虽然不是所有的证据都可以证明，但是大脑似乎保留了以前的能力，能够迅速地集中。"[威尔逊（Wilson），2012, p. 132] 对威尔逊而言，自然主义者的自保本能体现了从原始的追踪者那里继承的认知和情感：实地生物调查变成了升级版的捕猎，对生物知识的围猎。

可能已经深入塑造了我们内在的本质：受难的耶稣（此处以耶稣象征广义的人类——译者注），在没有猎物的世界里的追踪者。

## 追踪：搜寻的存在性动机的起源

如果按照这个假设，追踪构成了一种人属动物无处不在的释放活动，被每个现代人都遗忘了的、我们认知状况的基础。那么它为什么不是我们情感模型的组成部分呢？

一流的动物行为学专家和兽首外交家唐普尔·格朗丹分析了在进化的捕猎活动中能满足我们最丰富多样的项目的情感能力。有赖于动物神经生物学的进步，她把这种情感能力翻译成一种寻找欲望的神经性恋爱状态，而不仅仅是找到之后的单纯喜悦。她因而从人类搜索猎物的活动的深层含义提出了一种动物形态理论。无论是在西方骑士制度中，还是在北欧传说和侦探小说中，很有可能所有的冒险文学形式都将寻觅的主题神话了。她所做的就是我们上文所说的"正确的动物形态翻译"这类分析，试图在动物生活中寻找也能照进我们生活的行为特点。

格朗丹的分析基于神经科学家潘克塞普（Panksepp）博士的实验结果。后者首创了"搜寻循环或者搜寻系统"（他的原文大写了"搜寻"，SEEKING 这个词）的概念，用于定义在生物身上表现出寻找食物引起的"强烈的兴趣、专注的好

244　奇心和积极的预期"这类情感的活动中的神经系统 [ 格朗丹
（Grandin），2006, p. 115]。这些情感也出现在所有动物寻找庇
护所或者性伴侣的时候，尤其是在掠食性动物寻找食物的时
候。根据神经动物学中的"搜寻"系统的概念来思考人类是
一种生物形态主义，更准确地说是一种猎食者形态主义：不
用把人类情感投射到动物身上的方式来诠释动物行为，而是
把从动物身上分离出来的行为模型投射到人身上，以此来诠
释人类行为。

潘克塞普的发现在这方面具有决定性意义，因为他把这
种循环与全新的内容联系起来：

学者认为这些循环就是愉悦中枢，有时也称作奖励中枢。
因为多巴胺是这块区域主要的神经递质，被视为传递愉悦感的
化学介质……[ 格朗丹 (Grandin) ,2006,p.116]。

事实证明被试豚鼠为了合成多巴胺会进行主动刺激，这
不是愉悦系统，而是大脑的"搜寻"中枢：

大鼠刺激的是它们的好奇—兴趣—预期循环：受到某些
事物的刺激而产生愉悦感，对发生的事特别感兴趣，激烈地
生活，我们或许可以这么说。[ 格朗丹 (Grandin) ,2006,p.116]

在一般的觅食中很正常的事情在特殊化的猎食行为中就被强化了：因为食物变得更难得到。我们可以假设一个掠食性动物的行为基础能够在捕猎中带来趣味的喜悦感，那么它就拥有可能被选择强化的适应优势。更广义地说，正如达尔文的观点，进化倾向于赋予生物这样一种能力，只要做对自己有好处的事情 [ 此处是指能用各种途径提升"适者生存"中的适合度（fitness）]，就会获得纯粹的喜悦感。而潘克塞普表示，捕猎激活了和"搜寻"系统（好奇、兴趣、预期）同样的网络，会带来同样的舒适感，同样有搜寻的愉悦感 ①。这种寻找食物的感情已经能够在我们日常的捕猎中获得扩展适应，从（任何一种）杀死猎物的方式或者营养功能中脱离出来。

　　所有人都喜欢捕猎，每个人都有自己的方式：有些人去逛跳蚤市场寻宝；有些人在网上搜索医学问题的答案；还有人去教堂或者哲学研讨会，想要发现我们生命的意义。所有的这些

---

　　① 但是，在捕猎和杀死猎物的过程中，狂怒（种内攻击或者自我防御的时候被激活）的神经循环并没有被激活。"动物总是沉着而冷静。" [ 格朗丹（Grandin），2006, p. 164] 我们看到了捕猎的现实与人类对狼的道德诠释之间究竟存在怎样的天壤之别：生性暴虐或者残忍的狼杀戮是为了取乐？于是问题就不是以杀死猎物为目标的捕猎，或者假想中由于睾酮含量上升而导致的好斗，而是追踪：它是搜寻、是寻找、是动物感觉的觉醒也是动物大脑的觉醒。

246  行为都动用了同样的脑系统。[ 格朗丹（Grandin），2006,p.117]

表明愉悦感循环和"搜寻"循环二者差异的决定性论据在于激活的时间性：

当动物发现它有可能在附近获得食物的时候，大脑的这片区域就开始被激活，当动物真的看到食物的时候就停止。"搜寻"循环在动物寻找食物的过程中兴奋，但是只要找到并吃下食物就停止。愉快的是寻找本身。[ 格朗丹（Grandin），2006,p.117]

多巴胺或许不是愉悦感的荷尔蒙，而是"搜寻"的荷尔蒙①。追踪是一种强烈的寻找，这就是人类搜索猎物的生物形态本质。整个兴趣、预期、专注好奇、无穷无尽的能量、盲目关心这些情感的综合性整体或许是一种扩展适应，是一种转向，也是一个脑循环。其原始功能是让我们过度关注对生存重要的事物：跟踪并找到逃跑的动物。"我们在这个世界上已经消失的丛林里依然保持敏锐和警惕。"[ 威尔逊（Wilson），

---

① 我们在这里发现了吉尔·德勒兹提出的建立在生物形态学上的微小的概念差别：对愉悦感和欲望的功能区分。一个错误的观点把愉悦感和存在的强化联系起来：愉悦感是点状的，它令人满意，具有麻痹性；多巴胺更是一种欲望的化学指标；它带来有活力的喜悦感和对存在的强化。享乐主义混淆了二者的概念，他本以为能够在愉悦感中发现对存在的强化，却并没有找到。

2012, p.132] 从欲望的角度来看，食草动物寻找食物的情感机制很有可能并没有那么强化和矢量化，因为它们的食物无处不在且不会逃走。

我们的"搜寻"系统的扩展适应是我们生活中的趣味所在：它在我们的大脑皮层皱褶中构成了我们的搜寻、我们的项目、我们持续的生命力、我们完成大事的能力[①]。这种行为模型是动物形态学的，因为正是通过科学地关注动物的行为和情感综合机制的细节，我们最终才能以把我们变成"我们"的进化为模型，更好地理解我们是谁。"搜寻"系统形成了一个动物原基。格朗丹因而提出了一种追捕猎物的愉悦感的动物形态理论：堂·吉诃德就是启用了动物大脑的"搜寻"模块进行强烈的持续活动的例子。

格朗丹是一个伟大的狼人外交家：她承认动物生活的巨大力量对我们的影响，其价值丰富的精妙决断性远不是简化的物理化学决定论。由此，她清楚我们是谁。格朗丹不仅没有让我们的人性褪色，反而激发了人性的活力。她突出了我们作为身体的奥秘，否定了混淆身体和机器的某种简化论的特征：把人类贬低为原始兽性的动物的消极乐趣。她让我们

①也是"搜寻"系统的扩展适应能力给了我写下这几行文字的动力和乐趣，"搜寻"系统的扩展适应能力可能也影响了正在阅读的你们，让你们有毅力顽强地读完我写的东西。

记住，自己首先是处于存在的精神体验中的身体：具有存在性的爱、恐惧和焦虑，最崇高的思想，寻找和好奇心，欲望，平静。

这就是人类生活分析在生物学方面的力量：当我们能诠释人类存在的最微妙和最崇高的方面且无损它们的价值，这种力量就表现出来了。唯灵论可以接受我们把饥饿或者性欲解释成生物现象，但是唯灵论认为崇高、纯粹、鼓舞人心的情感是一种脱离肉体的灵性。与此相反，我们可以认为，用一种生态行为神经生物学的达尔文主义方法来研究人类的存在，只有当它用非简化论的方式诠释了存在的最高情感：优雅、自由的体验、搜寻——它才能证明自己的合理性 [1]。

今天的追踪就有了另外一层含义。它不再仅仅是一个民间的自然主义实践；根据保罗·舍帕德的说法，它是回归"更新世的起源"[ 舍帕德（Shepard），1998]。这种回归不是赤身裸体地生活在树林里的浪漫体验，它有一种具体的形式：通过与追踪这种原始的行动进行重叠，让人类的生物图谱回归到我们身上。或许追踪确实塑造了我们的部分认知和情感能

---

[1] 此处的非简化论的意思是：不贬低这些存在的最高情感，不用工具化或者机械化的粗糙的限定词。从冲动的含义而不是认识论的含义角度，简化论是由贬低和把人类降级的消极乐趣构成的——德勒兹称之为怨恨的喜悦。它表现在意图通过单向的因果模型解释复杂和精细的事物，比如相撞的小球，或者杠杆引发的各种机制。

力，因此也塑造了部分的我们。那么，这种回归就是为了体验当人类漫长的过去回到我们身上并且与此刻重叠的时候，究竟发生了什么。

## 他者的读取

虽然追踪在我们的进化史上被打造成一种人类独创的显著性，但是它却并没有构成人类在生物界中的领先地位——绝对的第一读者地位，可以从自己的角度对盲目的生物进行诠释的唯一的意识，却不会被他者读取。在小径上追踪意味着自己也可以被追踪。在同一条足迹上的追踪者往往是螳螂捕蝉，黄雀在后，上方猛禽的鸣叫让追踪者抬起了头。就算是考察边缘的界线也只是徒劳，苦于陷入围猎与被围猎的循环悖论：当你在仔细观察一个足印的时候，谁又在看着你？从谁兴致盎然的视角看来，你就是个无忧无虑的目标，也就是猎物？在丛林中央，生物的主客关系悄悄地发生了逆转。

第一点，要意识到我们释放出了符号。这就要求我们必须消失。变成一株鼠尾草。身上涂抹气味浓烈的树叶，蜷缩着躲起来，坐在高高的山丘上、山谷的上方，等待，等到世界上的其他存在都把你当成了一株普通的鼠尾草，和其他草没有任何区别。这时候就可以发生点什么了。

第二点，要意识到我们被读取了。在黄石国家公园追踪期间的一次经历就可以体现这种符号生活在动物世界里的扩展。在黄石公园里行走是一定会遇见点什么的。在拉马尔山谷，沿着黄石河，我开始探索园林管理员明文写着"熊出没"的一个区域。两头死掉的北美野牛尸体横陈在平原上，强壮的食肉动物正在猛烈地争抢。我沿着山脊走，吹着风，因此我在每一个转角都有偶遇北美灰熊的风险。一头叉角羚走到了我前面。我试着安抚它，尾随其后大概一百步远的距离，沿着小径的方向让它为我引路：它的嗅觉比我敏锐太多了，我随后在它的行为中读取了它的耳朵、它的紧张、它的奔跑，我仅凭自己一个人感觉不到的北美灰熊——而羚羊只用角就够了。走得更远了，我确定了一下乌鸦的叫声的位置，三角测量了一下秃鹰的飞翔区域，以免遇到死掉的动物和守着它的野兽。我随后自问：其他动物，它们又如何读取我的行为呢？我从它们的态度里破译出它们了解周围的世界，但是它们难道不做同样的事吗？在鼠尾草丛中的漫长时间里，我被叉角羚观察，被一头北美野牛研究，还有一头黑熊站着审视我，这些时间又有了另外一层含义。我以前相信它们对我感兴趣——事实上，它们会不会在读取自己感兴趣的其他东西，而不是我呢？这个问题又开辟了一整个新的研究项目：反转的物象学。一个不折不扣的信息生态系统，我们可以将其看作一个符号反射循环和共享信息循环。

　　熊和狼在乌鸦的盘旋中读出猎物的存在了吗？专门研究乌鸦的鸟类学家伯纳德·海因里希（Bernd Heinrich）回忆起

猎人从乌鸦在猎物周围的叫声中能读出熊的存在。里本伯格则解释说，布希曼的追踪者能够诠释豺的叫声。豺会发出各种叫声，有的是为了保持联络，有的是为了说明它正在跟踪鬣狗或者大型掠食性动物的足迹（叫声越来越小最后以一声干咳收尾）。追踪者解释，这声干咳就表示它即将找到一头被杀死的猎物，感到既兴奋又害怕。如果这叫声只出现了一次，豺就是在跟踪一头鬣狗：它就放弃追踪，因为它知道这些鬣狗不会剩下任何东西给它。如果豺的叫声重复了，说明它正在跟踪一头猎豹或者狮子：它知道沿着这条足迹追踪下去会带回来大量的肉。无论是否出于自愿，豺都向同类发出了这些符号，但是这些符号也同样传达到了懂得破译符号的所有对象的耳朵里：猎人就可以在夜里避开狮子并且想象它们的捕猎战略 [ 里本伯格（Liebenberg）等，2010，p. 115]。我们还应该在上述现象的基础上补充生物符号学分析的现象，还有物象学反映的现象。鸟类往往是雄性通过华丽的外表对雌性发出"诚实的信号"，还有羚羊会向狮子发送出表现自己力量的符号；所有的这些动物面具都像狼的面具一样，强调了反差，提高了狼的表现力，服务于一种精巧的社会和政治生活——狼的面孔的意义往往不止一张脸这么简单，而是在脸的基础上还多了一重面具的意义。

最终，我们已经看到，进化把意义和交流工具与任意的一切拼凑起来：粪便、体味、树分泌的挥发性乙醇、羽毛，

252 以及毛发、指甲等各种表皮性组织。在海洋哺乳动物中这种现象也依然明显。海洋哺乳动物天生就有非常接近人类语言的交流形式（丰富的符号、逆戟鲸图腾式的方言、多元化的声音功能……）。我们自然会在动物纪录片里看到海豚使用类似唇舌塞音的语言。但是齿鲸的食道和呼吸道不连通：它们的口腔里是没有空气流过的，只有水和食物。因此它们的嘴无法发出任何声音。实际上我们理解的发音是鲸的鼻孔引起的频率变化，而不通过嘴来完成的。这些在节奏、频率、声音组合各个方面都无与伦比的精细符号是由人类鼻孔的同源器官发出的。鲸的鼻孔对应鲸类的陆生祖先的鼻孔，鼻孔的位置后来转移到了颅骨的顶部，以便无须把眼睛露出水面就可以呼吸。我们应该理解，鲸类的祖先从陆生动物变成海洋动物，在这个过程中失去了嘴部发声的系统；那么，一个能发出精巧符号的系统就以鲸鱼的鼻孔为基础重新建立起来（得益于齿鲸亚目发声唇瓣的进化）。也正是这个系统让鲸类具有了超声波回声定位的功能。鲸类身体上有等同于人类鼻子的器官，于是，进化就拼凑出了一个极度完善的调节声音符号的机制。

进化似乎创造了能够和所有拓展适应性的元素交流的机制，从进化的角度来看，就好像这是一个非常有效的新发明，系统发育的流程在这个方向趋同了。

生活，就是充满了符号，就是向所有人发出符号，也发送给尚在抵制的身体，因为信号发出者的内心并不乐意，不希望符号能够被别人获取：这就是现象学中的纯粹天赋的定义。发出并接收符号，交换符号，这是把生物全部网罗在生物群落里的生命大政治的基础和属性。这就是广义的动物行为学：假设信号系统无所不在，强调融入信号系统的必要性。从这个角度来说，追踪实践是作为一种在地缘政治上非对称的实践出现的：不仅是读取符号的过程，同时也完全是被读取的过程。

# 3

·
·
·

## 外交计划

一种关系伦理

·
·
·

# 外交权力

狼学带来的认识论转变说明了人类智慧具有自发地把我们视为狼人外交家的认知特性。

人类智慧具有一种"过适应性<sup>①</sup>",可以对自我提出自身所处的世界以外的问题、不在必要需求范围内的问题(很有可能在其他动物身上更为罕见)。长此以往,人类就可以自我构建出新问题(人类思想总是创造出新的谜题,打开并规划未知的领域)。通过某种方式,其他动物也可以具有外交的认知能力,但是过适应性这种像蝙蝠的声呐一样原始的认知特征可以让人类寻找方法构建属于其他生命形态的问题。这种能力打开了通往理性的大门:其他动物和其他所有复杂的生

---

① 见 D. 莱斯泰尔(D. Lestel),《文化的动物起源》(*Les Origines animales de la culture*),巴黎,弗拉马里翁出版社(Flammarion),2009 年,p.208:人类智慧的属性是"作为物种,解决生存的非本质问题"。这一定义重新使用了过时的"物种生存"的表达方式,莱斯泰尔(Lestel)实际上是想说明"华莱士悖论":为什么人类这个物种拥有的一些认知能力似乎并不具备自然选择本可以带来的直接适应优势?

命体的行为是怎样的呢?

这种过适应性是我们捍卫的外交计划有望实现的基础，也使该计划具有顽固的不对称性。我们已经从追踪的认知基础角度简单勾勒出了人类外交能力的自然史，我们现在想要从人类与其他物种的关系能力这个角度深入剖析这段历史。美国人类学家帕特·什普曼（Pat Shipman）主张人类的特点是普遍性、密集性和与其他动物物种的特殊联系。确切地说，正是这些关系在猿猴进化成人的过程中起到了决定性的作用，把我们变成了今天的样子 [ 帕特·什普曼（P. Shipman），2011]。例如，人类向食肉动物转变——发生在两百多万年前的第一公民事件——或许已经重新把我们的注意力、兴趣和迷恋转移到了动物身上，早先果实性的人类对此并不感兴趣。在和大型掠食性动物的竞争中我们在生理上处于相对弱势的地位，或许正是因此我们具有了观察、诠释、理解、预测动物行为的智力才能，这或许是选择压力赋予我们的特征，也因此才成就了今天的人类精神的方方面面。我们与动物的关系使我们成为了人类。

这让我们开始思考，自人类诞生以来，我们就是动物外交的专家，此处指的是一种对其他动物存在方式的精细理解并融入它们的动物行为谱。这都要依赖选择出来的认知能力、传统和科学的生态行为学知识，还离不开为了尽可能靠近其他生物的存在方式而放弃人类为中心的哲学苦修。

通过对比，根据动物科学博士唐普尔·格朗丹的预测，其他动物的认知能力应该从"自闭症天才"的能力模型上来理解。作为"重度"自闭症患者，她在自己所著的《动物翻译》（2006）一书中力证动物是天才，就好像一些自闭症患者是天才一样：我们觉得理所当然的事情它们视而不见，无法对其他物种进行粗浅的精神操作，但是它们却可以触及其他人看不到的感知层面，对于我们无法完成的精神活动，它们却是个中高手。以鸟类为例，为了准备过冬预先囤好几千颗果实（橡树的果实、山毛榉的果实）的欧亚松鸦——称得上"敛财"——的某些记忆能力要远远优于我们，但是对我们来说就像小孩子过家家一样的问题，它们却无法解决。

进化创造了认知能力：它们要面临承载这种能力的物种的生态生活方式的选择压力，例如狐狸具有解决乌鸦问题的能力，喜欢储藏富含油脂的坚果的动物（松鼠和松鸦）具有惊人的记忆力，这些都是认知能力的表现。但是在生物的历史上，一种被选择的认知功能综合机制也可以具有前所未有的、出乎意料的新用法。因为选择并不能解释一切问题：因为某些优势功能被选择和强化的认知能力可以改变其用法和功能（这就是扩展适应）并用于其他确定的目的。

人类智力的过适应性来自于我们曲折的进化史（我们过去沉淀累积的先祖性被遗传下来，组合起来）和由此导致的复杂的扩展适应：作为社会性灵长目动物，我们是心智理论的专家，也就是说我们精于从同类行为中的可见部分诠释其背后隐藏的深意。在从猿猴进化成人的过程中，我们的食性变成了倾向于肉食的杂食性，由此我们的心智理论也经历了向其他精神扩展适应的过程：转向我们要捕猎的动物的精神[1]；就像采集者转向微妙的植物行为一样（它们什么时候生长，长在哪里，在动植物种群中它们都与什么有联系……）。

这种食性不具有专一性，总是要求在新探索的群落生境中找到新的食物来源，正如我们在乌鸦或狐狸身上看到的那样。我们转而获得了一种智力，精于诠释其他生物行为、指出它们谋生特有的行为的关键，解读它们的密码。古老的捕猎诡计、诱鸟笛、壁画上描绘的无声的知识[2]、动物的神话，都是这种艺术残存的褪色痕迹。而时至今日，它已经被我们遗忘或者工具化了。我们所在的灵长目—狼—乌鸦的历史中，经过组合与扩展适应出现了认知能力，因此在自然和文化进化中我们也具备了狼人外交家的情感同化的智力。

这是人类动物性的伟大之处。人类并没有将自己凌驾于

---

① 但是我们可以假设所有的掠食性动物都有某种理解猎物如何行为的能力，把自我代入到猎物身上以便更好地理解对方。

② 关于这一点，见马克·阿兹玛（Marc Azéma）的研究，清晰地阐释了岩壁装饰画上外行人看不到的动物行为学细节：动物的性别、年龄信息，它当时的动作，它与其他动物的关系，甚至是动物个体的精神状态，见《行动的岩穴艺术》（*L'Art des cavernes en action*），巴黎，艾伦斯出版社（Errance），2009 年。

动物之上，或者从本质上与动物进行区分以此自诩高等。我们看到，狼人的杂合体形象如何被编码为人类在源于新石器时代的畜牧业形而上学的低贱和愚蠢——我们理应光荣地颠覆这种形象：正因为是组合性的动物，人类才称其为人类，我们自有种种伟大之处，也具有一定的模糊性。

借由人类动物性的伟大之处，我认为人类珍视的高等、高贵和高级的能力不应该被诠释为上帝选民的标志，这样做无疑又把人类自身凌驾于动物之上，而应该将其作为是错综复杂的动物先祖性遗传给我们的一笔财富。外交和较高的智慧、情感同化和亲情、对他者的好奇心、对弱者的同情心、忘记自我，以及我们爱的能力和建立联系的能力甚至超越了物种的界线。这种伟大也是动物性的：我们的狗最初是从原始的狼演变来的，原始的猫科动物变成了我们如今的共栖者，哪怕今天在野生动物中这一点也异常明显，例如海豚科（逆戟鲸、圆头鲸和海豚……）的动物甚至经常越过物种的界线向我们迸发出爱慕与好奇。

人类身上所有的伟大都来自于对自然的超越，人类之所以高级就是因为脱离了兽性和邪恶的生物模型，这类概念需要我们打碎重构。人类之所以伟大，不是因为用似乎更加纯洁的精神统领了肉体——而是因为我们具有作为人类动物的特定方式。对应地，问题还在于不能贬低人类身上的优点，不能采用冲动的简化主义提出的厌恶人类的观点：为了将人类野兽化而把人视为动物，并乐于大肆批判其卑鄙无耻。动物有它们的伟大之处（我们在前文中提到过黄石公园的 21 号头狼高深莫测的行为），而奇怪的是，这种伟大迂回间接地成就了我们的伟大。人类的伟大建立在一种对我们健全的生命力的理解和强调的基础上，而不是统治了所谓的只有兽性冲动或者机械本能的身体。

似乎过去两千年的哲学人类学就是这种毫无变化但是低调谨慎的思辨战略，通过人类与生物的差异来定义前者，而后者却获得了越来越多的人类过去的特权。但是二十一世纪的哲学人类学应该走上另外一条道路：可以尝试不借助差异，而是借助合并与组成关系来下定义。通过区分来下定义的行为几乎是一种逻辑上的必要条件：这实际上是一种政治行为。我们完全可以通过独特的方式定义某个事物的特殊性，建立它与其他事物的联系。在我们后面即将展开论述的关系本体论中，我们的关系就是我们的基础，我们在关系中是次要的。构成人类的是其和非人类的组成关系、在过去的进化中的合并关系以及现在的生态关系 ①。

## 两种外交

我们的外交才能是不同于其他动物的另一种外交才能。外交就是一种权力，有了这种权力，我们实际上就潜在性地拥有了双重功能。整个权力可以从正反两方面的伦理来思考。我们智力的过适应性赋予我们以强大的权力，于是我们也就拥有了强大的特权或者责任。

动物外交是一种古老的能力，在漫长的人类历史上曾经有过各种用法。在旧石器时代的狩猎技术中，它很有可能用于人类与非人类关系中的人与"馈赠与我们一切的大自然"②的复杂交流关系。在新石器时代，如果我们采用保罗·舍帕德的假设，这种关系就改变了，动物外交不再是一种活跃交

---

① 正如我们上文中提出的，九世纪的神学家拉特兰努（Ratramne de Corbie）写了一篇《犬首人信札》（*Epistola de Cynocephalis*），讨论犬首人是否应该被视为人。这个生动的小故事反映出一个值得重新组织的问题。当我们不再将动物视为构成人类的原始基础，这个神学问题就可能发生反转，从讨论杂合体中的人性，转而讨论人性中的杂合性组成。由于兽人具有动物的先祖性和人与动物的生态关系（也是其存在基础），我们因而承认它的动物性既是构成性的也是贵族性的。我们或许就可以矛盾地借助这一形象来定义什么是人类。

② 关系生态学，见菲利普·戴斯克拉（Philippe Descola），《超越自然与文化》（*Par-delà nature et culture*），巴黎，伽利玛出版社（Gallimard），2005年，p.445。这种提法来自人类学家 N.博德-大卫（N. Bird-David）。

流的方式，而是一种借助其他方式对抗大自然的延长战 [ 舍帕德（Shepard），2013]。

其实我们可以把这种权力工具化，以巩固我们在生物界至高无上的地位或者逆向思考，认为我们拥有这些外交能力不是可以让我们凌驾于对动物的统治之上的特权，而是一种责任，迫使我们实施一种非破坏性的外交，再次援引古老的互惠共生，以此为例设想出今天可以实际运用的共生新形式 ①。

这是一个需要深入分析的哲学分岔路口。在目前的研究状态下，我们由衷地希望选择倾向于责任方面的权力含义，这也是环境保护意识的固有特性。我们应该进一步论证来强化这种选择，尤其是要克服认为进步就是统治大自然的这种承袭了新石器时代的形而上学的阻力。

我们要说明，掌握这种外交权力以便通过其他方式持续人与自然的战争是对我们在生物群落中的地位的一种结构性误解。这种误解假设非人类的生物和人性是两个割裂的、不相干的、互相冲突的主体。但是只要我们意识到上文所说的

---

① 在科学生态学中，我们知道生态互动具有很大的弹性：根据环境的变化，互惠共生关系可以迅速地变为猎食关系，反之亦可。在生物外交手段中，对于似乎与我们有直接冲突的某些物种（猎食关系或者生态竞争关系），我们可以制定目标，把这些互动转变成复杂的互惠共生形式。这一点我们会在本部分第四章"如何与狼互惠共生？"深入分析。

人类的灵长目—狼—乌鸦的进化史，以及在整个生物群落中我们与狼的本地环境史，这种分析就完全站不住脚。这就需要我们接下来从狼食人的历史问题开始转变。此后，我们就会把目前存在的各种实体作为一种狼和人类种群之间的关系的产物。我们不能认为自己与生物是作战的关系，因为我们与其他生物共处于同一个构成关系里。这种方法可以强调关系之间的联系，而不是孤立的人与人的关系，可以让我们理解真正的外交是一门活跃关系的艺术，而不是研究关系之间的战争阴谋的工具外交。

# 狼乃人类所创 <sup></sup>①

## 不存在的"狼"

在狼对畜牧业的实际影响之外，造成了我们与狼的冲突的外交误解之一就是它野兽的表征，也就是说我们对狼的第一层理解就是吃人的狼。在前文提到的人种学误解模型中，我们知道狼难以观察，动物行为学上存在的不足让我们也无法准确地理解它们的生活方式，人类还有一看到狼就联想到狼会吃人的心理创伤，这些都决定性地扩大了狼食人问题的情感广度和媒体传播的力度，逐渐倾向于用狼吃人的主题垄断我们对狼的所有争论，而忽视了更加细致的问题，也就是真正的关键。然而，狼食人问题的强烈程度反映出了我们与大型掠食性动物以及我们与普遍意义上的生物的关系的潜在

---

① 本章由社会科学高等学院的历史学博士、历史认识论专家奥雷利安·格罗（Aurélien Gros）与笔者合著完成。

结构，让我们思考如果能够消除外交误解，我们可以怎样变革自己与野生动物的关系。

我们对狼的争论结构是二元性的：一方面，仍然存在一种几十年来一贯主张狼不袭击人的保护主义论调。面对大众传媒的灭狼论调，更偏向学术但是在保护狼方面投入较少的学者被意识形态上的狼形象所刺伤，也受到了这种论调的误导，感觉自己可以用很少的代价发起一种揭示真相的运动，他们支持狼袭击人的论调[①]：也就是说它曾经袭击过人，也很有可能再次袭人[②]。

然而，狼究竟是袭击人还是不袭击人，这种二元论战的答案既不是肯定也不是否定的。无论在清晰程度还是严谨程度上，它都达不到可以证明真伪的最低条件。如果我们说"凯拉克兽是以马哈为食的"，就会面临类似的情况，因为这句话

---

[①] 关于这一点，见食肉动物学专家 Hans Kruuk 的分析，《猎人与猎物》(Chasseurs et chassés)，巴黎，德拉绍与尼斯特雷出版社(Delachaux et Niestlé)，2005 年。

[②] 从数据的精确性方面来看，后者是更值得相信的，不是因为它的地位如何，而是因为它符合学术领域管理下的举证程序的规范要求：采用一种激烈批评的形式，一种和其他对象进行对照研究的怀疑测试的形式，才能更好地保证论述无论是在独特性还是在公正性上都具有良好的可信度。此外，持这种论断的人也公开了数据的捕捉方法和显示方式，更加体现了这种可信度。关于这一点，见历史学家让-马克·莫里索(Jean-Marc Moriceau)精彩的研究方法，《大灰狼的历史：法国 3000 起袭人事件（15~20 世纪）》[ Histoire du méchant loup : 3000 attaques sur l'homme en France (15ᵉ-20ᵉ siècle) ]，巴黎，法雅出版社(Fayard)，2007 年。

里的两个主词在逻辑上都无法确定。关于狼的这两个论断也是如此：没有一个是真的，因为"狼"这个概念不存在，它并不比"人"这个概念更清晰多少。

## 此狼非彼狼之谜

为了彰显这一现象，我们可以绕个圈子，从"此狼非彼狼"之谜说起。众所周知，美洲印第安人和因纽特人的族群经常与狼打交道，他们认为狼不会攻击人类①。而让－马克·莫里索（Jean-Marc Moriceau）的档案却清晰地记载着法国有大量狼袭击人的案例 [莫里索（Moriceau），2007]。总体看来，欧洲对于狼袭击人的记载要远远多于美洲各地 [梅奇（Mech），1970；TFOW，2002②]。

疑团由此而来：如何理解大西洋此岸的狼食人而彼岸的狼却不食呢？而此岸和彼岸的狼，确是拉丁名为 Canis lupus 的同一物种。

为了释疑解惑，我们暂且假设美洲印第安人的档案有

---

① 尽管有几例袭人事件的记载 [梅奇（Mech），布瓦塔尼（Boitani），2003, p. 302]。

②《对狼的恐惧：狼袭人事件回顾》（*The Fear of Wolf: A Review of Wolf Attacks on Humans*），环境部诺斯克学院（Norsk Institutt for Naturforskning, ministère de l'Environnement），挪威，2002 年，在线阅读地址：www.large-carnivores-lcie.org（法语版在线阅读地址：www.loup.org）。

误：其口述记载缺少可信的来源，或许无法提供反映过去狼群危险性的可靠数据。且不提这一假设体现的认识论种族中心主义色彩，它本身也站不住脚：美洲印第安人的口述有效地记录了北美灰熊、美洲狮等其他野兽的危险性——为何独独缺了狼？那么我们可以得出，如果危险性真实存在，绝对是口述记录中无法遗漏和忽略的重点。一些美洲印第安的传说故事令这个疑团更加扑朔迷离。在阿拉斯加，塔内那印第安族群传说狼曾经也是人，所以人和狼是兄弟。一个故事还建议在森林里走失的人向狼求助找路 [ 奥斯古德（Osgood），1936]。反观《皮埃尔与狼》和《小红帽》的童话故事，同样是"迷失丛林"的主题，但是情况几乎与前者完全反转，此处的危险在印第安传说中也不过就是打个招呼那么简单。

第二个假设再一次落脚到表征的力量。对狼"理论上"应该是正面或者负面角色的论断扭曲了解读数据和组织数据的方式。比如，当我们视狼如兄弟的时候，或许不那么强调其对人类的攻击，而将其解读为本能需求或者个别人渲染的恐惧。而当我们视狼如魔鬼的时候，其袭人的一面也自然会被刻意强调。

这一假设并不足以解释两种完全颠倒的狼形象，但是能够将问题导向这些表征本身的起源。

## 生态关系的产物——表征

我们假设狼的文化表征可能是根据它与人类种群之间的生态关系进行分类的。

路易吉·布瓦塔尼（Luigi Boitani）从历时性和同步的角度，根据人类社会的各种生产方式对狼的不同表征进行分类。他肯定了"在以捕猎和战争为主要生计方式的人类文化中，在历史上的所有阶段和所有地理区位上都有狼的正面形象"，而"牧羊人对狼的印象是负面的，因为狼是他们生计上的主要危害"。最后，以定居的农业为基础的生计方式或许已经催生了"一种狼的正面形象，或者最不济也是一种模糊态度"[布瓦塔尼（Boitani），1995, p. 5]。在粗放式畜牧业经济的民族中，狼十分常见，也是人们憎恨的对象（中世纪和现代的欧洲就是如此）。在捕猎者—采集者社会中，它则以人类的兄弟形象出现，很少和人类争抢猎物，但是它也可以在猎物上与人形成竞争关系，这就导致了人们为了调控狼的压力而对其进行捕猎（阿萨巴斯卡族有杀死小狼崽的惯例）。在幕府时代，当鹿的种群破坏了庄稼，狼就被奉为"伟大的神明"[日语里的"神明"（kami）][梅奇（Mech），布瓦塔尼（Boitani），2003, p. 293]。一些狼因此被食物引诱而去捕杀危害农田的鹿。在很清楚生态系统的重要性的蒙古的畜牧业社会中，狼的形象是模糊的，它是一个强大的精神，属于神灵的生态系统，同时当它袭击牛羊的时候也是惹人发怒的劲敌。人们必须防备它、排斥它、不给它留一点可乘之机，调控它（把小狼崽扔到空中摔死），但是永远都不会让狼灭绝或者憎恨它。归根结底，当有一天牧羊成为了主要的生计活动和生存的必须手段的时候，狼就会从本源上招致人们的憎恨。

狼的表征和现实中的样貌或许与生态结合相关①。这种变化性或许是因为人类行为和狼的行为都具有很大的弹性。狼的表征是一种复杂的生态处境的产物，被翻译和折射到表征和范畴里，表现出的既不是人类的本质（开化者）也不是狼的本质（猎食竞争者和敌人）。我们在一种文化的进化中实际来看待这一现象：瑞典北部的拉普兰人自从改变了生活方式开始饲养驯鹿之后，对狼的态度从尊重转变成了蔑视甚至是斗争 [ 梅奇（Mech）等，2003，p. 305]。我们应该从这个案例中看到亚里士多德学派的学说：动物行为不是包含和穷尽在一种本质里的，即一系列由可互换的个体共有的特殊的本能，

---

① 尼古拉·雷古霍（Nicolas Lescureux）对马其顿的猞猁和熊的表征有精彩的研究，表明了文化表征并不是一成不变的，而是也受到生态数据和动物行为条件的塑造和约束。见尼古拉·雷古霍，《益兽、野蛮与幽灵：对马其顿猎人和牧民的了解与感知：熊、狼、猞猁的特定物种生态影响》( Le bon, la brute et le fantôme. Influence des interactions avec les ours, les loups et les lynx sur les perceptions des chasseurs et des éleveurs de république de Macédoine )，《法森基金会年鉴学报》( Annales de la fondation Fyssen )，第 24 期，2010 年，p.10-27。

也不是由遗传预先设定的。了解一头狼不等于了解所有狼。

物种不是一种本质，而是一种历史性的种群，对不同的形势具有精巧的行为弹性和行为适应性。我们并不了解狼这个整体。就好像在动物行为学家看来，我们无法简单地说人类的动物行为谱就是成为理性动物和政治动物，因此自称了解人类。我们对狼的了解并不比我们对人类的了解多。

在这种框架下，我们需要探讨吃人的狼这种表征。布瓦塔尼已经明确地指出狼的表征可能会根据一个人类种族与生物群落之间的生态关系和社会经济关系的类型而变化。但是这就足够了吗？我们必须把这一论据上升到更激进的层面，才能衍生出这一动物行为生态学问题的外交含义。

这里我们想要证明的假设不仅仅是狼的文化表征是人与生物群落之间的生态关系的产物，而是真正的狼本身，是我们所说的狼这种客观生命形态：拥有特定习惯、文化和行为的狼，是这些关系的产物。

那么我们就要把人与狼之间的关系理解为一种独立于人类和狼的自我之外的历史形势，但是始终将其作为一种使生态构成关系趋同的历史综合机制，并且从这种关系中形成了某种人类和某种狼。

这种假设可以解开大西洋两岸的狼是否袭击人的差异之谜。我们会利用一种环境史的方式来提出这个假设，探讨现代法国乡村居民和狼的关系的生态条件。不是"狼"，而是我们自己通过历史的时间长河中形成的生态关系创造的"我们的狼"。换言之，如果我们的狼呈现出野兽的形象或者被视为野兽，这或许意味着我们与狼建立的关系把它变成了野兽，也就是说吃人的怪物，或者更晚一些，把狼变成了哪怕不是为了捕食也肆意杀戮牲畜的"残忍的"猎食者。

因此，文化主义的构成主义把我们的象征性表征作为对这个世界感知的主要影响，它或许可以这样认为，我们不仅创造了狼这种野兽形象，我们也在现实主义的意义上创造了这个形象，也就是说我们通过改变它的实际行为、生活方式和动物行为谱，通过与生物群落的社会经济关系博弈，把乡下的狼变成了这种形象。

## 我们创造狼的三部曲

在狼学的角度，个体、狼群的变化性和它们的文化层面都十分明确：我们由此想要解释清楚这种动物生命形态的弹性是来自于在生物群落里与周围其他物种的生态关系。在这个前提下，我们人类在动物物种的转型上起到了重要的作用，甚至是最为野生的动物也不例外。我们可以改变它们的行为方式。此处的改变指的不是想要在科学怪人的造人意义上进行"创造"，也不是演绎出一种厌恶人类的责任感，把人类排除在外。通过"创造野兽"的说法，我们想指的是建立了人与狼之间的关系的人类社会、经济和生态操作，这些操作可能会把狼的行为变得像人类顺带批判的那样畸形残暴。我们可以把这些行为分为两类：首先是统治型，吞噬人类；其次是目前的过捕型，被诠释为对毫无还击之力的绵羊进行暴虐残忍的捕猎。

在十五世纪到十九世纪的法国乡村是已经被证实出现过狼食人情况的。此处我们关注的是 1421 年到 1918 年共计 1857 起健康的狼[①]袭击人的案例 [ 莫里索（Moriceau），2007，p.511]。

莫里索的调查提出了一种方法，狼食人的问题要从狼与人类设定的生态、经济、社会和人口条件的关系中来理解。"狼袭击人，对我们来说反映了人类社会的功能运转，也是乡村空间管理的生物指数。"[ 莫里索（Moriceau），2007, p. 17] 作为乡村历史学家，莫里索的调查项目瞄准了人类社会。但是也完全可以轻微地把视线偏转，不再是理解狼对社会的影响（作为原因或者体现），而是理解这些社会的"乡村空间管

---

[①] 我们应该把食人的狼与另外两种也袭击人类并且我们已经统计过的狼区分开来。大部分袭击人的狼都是患有狂犬病的狼。莫里索清点了十五世纪到二十世纪法国狼袭击人的案例，有 50% 的袭击者都是患有狂犬病的狼。挪威环境部的统计显示，十九世纪以来，从全球范围内看，法国这些袭击事件还远不是最多的（TFOW, 2002, p. 2）。其他的狼袭击人的情况有面对入侵、侵犯做出的反应或者被人类赶到走投无路的绝境。因为患有狂犬病的狼的行为和被驱赶的狼的自卫行为有特殊的原因，因此他必须把这两者和他要研究的真正食人的狼区分开来。然而，患有狂犬病的狼袭击人引起的愤怒几乎无处不在，在欧洲，这很有可能产生或者强化想象中被妖魔化的狼形象。

理"选择对狼的行为的影响。换言之，调查数据从人类与非人类之间的构成关系的角度同时证明了乡村社会的历史和狼群社会的历史。

## 欧洲战争的兽性

最初参与创造野兽形象的做法体现在"野兽"现象（现代人提出的称呼，指在时间和空间上整合起来的野兽袭击人类的高峰）与法国及邻近的欧洲各国经历过的战争之间的时间关联上。1596 年到 1600 年，在破坏了欧洲领土长达半个世纪的宗教战争之后，最初的野兽出现在波旁内（Bourbonnais）、布列塔尼（Bretagne）、布雷斯（Bresse）、图赖讷（Touraine）、曼恩（Maine）。在 1691 年到 1695 年间，奥尔良和图赖讷的野兽出现在了路易十四的战争和一次严重的经济危机的背景中。这几件事并非没有联系，这场经济危机也令法兰西王国遭遇了几种最严重的流行病。这种在野兽、战争及其经济影响之间的关联最初表现在对野兽的创造上："在食尸与食人之间的关系"[莫里索（Moriceau），2010, p.66]，也就是一种通过食尸养成了食用人类肉体的习惯。只要人类把战争的尸体就地留下，并不掩埋，成为了留给食腐动物的美餐，一些狼就见风使舵地开始食尸。

人类任由尸体在乡下腐烂的习惯，有人或许会说是"禽兽所为"，但这种行为在人与当时的狼的种群之间创造了一种新的生态关系，可能改变了它们的行为：创造了野兽。习惯了吃人肉或许对它们来说是形成了一种口味，相较于捕猎强壮的有蹄类动物的难度，狼也习惯了人肉这种唾手可得的食物资源。这构成了狼的食人行为以及狼吃人的形象在历史上出现的主要因素。

如果狼的这种形象在其他文化中不存在，那么很有可能是因为狼在这些文化中没有这样的行为或者这种行为极其罕见，因为其他的生态关系也会引发狼的其他习惯。在美洲印第安人的某些文化中，举行葬礼时要在高高的木台上焚烧尸体，或许是为了防止尸体被动物吃掉，进而让动物由食尸演变成食人[1]。从这个角度来看，一些捕猎者—采集者民族与狼的生态关系似乎控制得极好，以至于他们心目中的狼是与"大灰狼"的形象完全相反的正面形象。相较于只看到吞噬的文化，这种与狼合作的从属关系在雅库特诗歌中有着深入的体现：

> 当你去了另一个世界，
> 找一头狼做朋友，
> 因为它知道丛林的规矩。

---

[1] 在狼捕猎牲畜的时候也会发生类似现象。我们发现焚烧动物的尸体会减少狼的捕猎，因为狼如果能够以动物的尸体为食，就很容易继续袭击牲畜 [梅奇（Mech）等，2003, p. 309]。

## 热沃当畜牧业的社会经济分析

热沃当怪兽的例子把食人狼的形象烙印在了法国的文化中。攻击范围之广，程度之凶残，十分惊人，战争结束以后，当代无所事事的新闻媒体对这类事件加以宣传，形成了这段集体创伤的历史。这是外交误解的原始范型，封印了现代法国人狼关系的命运。我们希望从让－马克·莫里索的数据出发，从关系生态学的角度来分析这一事件。

我们已经看到，战争过后，乡村地区的成年男性几乎已经绝迹，热沃当也不例外，这就形成了一种新的社会经济形势。正是乡村的这种人口和社会局面导致后来人们客观地创造了狼的野兽形象：没有了成年男性，放牧的任务就落到了孩子身上，也正是这些牧童更容易受到狼的攻击。这些因素也参与了狼的表征构成，因此，狼的形象也就变得尤为畸形凶残。在 1421 到 1918 年之间统计的 1561 名遭到狼攻击的受害者中，有 1310 位是 20 岁以下的青少年儿童。

此外，统计调查也表明，在遭遇狼袭击的受害者中，看守家畜的人占了绝大部分比例：在统计的 345 个案例中，有 176 例都是牧羊人。我们看到了社会经济条件的因素主导了新一轮"创造野兽"的行为：孱弱的孩子远离分散的住所看守着牛群，牛的体重往往是"年轻牧人的十倍"，牛群的守护者和被守护的牛之间的体型如此不成比例，"为狼提供了完全不同的视角" [ 莫里索（Moriceau），2007, p. 287]。

最后，还要考虑生态地理数据。实际上，这些地区的乡村景观已经极度破碎。调查涉及的时间区间是法国森林退化最严重的时期。中世纪的法国曾经大量开垦农田，在十二世纪经济发展时期又加快了这一进程，破坏了整个法兰西王国领土上的野生动物栖息地。正如在其他历史形势下一样，野生动物的减少和栖息地的破碎毁掉了狼的天然猎物，也就是说让它们忍饥挨饿，或者至少，让狼这种思辨的掠食性动物突然转向一种比日渐稀少的有蹄类动物更加容易捕捉的猎物；这一点也强化了狼的食人行为。

因此，食人的狼是许多因素共同作用的产物：生态破碎，人口过剩减少了野生猎物的数量，儿童工作的普及化，这三点都是造成悲剧的原因①。因此，我们不能把狼集中袭击儿童这一事实视为狼生性残忍的符号，而是反映出了生物群落中的一个关系生态学结构：就像在一个所有元素都相互联系的网络中一样，改变人类种群和生命的关系，就改变了动物的

---

① 如果人类的种族与狼的种群处于类似于热沃当的生态关系中，类似的现象就会出现。印度的北方邦东部记载了一头食人狼在 7 个月中攻击了人类 76 次，平均每 5 天就有一个人死去，最小的受害者 4 个月，最大的 9 岁 [ 贾拉·夏尔马（Jhala, Sharma），1997]。这片印度的北方区域非常贫穷。儿童工作和游荡的时候没有人陪伴。环境已经被破坏了，没有野生动物，牛羊骨瘦如柴。据叙述者称，政府对于损失孩子的补偿非常高，或许也加剧了情况的恶化 [ 梅奇（Mech）等，2003 年，p.303]。

行为。

　　牧牛业经济的扩张、儿童专门负责放牧、狼的天然猎物遭到破坏，这三个因素构成了一种生态关系网，导致了狼食人行为的普及，由此看来，大灰狼的表征不只是一个派生产物。

　　因此，我们可以从此肯定，在人类造成的生态社会学形势下，某些狼袭击一些类似于猎物的人，目标非常具体且相当可控。在欧洲当时畜牧者的社会经济衰退形势下，我们通过实施牧童放牧的农牧业模型，参与创造了热沃当怪兽以及其他野兽。

　　回到我们最初的谜题，在美洲印第安人的土地上和欧洲大陆上狼袭人的比率有所差异就可以通过人与狼之间建立的生态关系的差异来解释。美洲印第安人的民族与狼建立的关系很有可能会抑制这种猎食的可能性。因此，美洲印第安人的狼并不是我们的食人狼。双方的人与狼的关系都早于描述狼的词语的出现。如果关系改变了，词语的本质也就变了：我们不是在表征中，而是在丛林里，创造了一个新型的狼，一个真正的更加主动袭击人类的狼。

## 牧羊业与技术途径

　　我们既然解开了狼袭人比率差异的谜题，就可以开始破解与之关联的另一个现代谜题了：为什么我们的狼频繁攻击牲畜，而在其他国家，狼长时间地绕着羊群打转，往往遇到

了也不攻击 [ 梅奇（Mech）等, p. 308]？例如，在蒙大拿州的弗拉特黑德河（Flathead River）沿岸，一个狼群在这里占地为王，领地里圈进了几处遍地牛羊的牧场。三十年来，它们从未攻击过牲畜。狼群穿过羊群或者绕过它们去猎食驼鹿或者鹿。该怎么解释这种现象呢？

重点不是要知道狼是否攻击绵羊，而是要厘清导致捕猎行为的构成关系。我们已经在过捕的分析中知道驯养通过人工选择形成了一种新型的羊，它们无法抵御狼的攻击，而群体的逃跑行为又加剧了它们的死亡。

我们可以用坠崖的例子再深入挖掘这一分析。当我们在报刊媒体上读到狼的袭击导致几百头牲畜死亡的时候，我们要理解，在大部分情况下，羊群在仓皇逃窜中是会"坠落"山崖的，也就是说它们是从岩石峭壁上坠落而亡的。

确切地说，这几百头跳下山崖的绵羊是被狼杀死的吗？严谨地说，这类惨剧的罪魁祸首是驯化改变过的狼——绵羊动物行为系统。畜牧传统选择了具有逃跑反射的绵羊：面对危机时，逃跑反射使它们像祖先赤羊一样四散到高高的山崖上自保。但是驯化之后的绵羊已经无法冷静下来，它们已经丧失了在悬崖上稳定行动的生物动力学的能力。惊慌失措，腿脚笨拙，挤作一团，被人工选择出来的温顺特性所带来的多重效应把它们成群地推下了山崖。

通过分析生态关系，我们承认了在人类把狼作为唯一凶手的这出戏中，人类也要承担责任，但是这种责任的形式却是模糊的（过去的、遗传的、无法归因）。外交方式的目的就是把所有的责任分配模糊化：当我们身处过去的关系中，就好比两个老牌国家，两个古代民族，我们彼此间的关系有着如此深远而复杂的历史，甚至连责任也不分你我——我们彼此成就了对方，彼此之间有着千丝万缕的联系，只有接受了这一点，才能严肃对待共同栖居的外交计划。

虽然比起祖先赤羊，家养绵羊在面对狼的时候要脆弱得多，但是不同的畜牧类型之间的情况也各不相同。如果主张有可能完全杜绝狼对羊群的捕猎或许也是错误的：虽然有时候很罕见，尽管方式各不相同，但是所有与大型掠食性动物有接触的畜牧业社会都会遭受攻击。我们想要问的是：有没有可能让畜牧业对猎食者的攻击具有可耐受性，也就是说把攻击限制在一个足够小的范围内，不至于对畜牧活动产生威胁？除了防御措施以外，农牧技术途径之间的差异也能够回答这个问题。畜牧实践与狼的存在之间的关系把狼变成了吃羊的狼和对羊不感兴趣的狼。通过分析差异化的地方实践，我们要解开的谜题就清晰起来。通过对比，哪些情况与攻击相关，哪些情况又可以避免攻击呢？

某些农牧空间当前的经济形势在狼袭击羊群的嗜好上起到了主要作用。法瑞德·本汉姆（Farid Benhammou）因而肯定了"畜牧业缺乏改良的劳动力和设备（更多的蓄水池、清理荆棘丛生的荒废地区、修建和翻新供牧人休息的小屋以提高牧人出现的频率）提高了被捕猎攻击的风险"[本汉姆（Benhammou），2007, p. 380]。

牲畜饲养向专业化的系统发展，耗费更少的人力，涉及的耕地越来越少，并且被占用的形式各不相同（为了把羊群集中起来而放弃了一些地区），为狼袭击绵羊提供了有利因素。我们也注意到了在阿尔卑斯山南麓多个地区都出现了"羊的牲畜存栏数增加，而牛则减少"，部分是由于欧洲的补助体系所致[本汉姆（Benhammou），2007, p. 355]。

此外，二十年来，饲养业也面临着国际羊肉市场的竞争带来的结构性危机[里厄托尔（Rieutort），1995]。因为法国人消费的羊肉越来越少，导致这种竞争对绵羊的饲养者来说就越发的艰难。这种千钧一发的局面给饲养业造成了新的压力，以至于"在阿尔卑斯山的旱区（Alpes sèches）、汝拉山区（Jura）甚至是东部比利牛斯省（Pyrénées-Orientales）的部分地方，农业机构出于收益性的考虑，鼓励饲养者放弃看管羊群"[本汉姆（Benhammou），2007, p. 455]。然而，从生态的角度，这种要求最终会为某些狼猎食羊群的行为创造有利条件。在弃耕的大背景下，羊群的规模在扩大，但是看管的人手却在缩减，这种表现在狼袭击事件频发的滨海阿尔卑斯大区（Alpes-Maritimes）的维苏比（Vésubie）尤为明显。此外还有"实行防御措施的技术困难（因为山坡的关系，把

282　羊集中到夜间饲养场很难在本地实现，加上山坡上还有森林植被的覆盖，牧羊犬想要赶羊就更加困难了）"[ 本汉姆（Benhammou），2007, p. 359]。

对地方形势的分析可以解答狼袭击羊的差异性问题。与地形学情况相关的经济条件和饲养实践与狼群建立了一种特别的生态关系并改变了狼群的猎食行为。

如果农牧业实践可以为狼猎食羊群创造有利条件，这就说明这些实践同样也能够为其创造不利条件。实践对关系的影响表现出生态构成关系具有极强的弹性，狼的行为也是如此：那么我们要做的就是改变实践，从而转变关系。在某些情况下，只要很少的付出就可以改变这些关系。埃克兰国家公园和凯拉斯地方自然公园在这方面就非常值得研究。本汉姆的数据表明从生态关系改变的那一刻起，狼的行为会如何改变，也就是说当饲养行为改变了，狼的行为会如何改变：

1999 年遭遇狼群袭击最严重的羊群[位于蒙日高原（le massif des Monges）]后来经历了捕猎的衰退期，到 2002 年狼袭羊的情况几乎已经消失。这个羊群很早就已经配备了三种预防措施（两条牧羊犬、夜间集中圈养和牧羊人助理），此外还在八月放牧的地区修建了牧人小屋和蓄水池[本汉姆（Benhammou），2007, p. 381]。

实施了整套综合的保护措施之后，狼袭击羊的比率有所下降，似乎证实了最优饮食结构理论 [ 史蒂芬（Stephen），科莱博（Krebs），1986] ：猎食者采用的战略是通过选择最有利的物种，在能量收益与获得食物的成本之间达到最优的折中方案。主要猎物的赢利性降低，意味着猎食者的思辨行为频率上升：它会转而去其他地方找寻猎物。许多被采访的饲养者，尤其是和狼群接触过的格里耶尔高原（plateau des Glières）的牧民们确认了自从采用了与自己的牧场相适应的防御措施之后（牧羊人助理、大白熊犬、夜间集中圈养），几年来都没有再受到狼群的攻击了。但是并不是所有地方的问题都这么容易解决。

生态破碎

野生猎物的存在或许减轻了狼对羊群捕猎的压力，这个问题还为解释狼为什么攻击家养的羊群提供了另一个重要因素。

在野生动物数量丰富且身体健康的环境中，狼对家养的羊群的攻击非常弱 [ 梅奇（Mech）等，2003, p. 305]。在生物多样性和整个动物圈已经被人类破坏的环境中，狼群才会主要攻击家养的羊。自从罗马尼亚、波兰和芬兰重新引入野生有蹄类动物的种群之后，狼对羊群的捕猎已经明显减少。

284　　　　但是，这种可能性很大程度导致了景观破碎的状态：可用的栖息地面积减少、彼此隔离和孤立的栖息地增加①。这两个过程直接影响了种群的规模和成活率，对大型有蹄类动物的影响尤其显著，而它们正是狼群最喜欢的食物来源②。

　　除了破碎化这个原因本身，景观生态学研究的边缘效应也可以解释狼在无法维持能量守恒时，会把注意力再次转向驯养的有蹄类动物。边缘地带就是栖息地外围的边缘。这是两个群落生境的中间地带，汇集了两种生态系统的条件（内在栖息地和基质）。随着栖息地碎片规模的缩小和线性交通基础设施的大量增加，边缘地带的面积扩大了。然而，这些区域有利于依赖特殊物种（野生有蹄类动物）的一般物种（狼）。特殊物种为了在一个更加苛刻的环境中生存，对环境的依赖性更强。这就是景观生态学中的边缘效应：生活在一个内部环境中的物种

---

　　① 在景观生态学中，景观被定义为一块异质性的土地，由一整个互动的生态系统构成。这就是高于生态系统的生态体系的组织级别。景观的空间和功能结构由三类实体构成：首先是斑块，它本身就由内部环境和群落交错区或者边界地带组成；其次是廊道，它是线性的景观元素，可以让物种在栖息点之间进行迁移；最后就是基质，是人类占据空间的主要类型，它在景观的生态功能中的作用取决于它对相关物种的接纳程度。只要有物种部分被视为基质，破碎就会存在。见 F. 比雷尔（F. Burel），F. 博德里（ F. Baudry），《景观生态学——概念、方法与应用》（ *Écologie du paysage. Concepts, méthodes et applications* ），巴黎，TEC & DOC 出版社，1999 年。

　　② 见报告《交通基础设施导致的栖息地破碎》（ *Fragmentation de l'habitat due aux infrastructures de transport* ），2000 年，法国国家狩猎及野生动物局（ONCFS）官网可在线阅读。

看到自己的生存领域减少，这会限制其个体数量。

此外，边缘效应增加了狼与家养的羊群之间的接触机会，因为边缘让群落交错区的植被覆盖接触到了基质，后者主要是由和我们相关的高山放牧区组成的。

最后，景观破碎对狼群的规模存在直接影响，进而也影响了捕猎技术。在生态破碎化的空间里，领地变得狭窄，狼群往往比较"简单"（一对繁育者夫妇和一代后代），"复杂"（指多代后代和新加入的狼）的狼群更为罕见。而在一个"简单"的狼群里能够参与捕猎的个体有限，想要成功猎获野生有蹄类动物要冒很大的风险。猎食的压力因此就优先转嫁到了驯养的有蹄类动物身上，因为它们更容易攻击。

此外，猎物的密度太低，导致狼群规模优先，潜在地增加了探狼的数量。我们已经证实了独狼尤其喜欢攻击家养的羊群，因为捕猎难度低。

我们由此看到了人类种族与生物群落的关系通过经济和生态活动改变其他动物的行为需要具备的所有条件。猎食人类，大规模猎食牛羊，不是狼必要且无法避免的本质，而是复杂的环境史的产物。在这个过程中，人类、丛林和动物相互交融，你中有我、我中有你，全部参与其中。

狼是种群、是族系，也是个体，是它们与自己所在的生物群落之间的生态关系的变化效应，既是历史性的也是复杂的。人类是物种也是社会，在它们对生物的行为中并没有比其他生物更多的本质：人类是他们与生物群落的生态关系的一种变化效应，是历史性的也是复杂的。问题的核心不是亚里士多德学派的区别二者不同本质的论调，而是在于生态社会关系的综合机制，我们今后想要研究的正是这些关系的基础。外交不再是一个阵营对抗另一个阵营：如果我们承认外交只是后来才出现的说法，它其实是同一个构成关系的派生产物，那么我们就会把外交变成一门活跃关系本身的艺术。

# 构成关系

　　根据我们的调查显示，我们分离出的生命实体（物种、个体）是由复杂的、长期历史性的生态关系构成的，人类与非人类之间、自然与文化之间不存在对立。我们人类和美洲印第安的狼或者法国狼一样都是生命体，是与其他生物和非生命条件之间的生态关系联结的历史性产物。尤其是与我们相处的这个物种见证了人类诞生并且一直伴随人类走到今天①。我们主张的外交可以从这种观点中吸收全部的意义与特性：与生物真正的外交是一种关系的外交。这就从一个全新的角度诠释了过去的"我们即自然"这种高深莫测的说法，旧文新解。

---

　　① 深海的生物与我们之间的构成关系很少，除非考虑到对地球环境中其他有机体或者对其他生命条件的级联效应。但是如果我们分析到底，甚至是我们现在的生命形态中与生物关系最远的方面也是关系作用的结果。化石能源是机器文明的基础，煤炭、石油、天然气实际上都只是生物（往往是上古的森林）死后埋在地下长达几千万年变成甲烷的产物。

通过关系外交的说法，我们想要阐释的是一种背靠本体论和关系伦理的外交：也就是设想一种世界观，我们是于生物群落的关系中的一种组织，有利于个体的也就有利于关系本身。这是一种调停与和解的外交。

与之相对的是背靠本体论和词语的实体论伦理的词语外交，这种外交主张存在的首先是割裂的事物，人类与狼，野生的与开化的，权利存在与物质存在；需要把从属的整体的福祉（物种、国家、社会阶级）置于关系的福祉之前，关系则并不重要。

为了理解这种对立，我们首先要简单地描绘一下世界地图的根本变化：世界的理念和经验从一种以事物为中心的角度转而以事物之间的关系为中心。

这就构成了我们在生态哲学中所说的关系实在论。它规定在现实中最真实的不是我们通过感知和思想（个体）提取出的词语，而是在个体化进程中构成这些词语的动态关系。词语或者关系者（relata）只是次要的，是关系的派生物。我们发现了这一本体论有的两个非常成功的版本，第一个是吉尔伯特·西蒙东（Gilbert Simondon）与加斯东·巴什拉尔（Gaston Bachelard）合作的版本（关系"具有存在价值"的关系实在论）；第二个是从阿尔讷·奈斯（Arne Naess）一直到 J. 拜尔德·凯里科特（J. Baird Callicott）和 P. 舍帕德（P. Shepard）的生态哲学（主张生态关系先于每个生命体存在的生态关系的关系实在论）。认真看待这种关系实在论可以解决前文提出的外交方式疑难：为什么它不能用其他方法简单地概括为一种对抗大自然的延长战呢？

## 如果我们是关系的纽带而非割裂的阵营，那么外交又是什么？

从历史的角度来看，生态学从源头就是一门关注关系的科学。生态学这个名称的创始人赫克尔（E. Haeckel）这样定义这门新生的科学："我们通过生态学阐释有机体与环境关系的全部科学，从广义上说，包括所有存在的条件。"[ 赫克尔（Haeckel），1866] 我们在现有的教材中几乎能够逐字逐句地找到这条定义。

但是，我们是在哲学中找到了最有启发的表达方式，这种方式对关系表现出了极大的关注，把它列为了存在的级别。哲学家吉尔伯特·西蒙东在他的关系哲学中给我们留下的艰难的思想和想象练习是为了教会每个存在作为关系的纽带进行思考。换言之："这种方法的目的在于把整个真实的关系视为存在的级别。"沿着这条概念的道路，西蒙东得出了他的关系理论中最高深莫测的表达方式："准确地说个体既不是处于和自己的关系中，也不是处于和其他现实的关系中；它是关系的存在，而并非处于关系中的存在，因为关系是激烈的运转，是活动的核心。"[ 西蒙东（Simondon），2005, p. 63]

没有任何存在是处于和其他存在的关系中的，因为这种说法暗示了存在作为词语先于关系出现，而把关系放在了第二位，或者至少我们能够分离出它的关系，单独考虑关系本身。

在思想上极难做到以关系的形式来解读经验，并且忘记把经验解读为割裂事物的整体的物化反射或者将其最小化。对关系的重视就很容易变成一个毫无根据的词，而掩盖了真正的关键：进入关系逻辑主导的活跃思想活动。这种逻辑需要整个本体论研究的支持，而这个领域才由几个哲学家牵头刚刚进入起步阶段 [ 雷迪曼（Ladyman）等，2007 年；凯里科特（Callicott），2010 年 ]，可以为关系的概念以及组成了各种存在类型的关系类型赋予严谨的意义。而我们可以暂且使用一种关系本体论，其主要原则如下：构成一个存在的本质（即失去了这个本质，一个事物就不再成立）是其关系的历史进程：如果这些关系改变了，存在的本质也就改变；如果这些关系消失了，那么存在的本质也就消失或者改变。

对于西蒙东而言，"关系是存在的模态；它与自己确保存在的词语是同步的" [ 西蒙东（Simondon），2005, p. 32]。关系已经确保了存在，但是它并不先于存在出现，也不构成存在本身。舍帕德的生态哲学对进化论思想下的历史性抱有极大的关注，它在这种应用于生态学的理念方向走得更远也更极端：她会假设——当然明显是逻辑悖论——关系是先于词语存在的 [ 舍帕德（Shepard），2013]。在实体论的逻辑中，必须先有事物存在，然后才能处于关系中。但是这种逻辑带来了一种本质主义的理念，掩盖了生命体存在的过程。这种把物种作为逐渐转型的种群的达尔文主义的研究方法可以解开这个悖论，也同样可以回答先有鸡还是先有蛋的问题。

如果我们认真对待变成生态进化的逻辑，关系与词语就不再具有同时性，它要在逻辑上和时间上先于词语：

事物之间的关系不仅是和事物本身同样真实的，而且关系要比事物更加真实——也就是说事物只是综合关系机制的中心，和这个概念表现出来的一样抽象。在当代生物学的视角看来，物种在生态关系中要适应一个生态位。它们与其他有机体（猎食者、猎物和寄生者）之间的关系以及与物理化学条件的关系确实塑造了它们的外部形态、新陈代谢过程，甚至是心理和智力能力。一个样本，在现实中，是在它所属的物种与这个世界共同经历的历史中产生的适应性关系的总和。这个结论让舍帕德肯定了"事物之间的关系也像事物本身一样真实"。一个样本实际上是它所属的物种在环境中的整个适应性关系的历史的结晶。从生态学的角度来看，关系先于相关的事物存在，通过这些关系系统地连接在一起的整体又先于其组成部分存在 [ 凯里科特（Callicott），2010，p. 99]。

一个狼的种群与其潜在猎物的生态关系先于未来种群的特殊形态存在。未来，我们的后代称作狼（Canis lupus）的物种将会是这些关系的历史性产物。例如，今天郊狼与狼的杂交现象部分是由气候变暖引起的种群迁徙带来的，二者杂交产生了一个变种，生物学家找不到合适的称呼，就只能暂且称之为杂交郊狼（coywolf），或许以此为起源，未来会诞生一个新物种。

在当代生态哲学中，多纳托·贝尔甘地和帕特里克·布朗丹（Patrick Blandin）提出"交易者"（transactor）和"交易网"的概念，以便定义联网且内聚的固有实体。这两个概念很有可能指出了未来的生态学中的构成关系本体论研究成果最为丰富的方向①。交易方式得益于一位加拿大护林学者研究的启发，而这位学者本身的灵感来自约翰·杜威（John Dewey）的实用主义哲学知识。他假设在一个生态系统中的关系在词语之间并不是单向的：它们必然是交易性的，也就是说由两种互动元素的本质决定，也受到整体中大部分元素的本质的影响。交易者和交易网的概念是什么意思呢？例如，我们假设在一个生态系统的整体主义和涌现主义方法中，它们作为

---

① 关于这一点的论述，请见下面两篇精彩文献：感谢多纳托·贝尔甘地（Donato Bergandi），《组织级别：进化、生态、交易》（*Niveaux d'organisation: évolution, écologie, transaction*）和帕特里克·布朗丹（Patrick Blandin），《生态系统存在吗？生态的整体与局部》（*L'écosystème existe-t-il? Le tout et la partie en écologie*），收录于蒂里·马丁（Thierry Martin）(éd.)，《自然体系的整体与局部》（*Le Tout et les parties dans les systèmes naturels*），巴黎，维贝尔（Vuibert）出版社，2007年。

一个系统，构成了相对自主的共同进化的内聚性实体，有可能全局性助长自然选择的作用。

但是它们是为了研究关系本体论才可以用在这里。关系是个体存在的构成部分，因为它们构成了各种生命形态（例如狼和鹿）中长期的"共同进化交易"，这种交易反映出系统中存在许多其他元素（鹿的食物、狼的共栖者、寄生者……）。"重要的是"布朗丹具体解释说，"要引入一个理念：共同进化交易会产生具有共同意义的记忆（尤其是遗传记忆）"[马丁（Martin），2007, p. 44]。这些记忆之所以是具有共同意义的，是因为它们回应了现在：它们是紧密交错的。每一头狼流线型的身体里传递的遗传记忆回应了每一头鹿基因中刻印的记忆：在它们身体中保存了被记住的上千年历史，一方记忆中的警惕对应着另一方记忆中的诡计。因此二者谁也不能独自存在，也不能独自产生意义。每一方只有在多元的共同进化的交易网中才会产生意义。既不应该把交易网固化（它具有可塑性，未来无法预测，是一种轨迹），更不应该把个体视为与整体毫无关系的原子而忽视它。它构成了一种平衡的相互依赖性，也是唯一的依赖性。根据西蒙东的说法，在交易网中，每个个体不是单独的自我，也不是全部：它和构成它的、与它一起参与生命交易的对象都是"关系的存在"。

只要我们把各个思想家的所有概念性操作都衔接在一起，这种本体论方法就体现了奥特加·伊·加塞特（Ortega y

294　Gasset）所说的深刻含义："我是我遇见的一切的一部分。"我
是我遇见的一切的一部分，是因为存在首先就是历史产物，
也是一种我们和遇见的他者之间的关系的活动。

　　简而言之，我们从现在开始就有了一种生态构成关系的
本体论（交易关系构成了存在的身份），它具有一种生态进化
的历史性（这些关系通过改变生命形态而发生变化，它们在
短期内是相对稳定的，但是从长期来看，对物种的深刻身份
是具有决定性的），以一种关系实在论为基础（存在不是关系
中的存在，而是关系的存在）[1]。

## 最适关系者生存

　　生态关系的本体论可以让我们从另一个角度来理解达尔
文进化论先验模型中适者生存（the survival of the fittest）的基
本主题。除了这个源自斯宾塞（Spencer）的说法之外（达尔
文只是后来借用了他的说法而已），它的重言结构也被多次引
用 [ 吉列 - 艾斯屈雷（Guille-Escuret），2014]：最适合的生存，

---

　　[1] 我们在另一个生态哲学家的研究中找到了一个类似的理论定
位，形式是内在关系或者本质关系。很有可能是阿尔讷·奈斯在自己
的思想中继承了费什特（Fichte）和布莱德雷（Bradley）的唯心主义
学说。深层生态学的第一点就是"整个视野的关系形象。有机体是网
络或者生物圈领域中的纽带，每个存在都和他者维持着本质的关系。
在 A 和 B 两个事物之间的本质关系是属于定义的关系或者属于 A 和 B
基础构造的关系，因此如果没有了这种关系，A 和 B 就不再是原来的
事物"（Naess, 1974）。

但是怎么才能知道这是最适合的呢？因为它生存下来了。

形而上学和哲学人类学最重要的理论之一却用这样一个意义空洞、形式通俗的词就被简单概括了，给意识形态的诠释留下了很大的空间。其中一种诠释很显然就是用变形的力量概念暗暗地偷换了游移不定的"适者"含义：适者生存就是"最强者生存"，这个最持久也是最古老的主题想要趁机抓住适者生存这一空洞的表达形式。根据二十世纪意识形态的变化，最强的这个概念变成了最有效的，继而是性能最好的，然后就是最具适应性的（新自由主义的灵活性）。这种表征很有可能几乎对理论生物学的发展没有任何影响[①]；但是它在我们对生物的集体表征中起到了巨大的作用，后者是我们宇宙观（我们对自然的定义）和人类学（我们对大写的"人"的定义）的基础：例如，具体说来，人就会是这样的物种——通过系统化对弱者的关怀，作为更强的生存者从对自然的统治中解放出来。这就会是他的闪光点，是与自然的与非人性相对的人性的标志（从什么时候起，一个物种的名称已经变成了一种本质的道德价值观了？）及其上天选民的标志。

显而易见，为了阻止任何意识形态的进步主义，最细致

---

[①] 虽然对"竞争"一词的选择是为了形容占据同样生态位的物种之间的生态关系，是梅纳德·史密斯（Maynard Smith）的"进化性稳定的战略"理念，但是它却很有可能清除这些隐喻带来的认识论障碍。

的评论家补充说明这是一种根据环境的偶然参量的变化而决定的适者生存。在台希耶（Teissier）和雷力提耶（L'Héritier）曾经做过的象征性的惊人实验中，他们改变了环境，在一个苍蝇种群的笼子里通风，翅膀还没有飞行功能的苍蝇就变得更加适应，也就是说生存的性能更好，一直到性成熟和繁殖期，苍蝇可以飞的时候［康吉莱姆（Canguilhem），2009］。这种相对性没有重新质疑能力作为对繁殖资源竞争中的性能表现的深刻含义。适者（fitness）概念作为定性选择的价值出现，在综合的进化论中被定义为性成熟的后代的平均数，当然改善了这一概念在实地描述性研究中的操作性，但是没有从哲学角度给出更加有成果的符号学内容。

这是因为这种方法的生态学作用不够，因为它忽视了当下互动的多样性和生态位的构成效应，只关注某一时刻两个变种和一种能力之间的贫乏互动。只要我们提一个问题：在实际情况下，在一个变种和与之互动的整个生物界以及非生命的生存条件的多样关系中，它对种内竞争具有怎样的选择价值？问题就会是另一种样子了。在很多重意义上达尔文都堪称生态学的鼻祖，但是首先是从深层意义上来说，因为他预兆了生态学与进化论的结合：强调了生态关系的多重性是自然选择的作用要点。

这个角度曾经有一部分被掩盖，很可能是因为研究方法出现了认识论错位：当我们从达尔文主义的归纳调和（把几百个例子和实证规则连接成网络，以此来制定法则）过渡到进化论生物学的实验科学模型的时候，就不再可能量化所有的互动：因为实验的方法已经统治了整个研究领域，实验要求的系统是封闭且简单的，我们只能观察到两个竞争物种和一种食物来源之间的关系（这是高斯的实验）或者两个参数：例如，在另一个著名的研究竞争排斥的实验中，比较的是硅藻纲的两个物种，硅酸盐的比率和磷酸盐的比率以可控的方法变化。表现出的性能是根据一个或者两个非生物的参数差别性地生存并且繁殖，没有涉及任何一点变种能力的本质。

但是从最初的达尔文主义角度，适者生存的另一个名字——生存竞争——并不是直接指表现性能：达尔文在文中指出过，其中关键在于依赖性，是"一个个体对另一个个体的依赖性"以及对非生命条件的依赖性："我们说起在沙漠边上的一株植物为了生存与干旱抗争，那么用更加恰当的表述方式就应该说它依赖湿度"[达尔文（Darwin），2009, p. 343-344]。这种对其他物种和非生命条件的依赖性相比之前替代它的同属变种之间的竞争具有更加丰富的多元性。同属竞争不应该用拟人化的字眼诠释成直接竞争（冲突、斗争、致死、一方掠夺了另一方的资源）：它们是否处于竞争状态，取决于它们与周围的生物群落中的其他部分之间多样性的关系质量如何。

这个突破口把性能重新设定成了依赖性，并且预示了科学性和政治性的生态学中相互依赖性的主题应该具有双重性，一方面是批评种内竞争概念的拟人化使用，另一方面是要对"适者指什么"的问题提供一个可行的解决方案。

至于种内竞争，有一种教学偏差对进化的理解造成了严重的后果。为了让变化——选择的专业说法更容易理解，生物学家往往不得不这么讲故事——能带来适应优势的变化只会出现在一代身上，这就等于抛弃了达尔文主义的关键点：我们是处于种群这个级别中的，而不是个体自成一派。他们会举出两个个体的变种的例子，一个生来就具有优势变异，另外一个不具备，前者在存活的时间内以及冲突模式上都要优于后者，这样的教学解读，其教学动机比内容偏差得更远。实际上，带有变异的个体载体本质上并不是处于人类所说的竞争关系中的；恰恰相反，它们完全可以形成利他关系、冷漠关系甚至是在整个生命中都毫无接触的关系：这是在种群级别中长期发展的过程，一个变体种群会占据主导地位，没有任何冲突，就是通过代代更迭和分化的繁殖进行的。但是变体种群是个抽象的实体，它们只能让我们更容易理解什么是进化流，而不是有可能在参与严格意义上的竞争的严格意义上的实体。

说到底，哪怕是在种群级别，变种之间也不存在严格意义上的竞争，因为它们真正的差别在于差异性繁殖：不具有优势变异的群体并不会被其他有优势变异的群体战胜而死，而只是单纯地繁殖略少一些；在同一代中，这种差别甚至完全感觉不到。它们之间不会出现谁打败了谁，也不会竞争同一类资源，更不会与其他变种进行生存性的斗争。在这个问题上存在一个主要的生态逆曲解，把猎食关系变成了进化力量的集体无意识的原型，表现为无情的冲突和生存竞争。甚至对猎物种群来说，真实的生态猎食在某些方面也算是一种复杂且正面的关系；但是上述曲解中说到的猎食甚至都不是真正的生态猎食，而是阴魂不散的拟人论，把捕猎视为个体之间为了自己的生存而进行的无规范也无怜悯的斗争：吃或者被吃。从这种根深蒂固的无意识的先验模型扭曲了对进化力量的理解，而我们也是从这种力量中诞生的。

于是问题就回到了生存竞争的隐喻，它在长期范围内和变种的种群级别是有一定可靠性的，但是它对每个个体的作用就好像每个单独的生命都是一场真实发生过的斗争和竞争一样。这或许向错误的目标迈出了一大步——把一个错误的意识形态形象作为生物的一种表征：每一个个体生命既不能被视为与同属变种的斗争，也不能被视为对猎物或猎食者的斗争①。

直接的个体竞争并不是完全不存在，尤其是在某些植物

---

① 我们在拉马尔山谷连续几小时观察狼、北美野牛、驼鹿、北美灰熊、乌鸦和郊狼之间的互动，猎物会持续漫不经心地与猎食者接触，同一个猎物尸体旁边的敌对双方从容不迫地温和对峙，似乎除了罕见的激烈冲突和致死搏斗以外——生活的主调应该是冷的（chill）——chill 这个英语词没有对应的法语表述——但是形成了一种集体的缓和与松弛。

门或细菌门中，但是它不等同于生命本身。进化区别是发生在另一个层面上的，更多地出现在长期差异性繁殖中，而不是直接冲突引起的严格的生存分化。无论在何种情况下，意识形态的表征都远远地超过了关系的生态进化事实。

我们重新质疑的不是生态竞争（因为它存在于生态位相近的物种之间的种群级别），而是把生物的个体生命作为一种真实发生的更好与更差之间的竞争、生存主义的斗争、统治的冲突、成王败寇。斯宾塞就是在这一点上从哲学的自由主义和维多利亚时代的政治上改变并且利用了达尔文学说，而后者的功能首先是描述性的、自然主义的。

我们回到对"适者生存"的批判。如果思考构成一个物种的生态关系的多样性如此的困难，我们要如何确定构成自然选择基础的能力差异究竟有什么样的真实意义呢？

恐狼（Canis dirus），顾名思义，指"可怕的狼"。它灭绝了，而狼（Canis lupus）却存活了下来。相比之下狼个头更小，力量更弱，对大型猎物也并没有多少天然的武器，但是一眨眼它们在美洲已经生活了大约一万年，这是一个反映出适者生存里的适者与最强者没有任何关系的贴切象征。

洛特卡－沃尔泰拉（Lotka-Volterra）方程表明 [ 洛特卡（Lotka），1925；沃尔泰拉（Volterra），1926]，如果猎食者略微地提高捕猎收益就可能导致猎物的灭绝，进而可能会导致已知空间内猎食者的灭绝。一群已经灭绝的动物优秀而强大，堪称狩猎机器，或许应该会让人联想起进化的意识形态表征。我们仍然把适者的"适"想象成一种满足基本需求的性能或者工具性的有效性。工具性的有效性不是一个恰当的标准，它太过于拟人化了。当然，在两个变种就一个外部参数的抽象比较中，某一个时刻最有效的就是本地最适应的。

然而，我们要提出这个问题，就必须把个体所处的整个生态关系包含在适应的概念里。在这个层面上，就能假设在它所处的整个生物群落中，关系最融洽的物种会存活下来，这个生物群落包括了各个年龄的同类、异性伴侣、猎物、共栖者、猎食者、寄生者，以及非生命条件——确切地说是因为它和这些元素都保持着复杂且亚稳定的生态平衡。如果再次借用布朗丹和贝尔甘地的术语来描述，那么它就是多样的交易促成的最可行的共同进化。

这个现象还需要考虑生态位构成的问题：一个非常出色的猎食者可能会构成一种特殊的生态位，即吃光了领土上的所有猎物，什么潜在猎物也没给后代留下。如此一来，它与自己所处的环境的关系就无以为继。从捕猎的角度，瞬间来看，相较于捕猎能力更弱的同类，它是最优秀的猎手；但是实际的捕猎是需要可持续性的，从这个角度来看，它的适应性就很弱：它不是关系最融洽的。我们需要借助创造性选择的概念来了解这一假设。

洛伦兹提出的创造性选择这一概念指的是承认每个变种

在融入多元化的生物群落的时候都始终要面临各种选择的压力，甚至是彼此矛盾的压力。我们在前文中已经看到的家畜就是丧失了创造性选择的典型例子：过度驯化就是人类为了满足自己的使用需要仅以一到两个标准进行筛选的超级选择。与此相反，野生动物面临的压力更加多样化，我们应该把它们的表现型视为进化为了组成异质性的生命存在而给出的接近最优的建议。这种组合同步地把它和与它有关系的所有参数联系在了一起：它的存在就是这些关系的过程性纽带。这种表现型应该被视为一种生态综合性的新兴创造 [ 布朗丹（Blandin）和拉莫特（Lamotte），1988]，呈现出一种对多种选择压力交错作用的可行的解决方案。

以唯一标准（猎食、繁殖、照顾幼崽）来衡量，能力就是一种性能；但是只要生命有一种对多样化的生物与非生物伙伴的依赖性，那么通过隐秘且稳固的不规则联系与每个个体以及整体关系相处得最好的物种就能够产生差异性繁殖。

我们的问题在此又回到了如何确定生态学对进化的作用。

应该从深层改变我们对进化载体的哲学理解，在科学生态学的启发下，从以性能角度思考的适者生存理念转变成了最适关系者生存的理念。

谁是最适应者？我们提出的观点是，最适应者指的或许是构成了最佳关系和最佳交易的变种，它们在复杂的生态关系网中融入得最好（互惠共生、共栖、助长、可持续猎食）。

这些变种与猎物的永续性关系最为和谐，与对手相处得最为融洽，与互惠共生者的关系最为慷慨，与寄生者的关系最为和平，对宿主的破坏性最小，对促进者最为尊重；这就是能够"生存"下来的变种，也就是拥有最佳的差异性繁殖的变种。应该提出一个扩展的关于健康的概念，专门指在每种生态互动的对比中互相获益最多的对象。前提是对一个种群来说，竞争排斥、猎物的灭绝或者寄生者不是其最佳选择。能统治所有狼的变种鹿如果大肆繁殖，有可能破坏自己赖以生存的森林，因而毁掉了自己的后代；一贯在捕猎中过度猎杀鹿的变种狼有可能吃光了所有猎物，于是也不会有后代留下。

简·派卡德[1]在她对狼之间的互动的动物行为学分析中表示，亲代与子代的行为会共同进化。但是在所有行为中也都存在共同进化：对狼群里其他成员的行为（一个统治者为了彰显权威总是咬伤同伴或许会减弱狼群的捕猎潜力，进而也减少了小狼崽的食物）、炫耀行为、捕猎行为和逃跑行为；因此，它们没有产生差异性繁殖，而是选择以最和谐的方式构成了这些矛盾的指令。所有的行为在一种复杂的创造性选择

---

[1] 简·派卡德（J.Packard），《狼的繁殖、社会和智力行为》（*Wolf Behavior: Reproductive, Social and Intelligent*），收录于 L.D. 梅奇（L. D. Mech），L. 布瓦塔尼（L. Boitani），《狼：行为、生态与保护》（*Wolves: Behavior, Ecology and Conservation*），芝加哥，芝加哥大学出版社（The University of Chicago Press），2003 年，p. 52。

304　中共同进化，关系相处得最融洽的变种能够生存。从最暴力、最蛮横、最适合统治他者或者环境的共同进化中脱颖而出的未必有利于生存，因为问题不是如何统治，而是如何在周围的群体和生物群落的复杂组织中如鱼得水。统治环境的说法是专制的形而上学对达尔文主义生态学的一种解读。它认为与自然的关系就是一种古老的由怨恨驱使的入侵——防御姿态。假设一个动物应该为了提高适应性而统治环境，这是什么意思呢？

　　这一点阐明了对环境的统治完全不是进化的胜利：无论是狼统治了鹿，还是鹿统治了狼，都会导致两败俱伤，用利奥波德的说法，也会导致山的毁灭。从地方层面来看（因为我们只能通过准确区别不同的层面才能讨论生物的标准化），关系相处得最融洽的就能够生存：既不是统治者也不是最独立者，而是利用互惠共生的关系获得自由的生物。

　　在稳定时期，构成关系最健康、最可持续的变种能够生存；当环境变化时，有能力建立全新的健康的构成关系的变种能够生存。这就是我们要具体阐述并且证明的技术，或许存在一种看得见的生态和谐。如果每个变种和很多其他变种多样化的共同进化比固定任务中的表现更重要，如果共同进化通过独特的适应性优势主导了进化，那么在同一个种群中，有的变种能够生存而有的不能，这是因为可以生存的变种与同类和整个生物群落的构成关系最健康，彼此都稳定且充满生机。

进化就变成了那些在可持续的弹性关系中充当最佳的联系纽带的生物能够生存[1]。

生态科学的进步要求我们改变对生物物种的定义，尤其是对人的定义，作为与生物群落的关系中占次要地位的独立词语：实际上与生物群落的历史关系造就了我们今天认识的生命形态，也包括人类（Homo sapiens）。这些关系不是次要的，对今天的植物、动物和人类的种群都具有重要的构成作用。破坏构成我们的这些关系就等于破坏我们自己。

## 他者如何构成了我们

如果构成我们的是我们的历史关系和生命关系，就很难做到像经典外交范式中把各个国家对立起来一样区分出当下的阵营。如果我们认为关系比关系者更加真实，进而重新定义什么是经验，这就意味着要颠覆我们共同的道德概念。因

---

[1] 在粗糙的进化表征中，竞争的作用被扩大了，从两个变种之间在种群层面的长期差异性繁殖（我们已经看到了，这不是真正的竞争）扩展到绝对的竞争，生物群落里一切对抗一切的战争。在这种误解的基础上，种间竞争的概念又补充了新的内容：在生态位重叠的情况下，确实存在种间的种群竞争，但是这种竞争往往被解读成一个物种对另一个的灭绝。意识形态将这种竞争肯定为进步和对残酷大自然的解放，对环境的战争，对自然约束的胜利，而更不应该把我们对人与生物群落之间的关系本质地理解成一种我们统治生物群落的关系。冲突中的性能表现并不是一个变种被选择与否的标准：与生物群落和群落生境（资源没有枯竭、激活其生命力、食物链效应、诱导效应、积极的可持续互动）的关系的质量才是标准。

为我们对道德的传统定义的基本问题是根据一种世界的实体论概念提出的。何为关系伦理？我们假设，提出关系伦理就是创造动物外交的实践过程中的一个决定性姿态，它让我们跨过了外交的难题：把外交作为以其他方式对抗大自然的延长战。它还引导我们思考在充满冲突的地球上与其他物种共同栖居的行动目标：互惠共生。

## 外交伦理

在不同的实体关系中如何分辨善恶是一个古老的道德问题。例如，他者必须在本质上就是其他的，这样才能让"像爱我自己一样爱我的同类"的要求变成一道命令，而不是一个显而易见的事实。首先要假设在当下的不同存在之间有物化的极端隔离，这样才能把道德构筑成我和他者①之间的特殊语言。但是让我们试想一秒钟，如果这种本体论的走向、这幅世界的底层结构图就是错的：在我和另一个他者，很多他者，大部分他者的构成关系之外没有自我。在这种条件下，道德又是什么？它会变成一种关系伦理。一种可以作为外交的关系动物行为学——伦理学。

---

① 相反，游牧文化中的热情好客并不是一个道德命令，而是一种伦理意愿，因为无论是昨天还是明天，走进我帐篷的又累又渴的外来者并不是与我本人不同的他者。

人道主义的道学家奉行割裂实体和独立实体的本体论，对维护人类以外的他者的观点总是发出同样的反对声音：你们偏袒动物而不是人类，偏袒狼而不是牧羊人，偏袒鲸鱼而不是日本收入微薄的渔民；你们这样做就是反人道主义。这种理论隐含的缺点就是它没有以人性的实体论的定义为基础，后者在本质上与分离主义是完全不同的：分离主义的定义甚至都没有明确人性的本质，偏离了人性与他接触的其他生物的构成关系、生态关系和进化关系。因此实体人道主义并没有组织好这个问题：构成关系伦理的承载者秘密地活在另一个世界，在另一幅世界地图上。它朴素地提问：如果我们更看重词语之间的关系而不是两个词语中的某一个，会发生什么？如果我们研究构成关系，是为了让它变得更好，会发生什么？我们可以想象一条关系伦理的信条——它会是这样的：凡有利于构成关系者皆有利于词语。对于每一个词语都有利。如果语气更强烈的话，甚至可以这样说：凡有利于每个词语者就必先有利于关系 ①。如果你厚此薄彼，就会给所有对象造

---

① 艾米丽·阿什（Émilie Hache）在其"留出位置"的理念中用有益的方式迂回地提出了一个类似的观点："它们的一个共同特征［集体实践］就是它们不要求相关的人选择什么对它们有益，什么对他者有益，也不用选择什么对它们个体有益，什么对它们集体有益［……］有益于消费者或者合作生产者的或许也有益于生产者，也有益于相关的土地、动物或者植物"，摘自《我们的坚持》（Ce à quoi nous tenons），巴黎，发现出版社（La Découverte），2011 年，p. 205。

成一种不平等、冲突，进而造成所有对象的基层压力。哪怕其中一个个体具有绝对至高无上的地位也不行。任何条件，如果仅仅有利于一个割裂的实体而不利于其与他者的构成关系，就不是真的对它有利[①]。在真正的外交中，在本体论上更为突出的是关系，而我们所说的"自我"是我们感受到的自我，事实上只是我们与他者之间的关系的附带作用。

### 继续战争还是活跃关系

那么从现在开始我们就需要解决本项研究上游出现的一个谜题：在人与生物的外交中如何分辨出什么时候外交只是借助其他手段的延长战，什么时候它又回到了为关系服务的真正外交了呢？为了解开这个谜题，我们需要用到本体论和关系伦理。

外交一直以来都是一个地缘政治和共同栖居的问题。它主要的工具就是对最遥远的、最陌生的、最私密的事物，做到理解其怪异之处、将其磨碎捣烂最后翻译出来，以获取他者的道德习俗、基本面貌、存在方式。因为一个奇异吸引子产生的诸多曲线总是有某些部分平行，一个曲线总是有某些部分相似，但是又在其他部分具有无限的差异。但是这些动

---

[①] 我们可以具体地假设不利于关系的就不利于词语吗？这是更深刻的元伦理学家要做的研究了，本文中的指南作用到此就足够了。

物行为哲学的"多头"的理解方法在直接正面行动的新石器时代传统中却被用在某种外交概念上。在人类之间的地缘政治和动物之间的地缘政治中，这些方法都曾经用于外交，作为借助其他方法的延长战（陷阱、毒药、物种灭绝也需要具备动物行为哲学的能力）。这实际上就是在一种主张词语的根本存在先于关系存在的形而上学的地图上展开外交。词语在本体论和时间顺序上都先于关系存在，于是，伦理问题就成了一个词语对另一个词语的对抗。外交家似乎就是要为了代表自己国家的词语而战斗，对抗代表其他国家的词语——这确实就是使馆的大部分外交家的日常工作。

如果这个意义上的动物外交在承袭了新石器时代形而上学的历史上无处不在，变成了人类借助其他方式对抗大自然的延长战：对动物行为的诠释性理解可以认为捕猎和采集与主导环境构成了交换关系，同样也可以施行灭绝手段、调节手段和超越控制。生物猎食者在农业上的大量使用就是一个例子。20世纪五六十年代的"除四害"运动，人们欢天喜地地灭杀麻雀，就是因为对动物在其周围世界的特殊行为方向知之甚少，而这个周围世界是完全处于动物的掌控之中的。

在这方面，博物学家、画家内斯特·汤普森·塞顿（Ernest

Thompson Seton）<sup>①</sup> 就是一个非常突出的例子。

　　然而，外交作为延长战就标志着它开始超越这一阶段，因为伦理是技术的延伸。透彻了解要管理的事物才带来相应的价值。我们在任何一个真正的手工艺人身上都能看到尊重材料和"搞砸了工作"的道德区别。知识和技能并不会一直完好无损：它需要对我们理解的行为表示尊重、专注和理解。

　　由此，虽然有些人在能力上并不区分战争外交和关系外交，就像塞顿描写的那样，但是外交技术技能就不存在道德中立了，因为它们在动物行为学和生态学的意识中构成了指向关系外交的形式。一群化身为保育人士的猎人就阐明了这一点，E.T. 塞顿和阿尔多·利奥波德就是其中的典型。

　　通往战争外交的道路是一条哲学和实践上的死胡同。如果我们往下看到形而上学的底层结构，问题更明显了。人类与自然的冲突关系就是一种实体论的形而上学：人类相信自己从生物群落中脱颖而出是为了对抗其他生物的，就像对抗各自分离且固定的物质一样。但是，这种对人类与象征自然的生物群落关系的二元论概念是过时且有害的。我们现在面

　　① 见一头叫洛波（Lobo）的狼围猎的自传故事，收录于厄内斯特·汤普森·塞顿（Ernest Thompson Seton），《我所知的野生动物（1898）》[*Wild Animals I have known* (1898) ]，费尔福德（Fairford），回声书店（Echo Library），2006 年。又见以这部精彩的传记改编的漫画，谷口治郎（J. Taniguchi, Imaizumi），塞顿（Seton），卷 1 :《狼王洛波》（*Lobo, le roi des loups*），Kana，2006 年。

临的生态危机就是这种危害最直观的表现。

那么它就是要反对外交的融洽性，就像在"相处融洽"的说法中，我们可以把反面概括为一种不融洽的外交。不融洽的外交目的在于通过控制他者身上最大的弱点使其无能为力，进而达到统治它们的目的。整个西方的科学技术解放建立在统治性的共同栖居模式上，目的是与自然不融洽地共同生活。在二十世纪，这就是"绿色革命"掩盖的真正名字——而我们只看到了它带来的极致舒适享受。在被编码为冲突和资源开采的自然的关系中，如果不承认以胜利为目的的外交手段的具体的优势，就是一种智力上的虚伪。这种关系带来的影响是惊人和舒适的。杀虫剂的范式案例就很能说明问题：它们曾经是农民的救星，减少了大量的工作、烦恼和注意力，农民们再也不用像过去一样总是要花时间对付同样的害虫。哪怕是一个立场坚定的生态学家，当他发现有机精油中一再生出的些许蚜虫不断地出现在盘子里，也会忍不住想要好好地喷一记杀虫剂，或许蚜虫就不会再出现了，情况就会大不相同。就是这个问题：不再出现。解决一个问题，从此一劳永逸。这是巨大的诱惑。灭绝了狼就永久性地解决了畜牧业的问题。从这个角度来看，就像杀虫剂一样，最环保的方法似乎就是退化到催化了舒适动力的技术进步以前：这种退步甚至也是与世界的逻辑相悖的。 寻找暂时的本地解决方案、不断地细化再细化外交手段需要花费时间、功夫和智慧，所有这些对我们来说都是有限的。但是如果想要一劳永逸地解决问题，杀虫剂已经向我们表明了这样做会带来怎样的悲剧性后果：生态问题、公共健康问题、哲学问题。想要一劳永逸是一种长期的坏习惯；它会把我们与生物的关系概念概括成实质性的，而不是关系性的，而我们寻求的也就不是"融洽相处"，而是（非系统的、短期的）技术化的相处，通过切断深层关系的方式简化了工作。融洽相处的特征是生态敏感性：对生物界波动的复杂交织敏感，对其混杂着各种意义与互动的宇宙敏感。这是一种我们似乎已经遗忘了的古老的生态融洽性，只要我们把馈赠资源的环境视为大自然，把大自然视为材料，我们就再次把自己封闭在了自恋的人类主义牢笼中，失去了接触动植物群落生命大政治的机会。我们今天需要用科学知识和艺术的召唤力量重新创造这种古老的融洽性，以实现与我们身边以及我们身上的生物协同的共同栖居。

为了充分了解动物外交，它必须建立在人类与生物群落之间的关系概念上，把这种关系视为人类与野生自然界的战争是一种谬误，因为无论是在生存还是在更加高尚的生活层面，我们与生物群落其他部分的关系才让我们成为了人类。

## 威金森—皮克特悖论

流行病学专家威金森（Wilkinson）和皮克特（Pickett）的数据为这种人与人之间的外交现象提供了决定性的例证，

总的来说，他们主张在一个已知社会中，他者的贫穷会降低富人的生活质量[威金森（Wilkinson），皮克特（Pickett），2013]。

他们表示，如果都保持同样的平均收入，那么受到不平等待遇的人群显然比公平待遇下的人群更痛苦。他们特别指出不平等影响的不仅仅是被统治阶级：在不平等的社会中，甚至是统治阶级（此处指的是最富有的人）的身体健康也变得更加脆弱。他们承受更大的压力、暴力、怀疑，当环境变得更加不平等时，他们的健康状况会客观地有所下滑。不平等现象的加剧会在几年的区间中产生对社会和卫生的有害影响，这一点在统计数据上十分显著。两位学者由此得出了这两种现象之间的因果关系。威金森和皮克特认为，不平等之所以会产生这样的作用，是因为它以问题为中心产生了暴力，也拉开了社会地位的差距，导致了所有人的不安，其中也包括富人。

威金森和皮克特结论的实证价值在于他们使用的数据的可量化的特征：数字财富。生活质量这个层面是很难或者几乎无法量化的，但是我们可以假设它会按照这个发现的方向发展。经济平等只是一种关系的量化形式。关系的构成属性则比词语（每个人的财富）更值得重视。我们可以通过假设把这种推理方式扩展到更大的层面，超越简单的收入或者遗产平等：批判统治的广义危害又要回到重视每个个体与整体

314　之间的关系上，而不是在词语之间排孰优孰劣。

我把威金森—皮克特悖论[①]称为所有真正的外交官的"推论素"：在一个关系中，甚至是统治者也会受到统治的影响。统治对于被统治者来说越霸权、越有害，统治者也就越痛苦。减少统治对统治者和被统治者双方的生活质量都会有切实的提高。

这就是关系外交家的预测。在他的世界地图上，关系先于词语存在并且参与词语的构成。历史上也有很多重要人物，我们在他们身上看不到权力关系：有些外交家没有致力于延续战争，通过对他者的理解为自己谋求利益，而是做出了有利于关系本身的选择。他们的工作得不到理解，也很少有人能看见，他们是这个领域的先驱：尼尔森·曼德拉（Nelson Mandela）、甘地（Gandhi）、卡韦萨·德·巴卡（Cabeza de Vaca）、约翰·费尔·兰姆·迪尔（John Fire Lame Deer），还有千千万万的人；我们也为面向生物界的其他部分的狼人外交家建立了一个肖像长廊。

对外交的这种理解不要求妥协，因为整个利益的道德领域都改变了。被视为妥协的外交建立在词语的本体图上：在

---

① 见威金森（R. Wilkinson）、皮克特（K. Pickett），《为何平等是所有人的更优选项》（*Pourquoi l'égalité est meilleure pour tous*），巴黎，清晨 - 维布伦出版社（Les Petits Matins - Institut Veblen），2013 年。

各方利益之间存在妥协。我们讨论的关系外交，作为一种动物外交，是不存在让步的：它在关系的利益方面不做出妥协。关系的利益高于一切，只用词语思考的两个阵营有可能会相互敌对。

狼人外交家当然是人类，他也属于一个阵营，但是他不会试图借助其他方法打赢战争，也没有像道学家幻想的那样背叛自己的阵营，在道学家眼里，只要保护动物权利的人都是反人道主义的。他清楚这场声称要把人类团结在统治自然的大旗下的原始战争一直以来都是一场内战。他发现只有互惠共生的谈判才能为自己带来持久的裨益。

外交就是相对于词语伦理的关系伦理的名称：外交从本体论上关注存在之间的关系，它超越了现代人对一切非切割词语的事物的注意力盲点，首先关注的就是关系。向一种定义了关系伦理的关系本体论过渡就是狼人外交或者动物外交的技术名称。这种关系本体论的实践必然会导致全观主义：一些群体对另一些群体的视角会对所视群体的身份产生影响，进而影响了互动的本质和构成关系的形式。

## 人类与野生动物冲突的外交途径

使用了各种外交手段的案例已经证明了关系的成功。肯尼亚图尔卡纳湖地区的非洲象受到了国家公园和禁止象牙贸易政策（1989）的一定保护，与人类民族产生了冲突，因为人口急剧增长，精耕细作的力度加大，需要占用的土地增加。面对这种人与动物之间的冲突，生物学家弗里茨·沃拉斯（Fritz Vollrath）及随后加入其研究的学生露西·金（Lucy King）共同找到了一种解决方案 [ 金（King）等，2011]。我们可以把它诠释为寻找一种外交条约，能够实现可持续的共同栖居，有利于关系，也有利于每个词语。这是一种关注关系本身的条约。非洲象是一种极其强悍的动物，并且非常难以约束——除非通过动物外交和对其他理性的理解能找到它唯一害怕的东西：东非蜂（Apis mellifera scutellata），非洲的一种蜜蜂，这些庞然大物唯一恐惧的东西 [1]。实验表明非洲象身体上的某些部位对于蜜蜂的叮咬非常脆弱（眼周围和长鼻子），在它们面前播放蜜蜂飞舞的声音会唤起十分明确的防御行为（摇头、扇耳朵、溅起尘土）。他们的关系保护生物学项目是在田野中设置当地传统的蜂箱来取代以往的篱笆。相较于带刺灌木丛做成的篱笆，蜂箱篱笆能够更加有效地减少大象入侵、踩踏庄稼、激化矛盾冲突。而且蜜蜂还可以产蜜，这种防御大象的创意也给当地的村民开辟了一种新的养家糊口和贸易通商的渠道，养蜂。我们在下文中会把这类标志性

---

　　[1] 见布鲁诺·考尔巴拉（Bruno Corbara）的精彩文献，《用蜜蜂来远离大象》（ Des abeilles pour éloigner des éléphants ），发表于《空间：自然史杂志》（ Espèces. Revue d'histoire naturelle ），第六期，2012 年 12 月，p.74-75。

的案例定义为含义更加丰富的互惠共生，或者称之为生态伦理的互惠共生。它指的是多样化把动物与人类的关系（而不是人类之间的关系）视为有益的各个层面，并且通过发明原创的工具强调、催化和整体衔接关系中彼此获益的各个部分。德维克托（V. Devictor）在保护生物学的领域具体阐释了这种方法："建立一个生态系统也应该意味着建立人与生态系统之间的关系。"[ 德维克托（Devictor），2015, p. 322] 与此相反，如果我们认真对待生态关系的本体论，研究如何提高人类民族的切实生活质量（通过社会经济学的发展或者某种程度上的下降），也就意味着与人类所在的生物群落建立构成关系①。

外交似乎是对所有事物的最佳态度，我们忽视了这些事物与我们的关系怎样构成了我们，也构成了它们，因而需要我们如何对待。这不是重新激活一种对自然"平衡"的崇拜；

---

① 我们可以解读为动物外交的其他计划，见 D. 韦斯顿（D. Western），M. 赖特（M. Wright）(éd.)，《自然连接：基于群落的保护视角》（*Natural Connections. Perspectives in Community-based Conservation*），华盛顿，伊斯兰德报刊出版社（Island Press），1994 年。以及雪莉·斯特朗姆（Shirly Strum）对当地民族与观察的狒狒共同栖居的设想，文希安·戴斯普莱（Vinciane Despret）对此做出了精彩的分析，见文希安·戴斯普莱《当狼与羊共同生活》（*Quand le Loup habitera avec l'agneau*），巴黎，思维推进者出版社（Les empêcheurs de penser en rond），2002 年。

318　一些物种在生态系统①中具有多余的功能，没有任何过去的状态可以构成一个绝对的（或者参照的）"原始"状态。从根本上来说，生态实体是缺乏一种稳定和谐的共同进化过程②。问题不在于此：我们往往忽视了我们与其他生命形态切实处于哪些构成关系中，不仅构成了我们的生存，也构成了一种没有被删减或扭曲的丰富、密集的生活。在保护生物学中，我们意识到如果一个物种的灭绝会导致整个生态系统关系网的坍塌，那么它就是一个"拱顶石物种"——在此之前，它只是一株有害的杂草或者一个有害的动物，与其他的有害生物并无差别。随着这些关系网的坍塌，无关紧要的物种才表现出了隐藏在生态系统中的王者面目，就像残趾虎（Phelsuma cepediana）（又称蓝尾日行守宫——译者注）是毛里求斯岛上的守宫花（Roussea simplex）的唯一传粉授粉者，守宫花也是整个守宫花属下面唯一的品种；或者另一个例子，黄石公

---

① 关于构成关系的问题，见替代和多余物种的难题，D. Birnbacher，《自然保护中的可持续性局限》（*Limits to Sustainability in Nature Conservation*），发表于M.奥克萨宁（M. Oksanen），J. 皮耶塔里宁（J. Pietarinen)(éd.),《哲学与生物多样性》（*Philosophy and Biodiversity*），剑桥，剑桥大学出版社（Cambridge University Press），2004 年，p. 180-195。

② 关于这一点，见帕特里克·布朗丹（Patrick Blandin），《从自然保护到生物多样性试点》（*De la protection de la nature au pilotage de la biodiversité*），巴黎，卡出版社（Quae），2009 年。

园在狼回归之后才产生了大型食物链 [1]。

从我们与生态系统的生态构成关系的角度，也是我们的从属身份的构成关系的角度，我们不知道自己消灭了西欧的狼之后到底失去了什么，也不知道它们回归之后又重新构成了什么。生态学家假设猎食者与猎物的关系通过自上而下的调节会产生重要的影响，但是在黄石公园，当1995年重新引入狼的时候，没有人料到它们会在驼鹿不在的时候改变驼鹿的觅食的牧场，进而改变河流的面貌 [2]。"永远都不要怀疑无形的东西。"[ 利奥波德（Leopold），2000] 营养关系是藏在复杂的关系丛林之中的一棵树：它们是生态的（诱导、互惠共生、共生……），但也是心理的、文化的、社会的和政治的。这些关系是生物圈中的非物质组织，我们对它们几乎一无所知，因

---

[1] 关于这一点，见 T.A. 纽瑟姆（T. A. Newsome），W.J. 里普尔（W. J. Ripple），《大洲级营养级联：从狼、郊狼到狐狸》（*A Continental Scale Trophic Cascade from Wolves through Coyotes to Foxes*），《动物生态学杂志》（*Journal of Animal Ecology*），卷 84，第 1 期，2015 年 1 月，p.49-59；W. J. 里普尔（W. J. Ripple），R. L. 贝施塔（R. L. Beschta），《黄石公园营养级联：引入狼后的 15 年》（*Trophic Cascades in Yellowstone: The First 15 Years after Wolf Reintroduction*），《生物保护》（*Biological Conservation*），第 145 期，2012 年，p. 205-213。

[2] 关于这一点，见最近的综述 R.O. 彼得森（R.O. Peterson），J.A. 武塞蒂奇（J.A. Vucetich），J.M. 本普（J.M. Bump），D.W. 史密斯（D.W. Smith），《多原因世界的营养级联：罗亚尔岛和黄石》（*Trophic Cascades in a Multicausal World : Isle Royale and Yellowstone*），《生态、进化和分类学年报》（*Annual Review of Ecology, Evolution, and Systematics*），卷 45，2014 年 11 月，p. 325-345。

为这些关系很难了解，而词语却是眼睛可以直观看到的。保护生物学致力于保护生物多样性（此处指狼），是个处于科学生态学边缘的学科。从这一刻起，它变成了应有的样子，用德维克托的话说："探问我们与世界的关系的意义，这面是人类，对面是非人类。"[德维克托（Devictor），2015, p. 208]

我们因此在更大的层面上忽视了究竟是哪些关系，以及地方与全球的生态系统中的哪些成员构成了我们人类生活的哪些方面（我们生物意义上的生存和值得经历的生活）。就像 E. O. 威尔逊（E.O.Wilson）所说："真相，就是我们从来没有征服过世界，我们从来没有理解过世界；我们认为只是对世界实行了控制。我们甚至都不知道为什么要用某种方式对某些有机体做出这样的反应，为什么我们需要各种各样的方式，而且如此深切地需要。"[威尔逊（Wilson），2012, p. 182]。这种疑问是科学生态学的重要一课。带着这样的疑问，我们或许会成为更好的外交家。

## 互惠共生：从生态到环境伦理

在严格的生态学意义上，互惠共生是一种在两个或者更多的物种之间的持续生态互动，本质上每一方都会获益。根据生态学家克洛德·孔布（Claude Combes）的观点，互惠共生与寄生的差别就在于二者有不同的"合作者之间的社会关系：[……]1）在寄生关系中，受害者（宿主）完全想要摆脱入侵者；2）在互惠共生中，因为每一方都在利用对方，没有任何一方想要从中脱身"[ 孔布（Combes），2003, p. 213]。

但是在科学生态学中，互惠共生与寄生之间的概念区别并没有这么稳定。因为获益只能从一段时间范围内衡量，既然猎食与寄生都会导致合作者中的一方死亡或者患病，这两种关系因而从本质上就被编码为非互惠共生的关系。但是如果我们改变范围，在很长的时间范围内讨论生态互动的影响，我们就已经可以扭转互惠共生的第一层含义。从这个角度，一些物种看似对另一些有害，实际上从长期看来却是很重要的，它的存在可以保证另一物种整个族系的存活；或者维持生态系统的运转动力平衡，进而保证了物种的存活；还有可能保证了生态多样性，这是另一物种存活的基础。如果我们改变范围，那么敌对双方就会形成利益共同体，我们可以从这个角度来讨论猎食关系。在十九世纪末期（1887 年），达尔文主义的生态学家福布斯（Forbes）就已经有了长远的预见，他列举了处于猎食关系的两个物种的例子，比如，奇怪的"利益共同体"把鹿和狼联系在了一起："当下双方的利益就是通过调整各自的繁殖率更好地服务于自己，被猎食的物种能有足够的余量供应捕猎的物种，捕猎的物种限制自己对余量的提前摄取，以便不会断粮。我们从这对明显无法调和的敌对者中看出了一个联系紧密的利益共同体。[……] 两个观点似乎足以解释这种明显的混乱中产生的秩序：首先是一个或许存在一个普遍的利益共同体囊括了所有的生物阶层，其次是存在一种有利于自然选择的力量，调节每个物种的破坏率和繁殖率，使其有利于这种共同利益①。"为了理解另一个例子，我们先要指出，在进化中影响了人类的寄生生物通过可持续的互动对免疫系统起到了一定巩固作用，因此它们的害处就变得模糊了。因此，短期的寄生关系也可以被视为长期的互惠共生关系：问题是选择什么样的衡量范围。

因为衡量标准具有一定的弹性，所以我们想要提出一个超出科学生态学的领域的、内容更加充实的互惠共生概念，能够在环境伦理中起到一定的作用。除了简单的生态互动以外，它变成了一种在两个物种之间的不同层面相互受益的关系配置，而这些值得研究的层面包括了生态、动物行为、进化、象征、经济和美学。寻找、确立、维持互惠共生就是优先关注关系的伦理方法的生态学表现。关系外交的主要方向就可以建立在互惠共生之上，互惠关系的对象甚至可以是像狼一样本应该和我们处于敌对关系的生物。

---

① 布朗丹（P. Blandin）引用[马丁（Martin），2007，p. 41]。阿尔多·利奥波德对狼与鹿互动在这方面的比喻是十分具有启示性意义的。从短期看来，狼的猎食行为对于鹿来说并不是积极的；如果从可持续关系的方面来看就有可能是另一种情况了。因为缺少猎食者就会导致猎物迅速大量繁殖，但是这种繁殖率会毁掉它们赖以生存的资源并且引发各种流行病。在这种角度下，狼与鹿之间的猎食关系在短期内会导致一定的死亡，但是在长期内却构成了一种含义更加丰富的互惠共生关系。

在严格的生态学意义上，当然，我们不能说人类与狼之间是互惠共生关系，因为这个概念意味着重复且长期持续的彼此受益的互动。在严格的生态学意义上，拉法埃尔·拉海尔指出了细微差别，可以变成互惠关系的是外交计划造成的限制而不是持续的互动①。但是从上文提出的含义更加丰富的互惠共生角度，我们研究的是不同层面上的积极互动，如果这些互动在强度上超越了消极的互动，那么我们就可以思考与这些猎食者之间建立生态伦理互惠共生关系，而这些猎食者，我们曾经在很长一段时间中都认为它们是有害的。

对互惠共生的这种定义并不是一种天使主义：它代表着更强有力的谈判、更完全的防御、更明确的界限。正如克洛德·孔布所说："此外，哪怕是在互惠共生系统内部也存在防御。很简单，这种防御不是用于打倒对方，而是为了防止自己的利己主义越过了界限造成了损失。"[孔布（Combes），2003, p. 215] 此处的利己主义应该理解为隐喻的含义，但是这个说法仍然是准确的：我们看得很清楚，当狼的猎食行为过度直至超出了界限，给我们造成损失，这时防御有多么的必要；为了阻止这种越界，当人类的控诉和惩治过度直至超出

① "在狼的例子中，应该要寻求的是一种共同生存，它从来都不是完全和平的，而是通过外交的努力维持在限制中，即互惠互利。"（个人交流）

了界限，给狼造成损失，其他类型的防御是多么的必要。

　　每当我们必然需要共同栖居并且可以使其活跃起来的时候，互惠共生就会成为解决方案。但是寻求互惠共生并不等于我们就必须同样把自然作为道德指南。我们身上或许没有什么能够阻止人类像狼杀掉入侵自己领地的郊狼一样杀掉它。因此就必须给差异开辟空间：我们的伦理特性在这里就回到了我们可以寻求的——规划并且发展互惠共生——这就是关系外交中的伦理形式。我们的外交动物特性是博弈的力量，即我们借助对生命行为的细致了解和技术在与生物的关系中表现出来的弹性。这种博弈可以把竞争、猎食、有害关系变为互惠共生关系。对于植物来说，这叫作化感作用的艺术①。我们可以这样理解，现在的整个农牧业都是被一种类似的野心驱动的，从农业生态一直到朴门永续莫不如此。但是危害却并没有就此消失：自然不是一个必须消除冲突让大家取得和解的地方。我们生来彼此就是吃和被吃的关系，这并不是一个诅咒，而是事物公正的秩序。如果我们认为每个动物个

---

　　① 一个奥地利的植物生理学专家汉斯·莫里驰（Hans Molisch）分析了植物通过根部向土壤中输送的分子和它发送出的复杂的化学关系，为一个新的学科开辟了道路，他称之为化感作用（allélopathie），这个词结合了两个希腊语的词：allelon（相互的）和 pathos（痛苦）。一些物种之间存在竞争，也有一些相互帮助，就像朴门永续理念中的蔬菜种植，韭葱和草莓，或者西红柿和胡萝卜，其中一个会远离另外一个的干扰。

体都具有绝对价值，遵循这种生命中心的动物伦理，就不得不被饿死，因为任何一种农业都需要保护作物免于被其他物种吃掉，哪怕是负责任的农业和生态农业也是如此。但是这些种群只有在将来我们借助化感作用使互惠共生的生态关系达到最佳状态的时候才是有害的。而不是现在这种情况，只从经济生产力的角度出发或者仅限于人类的优势，而不考虑其他物种。整个研究领域（我们在其中仍然不够强大）或许会逐渐浮现出来。广义的化感作用可以作为关系外交：寻找能够活跃已知生物群落中的成员的关系，如果这样的关系不存在，就把相互的损失减少到最低。构成我们的究竟是哪些关系，我们想要维持哪些、改变哪些、深入研究哪些？

这不是一种内在价值的道德，也不是责任，而是一种斯宾诺莎式的组织伦理，与我们共存的其他因素一起结合形成更大的共同力量。

其实，从伦理的角度来看，互惠共生的外交特性是不创造无中生有的价值，不在本源显灵的"天堂"里寻求我们需要的价值。它的目的是要获得一个描述性的概念（互惠共生），能够对应到生物中无处不在的关系的一个具体类型，并且讨论在什么程度上二者可以对应，因为这种关系类型对生物很重要，并且可以在很多层面上开发利用，它在某些情况下，在我们与它的关系中不值得被上升到伦理的高度。因为这些关系存在于生物中，所以某些价值或者评价超越了我们并且构成了我们：我们没有抽象地创造它们，而只是自愿选择了它们，但是它们并不具有约束性，比如，我们可以在健康和疾病之间做出选择，也可以在食物与毒药之间做出选择。但是我们身上的某些东西认为健康的价值要高于疾病。那么问题就是在内在生命中寻找好的关系和坏的关系，因为内在生命是标准的。正如斯宾诺莎的哲学理论所说，伦理就变成了在可能的关系中对某些真实关系的价值化：能够增强共同力量的关系，而不是导致共同衰弱的关系。

在环境伦理中，这表示更加看重有利于词汇（互惠共生）的关系，并且在这个方向上试图引导人类与非人类的共同进化。

引导是有可能实现的，因为科学生态学已经表明，生态互动中存在一种弹性：根据环境的变化，猎食关系可以迅速地变成互惠共生关系，反之亦然。就好像蚂蚁保护蚜虫，同时也以蚜虫分泌的蜜汁为食，但是一旦蚂蚁找到了另外一种更容易获得的食物替代品就会吃掉蚜虫。同样地，人类与大型掠食性动物之间的竞争关系难道不能转变成一种前文所说的含义更加丰富的互惠共生关系吗？

根据生态学家帕特里克·布朗丹所说的意识，我们可以根据这种关系的可逆转性来引导我们与生物多样性之间的生态互动 [ 布朗丹（Blandin），2009]。生态生命在本质上是一个进化的过程，是一个轨迹，我们不能认为可以将其维持在一个或许本质上是好的参考状态。必须引导生物多样性。但是往哪个方向引导呢？要去往何方呢？

实际上，引导生物多样性的概念带来了问题和偏差：假设生态系统只是轨迹，那么就没有参考状态，使这些系统失去了所有的内在规范性，也就是说对它们自己来说什么是更好，什么是更差，更加技术性地讲，这是一种健康梯度或者内在生命力，而不是按照惯例由人类集体来确定的。回到轨迹的进化理念，布朗丹冒险赋予每个人类群落绝对的垄断权决定生态动态的价值，并且对一切具有潜在破坏性的工业政策，只要它有可能是民主导向的选择就予以重视。在这个决策过程中加入互惠共生作为环境伦理的标准，就可以限制这种风险。为了避免引导过程中的这种定位偏差，我们可以制定一个目标，每当对非人类甚至是某些似乎与我们有直接冲突的物种（猎食关系或者生态竞争关系）有出现偏差的某种可能性，就将这些互动向复杂的互惠共生关系转变[1]。

那么引导生物多样性就可以表现为重视内在的互惠共生、将内在的互惠共生上升到模型的高度、将有害的关系向互惠

---

[1] 在引导生物多样性的理念中，布朗丹进行了一项非常谦逊的伦理操作，他认为生态学专家无权定义什么是保护政策。当这些具体的引导发生的时候，我们不应该得出必须排除互惠共生或者任其处于边缘的结论：在此处建议的模型中，首先应该确定负面的约束，并且共同地把他的知识用于可以想象得到的互惠共生中。它具有与生物群落之间的外交的第二层含义。本地的群落通过其对当下关系的认识，有可能鉴别出从外部看不见的互惠共生形式。

共生关系转变，因为关系是有弹性的，也是历史性的。找到蜜蜂。受限于自己的关系本质，我们对其他生物的进化影响是有限的。我们的技术影响强调了这种必要性：我们无法自认为可以继续把自然排斥在外，或者可以让进化跟着我们的节奏。但是仅仅被人类利益驱使的造物主式的引导，甚至是民主的引导，是一个哲学错误。

重视与构成我们的生物多样性互惠共生，以这种想法为指导，从各方面限制了这种引导的拟人论倾向及其自诩为造物主的风险：互惠共生已经存在，我们无须创造一个综合的属性，而是从中获得灵感，深入挖掘并且细化原有的概念。要融入生态关系的进化史，在所有关系中选择一些加以重视和利用。但是这要求我们首先有一个对互惠共生的更加细致和丰富的定义。含义更加丰富的互惠共生就是人类在环境伦理方面的指南针，表现为互惠互利的共同栖居和融入最丰富的生物多样性；最丰富的含义是在营养级别上（总体生物多样性）、在生态位多样性和各个物种间的互动的意义上的。

但是我们会发现与丰富的多样性共同栖居的形式并不是自然赋予或者强加给我们的。我们永远能够创造新的形式，正如朴门永续理念所展示的那样，它在未必共同进化的物种之间创造了互惠共生的关系。对生物群落中的各个物种，人类还没有停止创造自己能够想到的各种互惠共生的、强化的、解放的关系，从这个观点看来，没有任何严格意义上的自然标准可以构成一种规范。

　　但是生命经历过的共同进化却仍然是一个"温和的向导"，就像蒙田所说的"大自然"，因为它具备古老的资历和有时并不可见的微妙的关系；它甚至具有进化的盲视的高度，而生态科学还并不具备这一点。

# 如何与狼互惠共生？

从此以后我们就把互惠共生（包含新旧两个概念）的研究上升到外交生态学的指路明灯的高度，如何把它应用于人类与狼的共同栖居呢？外交方式就是为了衔接环境伦理的层面和保护生物学这个更加具体和实用性的层面。狼人外交家因此就可以重点关注我们与大型掠食性动物的关系，成为实现一种中庸的共同栖居的艺术和方式。

## 目标同盟："找到蜜蜂"

初次接触关系伦理，它似乎不能解决任何实际问题，因为它否定了一切对利益的分级，而这似乎是所有生态实际问题的核心问题：应该像畜牧业抱怨的那样把狼置于牧羊人之前吗，还是要把饲养者置于狼之前呢？但是这种说法真的合适吗？明确地锁定关系的利益难道不是改变了实际问题的表达方式吗？

试图把人类与狼的关系从竞争关系变成含义更加丰富

的互惠共生关系，就像肯尼亚农民和大象的例子一样，就目前的狼与畜牧业之间的冲突强度看来似乎是乌托邦式的幻想。但是它似乎比消灭狼或者维持现状，更加合情合理。现状对牧羊业有害，面对大型掠食性动物脆弱不堪，从引导生物多样性的角度来说并没有远见，一言以蔽之：不可持续。我们需要想象的是，除了要采取措施限制狼对羊群的猎食，还有狼的回归对与之接触的种群带来的益处，因为现实已经表明，如果在同一片领地上，动物的存在与人类活动起了正面冲突，没有任何保护政策能够长期实行 [ 韦斯顿（Western）等，1994]。

## 实现"群落级对话"

对狼的回归引发的危机，似乎最合理也是最反直觉的解决方案就是对狼的管理，不是在国家层级上，也不是在国家公园的层级上，而是在与它的回归直接相关的种群的层级上进行管理："群落级对话"（community-based conservation）。这个说法很难翻译成法语，表示的是以生命群落为基础的保护自然的方法。也就是说这些保护生物多样性的政策首先有益于与之切实生活在一起的地方种群。但是它也表示与狼共同栖居的欲望和理由也是由与之接触的种群产生的——确切地说是目前极端反对狼的这些群体产生的，是牧羊业的话语

产生的 ①。

但是这种极端化的做法或许也并没有我们想象的规模那么大：我们其实不妨自问，狼回归之后在乡间形成的这种敌对状态是否是由个别人士制造的媒体压力形成的，而这些人在整个生态群落中其实并不具有代表性。根据社会学家玛雅·马丁（Maïa Martin）在塞文山脉的研究 ②，我们似乎把在媒体宣传上最积极的分子误以为是整个乡村的人：很多乡下人对狼的回归是持积极态度的 ③，但是这种态度却被牧羊人和饲养者的话语宣传掩盖了，由于想象自己保护了狼而产生了负罪感（过捕以及城市优越感的同化作用），所以他们几乎没有公开表示过自己的态度，因此我们就缺乏了支持狼的正面论据。

---

① 有些保守的市长会迎合地强调这种立场，利用猎食者的象征来为自己谋利——自诩为正义的化身，与野蛮作斗争。2015 年 5 月 18 日，位于上阿尔卑斯省的贝鲁提埃（Pelleautier）市长克里斯蒂安·于博（Christian Hubaud）发布了一条政府法令，命令枪杀狼"或者其他任何掠食性动物，所有成年公民只要携带武器都有权这么做"。此外，新自由主义把猎食这个词作为隐喻来使用，可以用来形容掠夺自然资源，造成了这种在生态学上完全与事实相悖的误解，在我们想要努力挣脱的基督教的牧歌中把猎食行为批判成一种不道德的行径。

② 个人交流。又见她 2012 年的文章：玛雅·马丁（Maïa Martin），《爱与憎，狼回归塞文山脉的公共问题》（*Entre affection et aversion, le retour du loup en Cévennes comme problème public*），Terrains & travaux，2012/1（第 20 期），pp. 15-33。

③ 2015 年到 2016 年期间，可持续发展部征集了大量对狼不利的意见，要求杀掉数量日益增长的狼，此时这种敏感性表现得尤其明显。在线阅读地址：www.consultations-publiques.developpement-durable.gouv.fr。

　　因此，我们就要让乡村中对狼有利的态度显现出来，为乡村提供表达的方式、能够证明狼的回归的重要性的科学和哲学论据，与乡村一起设想促进社会和经济发展的新方法。在意大利的阿布鲁兹，对某些人来说，狼和熊的存在构成了乡村动态的决定性因素。一个饲养者这样解释道："我用饲养的牲畜的奶制作二十种奶酪，杀掉的牲畜还可以卖肉；我家接待来看熊和狼的游客。熊和狼是我促销所有的农产品（奶酪、肉、农场接待、有机产品等）的最佳卖点。[①]"

　　但是这些发展计划首先必须着手把狼变成一种它们所在地区的高强度的生活质量的催化剂。其实，狼给乡村人口带来的利益不应该只从经济方面去考虑，因为这样的思路就可能会犯"生态系统服务"的错误，即不承认非货币价值的多样性和无公度性，而这却是生态经济的基本公理[②]：利益可以是一个提升畜牧活动可持续性的机遇（通过限制粗放饲养的方式），可以减少对补助的依赖性，也可以是一个增加放牧人

---

　　① 引自《对话阿布鲁佐国家公园的居民》(Dialogues avec des habitants du parc national des Abruzzes)，《大型猎食者报》(La Gazette des Grands Prédateurs)，第 56 期，2015 年 5 月，p. 14。

　　② 关于这个主张只在单一的货币层面否定价值的公度性的经济问题，见琼·马蒂内兹·阿里耶 (Joan Martinez Alier)《贫穷生态保护主义：世界环境冲突研究》(L'écologisme des pauvres. Une étude des conflits environnementaux dans le monde)，巴黎，清晨 - 维布伦出版社 (Les Petits Matins - Institut Veblen)，2014 年。

手的就业政策<sup>①</sup>。为了防止山区的沙漠化，我们最后还可以考虑发展以狼为主的生态旅游，旅游的收益直接能够使相关的山谷焕发生机。除此以外，大部分的措施还有待设想。

换言之，我们设想的是，畜牧业和周边有狼出没的地区的乡村人口要确保对大型掠食性动物的管理和防御。这看上去是一种最没有希望实现的解决方案，却是最可预见到的，只有这样，这个保护生物学和共同栖居的政治哲学的案例才不至于继续陷入当下的矛盾冲突中：补偿变得过度，猎食者与人类活动之间的关系退化，人类对掠食性动物产生了无差别的憎恨，有害的概念被扩大化了（野猪），恐怖主义的修辞——狼是"恐怖分子"或者"动物界的萨达姆<sup>②</sup>"[费舍尔（Fischer），1995]。

关系外交让我们得以在群落级对话中扩大群落的概念：把地方生物群落作为一个整体。如果我们假设一个地方种群能从环境中得到的最深层的利益建立在活跃构成关系的基础

---

① 在比利牛斯山区的牧羊人和饲养者中，有一小部分人主张保护山区里的熊。看似矛盾的立场实际上背后有着深刻的关系外交含义：他们认为，熊的出现改变了牧羊的技术手段，把羊群变得更小更分散，而需要的看管强度则更大，"保障了山区的充分就业"。如果用互惠共生关系的术语再表达一遍，即猎食者也可以变成我们意外的社会经济同盟。在波兰，狼就变成了林业的同盟，因为它们可以调控有蹄类动物的数量。

② 所有的这些措施都有可能导致危险的偷猎，甚至可以发展到用马钱子碱（或者衍生药物）下毒，这会伤害整个哺乳动物群落。

上，那么生物群落的利益也就是当地人类群落的利益。我们因此可以通过关系外交构想一种生物群落级对话。

在生物群落级对话的角度上，我们可以思考畜牧业与狼共同栖居有可能会带来哪些利益。

如果站得高一点来看待冲突的强度，我们可以自问：狼在什么程度上可以催化技术方法和生产方式的改变，能让畜牧业摆脱早在狼回归以前就存在的"牧羊危机"？狼对生态系统的影响、对黄石公园详细记录的食物链的影响，怎么可能不给大地带来益处呢，哪怕是形成土壤中的腐殖质，成为牧羊活动中羊群的食物来源？一座更加生机盎然、更加富饶和充满更健康的生态动态的大山怎么可能对牧羊活动没有好处呢？从任何角度来看，饲养者采取的促成人与狼共同栖居的保护措施怎么会不足以借助"狼之乡①"的专业证书提高法国肉类的价值呢？这有没有可能让目前在便宜的新西兰羔羊肉冲击下一蹶不振的法国本土羊肉重新崛起呢？

从各种角度来看，哪怕打出尊重野生生物多样性的畜牧业的品牌，狼回归带动的旅游影响难道都不能造福于本地短渠道的肉制品销售吗？我们应该期望未来的几代饲养者更加

---

① 这是胡姆巴巴（Houmbaba）协会根据"熊之乡"证书的案例提出来的想法。他们建议成立一个保护"环境质量"和狼的专业人士的合作网络，作为地区开发和推荐产品的一个标签。见东部比利牛斯省的熊之乡的专业证书，官网：www.paysdelours.com。

熟悉科学生态学对当代环境问题的理念，可以凸显羊羔和狼的共同利益。

人与狼的关系外交可以用"找到蜜蜂"作为口令 [①]。

我们也可以思考狼的存在对饲养羊的农民带来的当下利益，当然，看起来二者是自相矛盾的。实际上，从什么角度来看，狼的回归对畜牧业领域的冲击才能让人们意识不到早在它们回来之前就已经出现了"羊群危机"呢？这是一个值得社会学或者经济学仔细研究的问题。归根结底，我们在论证保护牧羊业的必要性的时候，将其作为一种濒危的文化形式，也作为实现一定程度的生物多样性的成功手段，难道狼的存在就没有起到决定性的作用吗？如果狼没有再次出现，所有这些我们提到的因素——今天在公共论战中都占有举足轻重的地位的因素——就不会出现。它们不会有如此犀利的论辩性，也不会如此引人注目，因为在过去，相对于大的农业流域精耕细作的农业政治组织，牧羊行业的工会几乎没有什么听众。

实际上，在狼与饲养者之间已经存在一种奇怪的结盟关系了：虽然对于羊群被狼攻击过的一些饲养者来说非常痛苦，但是如果我们想要保持一定的距离仔细研究这个问题的话，

---

① 感谢多纳托·贝尔甘地（Donato Bergandi）用这种简洁的形式概括了我们捍卫的外交计划。

而不是把情节最小化到只盯着被咬死的羊，二者共同存在的关系实际上已经在某些方面给整个行业带来了利益。

在这些奇怪的结盟中，有一些更加出乎意料，表现在最贴近精神的层面上。牧羊人兼牧场经营者蒂耶里·哲夫来（Thierry Geffray）在这方面就有很强的说服力。他高深莫测的态度包含了很多矛盾，他说狼攻击羊群提高了他对羊群的认同感，同时也提高了自己对猎食者的尊敬。他描述的这种经历很像是用一种动物全观主义的外交达到的精神实现：就是"像山一样思考"。也就是说要理解土地，就要在充满并构成土地的各个元素的对立的观点中自由穿梭（绵羊的观点、狼的观点、草本植物的观点、牧羊人的观点……）。他因而重新把狼看作"加速器"，在自己身上加速产生了一种与自然更稳固的新关系。让我们听听他自己是怎么说的：

大自然会给你推荐一些东西，比如狼。狼，我是带头这么说的："狼不应该来，它们太扫兴了，对我们来说，我们这些经营农场的老板。"[……]你本来和一座小山、和山谷的关系是保持着一定距离的，突然，狼来袭击了（我们一年之内已经被袭击了18次了），无论是山谷，成片的树，还是丛林，你看待它们的方式就变了。突然，你就披上了羊皮，想要知道狼从哪里来，它的战略是什么，它有怎样的智慧。归根结底，还有一个如此聪明狡猾的生物和你生活在同样的空间里，并且让你和丛林、山坡以及所有的地方产生了一种敏感的关系，这是之前从来没有过的。非常奇怪，狼很令人扫兴，它让你和你周围的环境之间的关系变得敏感起来。这非常棒。[……] 完全出乎了你的意料。这让你和自己的羊在一起了，你就是羊，你开始关注，你承认了和自己同处于同一个空间中的其他生物的智慧。于是你就莫名产生了一种对这种智慧的尊重，你说"我们会生气，我们会激动，这家伙太让人扫兴了，尽管如此，尽管我们有各种各样消灭它的手段，狼还会越来越多，会占据更多的领地，它也会稍微维护一下自己的权利"。那么这就是一次真正的自然启蒙和环境启蒙①。

## 生态系统的权利

在论坛"如何思考人类世？"（2015 年）的开幕会议上，菲利普·戴斯克拉提出必须改革以自然主义本体论先验模型的产物为基础的西方法律。他单独分离出了我们奇怪的习俗：只承认人类（或者类似人的集体实体）才可以作为所有权的权利主体。由此，戴斯克拉指出了我们必须为将来设想一种生态权利，我们不再将生命—非生命的整体视为权利的对

---

① 根据采访视频《变形加速器》记录成文，在线观看网站：www.eco-psychologie.com。感谢德尼斯·夏尔提耶（Denis Chartier）向我推荐了这段讲话。

象，也不是所有权的主体，而是某种意义上的权利的载体。一些生态系统的动态对很多生命形态都至关重要，它们或许会被赋予权利，而不是被赋予人类的所有权[①]。人类或许会是这些权利的代表：他们要保障在这个大家共同栖居的生态系统中，分配给人类与非人类的善意是公正的。这个假设也招致了不少正式的反对：尤其是对生态系统的界线的划分太过武断（生态系统实际上只能在作为功能生态学的分析框架时才具有可分离性，后者可以选择在任何层级上研究能量和信息在食物网中的流动，小到一片叶子，大到一个生物区域）。但是权利整个建立在任意的协议上：我们可以设想改变这种提议可以生效的层级（在"景观生态学"意义上的景观、生态综合性、流域等生态动态……）；只要能够相互理解并且制定法律即可。

在这种虚构的权利方式中（但是我们最严酷的法律都是从虚构开始的），我们可以从一个非占有且不具备占有性的共有模型来考虑生态系统，要考虑的不再是所有权的问题了，

---

[①] 例如以共享权利的形式。关于这一点，见艾力诺·欧斯特罗姆（Elinor Ostrom）的重要研究。共有的概念对应的存在类型既不是私有的也不是公共的，既不排外又是敌对关系（捕鱼区、开放牧场、灌溉系统……）。指的是我们很难禁止或者限制使用的财产，否则就要制定使用的规则。在传统的方法中，它们的集体管理就是不断地重新谈判如何在人类之间分配使用权。而此处我们说到的是这项提议的独创性，把管理视为一种使用权在人类与非人类之间的分配。

340　而是共同使用的问题。我们也可以想象对生态系统的共同所有权（法律上的山是开放性的），由人类与非人类、家养与野生动物共同组成的集体所有。

有意思的是这种构想已经在某些地方存在了。实际上，共同所有权以特殊的口头权力或者默许权力的形式存在于东欧的各种畜牧业传统中，尤其是在喀尔巴阡山脉，一个类似的想法是高山牧场存在一种奇怪的共有形式，大家共同享有太阳能。从牧羊人的（例如 batsa，即独立承包人 ① ）一种固定说法中我们能明显地看到这种习惯法的影子。他们说自己的小群牲畜中有一头羊是属于狼的，两头羊是属于熊的。牧羊人用这种说法表示自己几乎已经平静地接受了狼对家畜的猎食，只要不超过一定的限度就行。

我们在很多畜牧业文化的习俗和谚语中都会找到这种现象的各种形式（"给狼留一份"的说法或许就来自此）。我们应该从人种学角度统计一下这个表征的大类和这些习俗，从中寻找可用于构想新的法律结构的形式。

---

① 关于这种形式的畜牧业的社会和经济结构，见安娜·科瓦尔斯卡 - 莱维茨卡（Anna Kowalska-Lewicka），《波兰喀尔巴阡山脉的畜牧业生活组织》（ L'organisation de la vie pastorale dans les Carpates polonaises ），收录于《中世纪和现代欧洲山区的饲养和畜牧生活》（ L'Élevage et la vie pastorale dans les montagnes de l'Europe au Moyen Âge et à l'époque moderne ），布莱斯·帕斯卡尔大学出版社（Presses Universitaires Blaise Pascal），1984 年。

这是一个拥有羊群并且愿意转让一部分的牧羊人的所有权吗？还是一种共同所有的形式？

这种共享建立在什么基础上呢？既然共同栖居者都仰赖于同一个环境生存，环境为所有栖居者提供食物和生长所必需的条件，那么食物是否因而就是属于大家的？这种共享难道不是道德上必须做的吗？或者是一种在所有栖居者之间更加公平分配的责任吗？主导这些习俗的环境伦理也仍然神秘莫测：我们是否应该以共同栖居中的相互性原则的形式来思考环境伦理——牧羊人用来养羊的能量还给了生态系统（此处象征生态系统的是狼）？或者，从更加贴近利奥波德的角度，或许狼与羊所在的生态的健康必须有狼的参与，那么这是一部分由狼特别贡献的吗？

利奥波德的山在这里是一个启示性的比喻：我们也可以想象这种机制其实就是饲养者承认了羊只能在一个模糊的意义上属于自己，因为它赖以生存的基础（促使羊生长的因素）并不属于牧羊人，并且谁也不属于，甚至可以说是太阳能以植物和动物的生物量的不同现象学形式进行流动循环，我们称之为生态系统，其中一部分合情合理地应该回到生态系统中的其他居民身上。

分析到现在，这种方式已经承认了动物有权共享生态系统中的能量。根据自然主义的农学家的术语，它不再类似于一种"自然风险"（如气候或者疾病），而是类似于这个生物群落中的一个居民，因此，生物量通过光合作用产生的一部分净初级产物会回到它们身上。也就是说从植物中存储的太阳能被食草动物啃食过后转化为它们身上的肉。这是某种意义上"实效基础"的权利，或者只能凭借使用生效的所有权，如果没有使用就不会产生所有权：例如，在因纽特人的习惯中，一个人如果不用自己捉狐狸的陷阱就应该允许别人使用（Testart, 2012, p. 409）。要与之做出区分的是仅限人类拥有的土地所有权，后者极有可能是在新石器时代的过程中产生的。

权利的问题变成了确定谁回到谁的问题，以及用什么样的措施来实施，好让畜牧活动摆脱"给狼留一份"的困扰。

在这类配置中应该设想到外交还有另外一重作用[1]：保障在人类与非人类之间平等分配生态系统中的善意（即生物群落及其非生物条件）。

在新石器时代虚构了饲养者生产家畜的伪事实，而家畜的繁育和生长实际上靠的是来自太阳和进化生态动态中的能量。因此，无论如何都应该退回我们创造新石器时代伪事实之前的生命本体论中，我们或许就会承认在畜牧系统中生物能量过剩，一部分能量理应回馈给共同栖居在这片土地上的野生动物。

---

① 感谢皮埃尔·夏尔伯尼埃（Pierre Charbonnier）预测了这种对照。

为此，我们就要退回到构成我们的畜牧业文明的神话以前：回到《圣经·旧约》中的第一个牧羊人——亚伯以前。健忘的亚伯向至高无上的上帝献祭，为了感谢上帝赐予他的羊群健康，而并不是感谢真正在自己眼皮子底下养育了羊群的大山。在现代的语境下，这种至高无上的上帝已经死了，而被人们遗忘的大山却并没有取而代之，因为我们经过了如此漫长的历史时期，习惯了忽视我们脚下赐予万物生命的大地。而如果真的存在相互责任或者要表达对另一个非人类之间的感谢，那感谢的也是与亚伯缔结了约定的大山。

## 调解外交

我们思考改变权利的可能性或者在更短的时间内实现种群级对话，但是也不应该掩盖一个事实：狼出现在我们的领地上困扰的可不仅是饲养者，他们也并非首当其冲。

厌狼者假设人与狼只存在一种真正的关系，就是饲养者与狼的关系，所有的其他关系都是假想的（要知道城市人口与游客并不和狼生活在一起，也不会有真正的关系），他们掩盖了一个事实，作为一个集体——人类与非人类在狼群回归和改变的这片土地上形成的集体，应该自问对于和狼共同栖居是否有欲望和善意。这是社会与狼的存在之间的关系，不只是畜牧界与狼的关系，后者倾向于把一切和狼相关的争论都据为己有，认为他们才是唯一承担狼回归压力的群体。

需要解决的就不仅是狼与饲养业之间的冲突问题了，而首先是狼的回归这个事件引发了我们的思考。这种回归产生了一种冲突性，反映出我们看待生物与我们和生物的关系的深层思维方式。从这个观点来看，在最大的层级上实现互惠共生也同样重要，而不是仅限于乡村的层级。我们对狼要做的不仅仅是防御，因为它也属于一种自然遗产，或者因为我们曾经消灭过它们所以心存愧疚，又或者我们有了以生物为中心的道德意识，还有可能是出于对野性的浪漫憧憬；但是因为它给欧洲的生态动态重新带来了"总体生物多样性"——也就是它的存在修复了一级曾经大量消失的食物链。狼也只是许多物种当中的一个，但是从功能生态学的角度来看，它们位于营养金字塔的顶端，少了狼，金字塔也就没有了塔尖：在法国没有任何一个功能上多余的物种可以取代狼在食物链中的位置。这座由食物网完美诠释的毫无缺损的金字塔就是乔·佩德罗·加拉诺·阿尔维斯（Joao Pedro Galhano Alves）所说的总体生物多样性（Galhano Alves, 2000）。总体生物多样性不是一个标注了历史年代的参考状态，而是一个生态动态的功能性状态，在这种状态下，大型掠食性动物和充足的野生有蹄类动物可以重新建立自上而下的生态调节。这种状态允许食物链的存在，并且能形成最健康的生态动态，抗打

击且具有可持续性 ①。

我们可以把狼的回归写入保护生物学的范式，但这不是神圣化的范式：虽然狼是一种萨满教的动物，往往被人们用于"野生大自然的崇拜"，但是我们已经看到了，如果不与狼进行互动，告知它哪里是边界，我们无疑会陷入危险。此外，它在美国文化中几乎等同于荒野的代名词，这也是错的：狼是一种可以自发地生活在我们中间的动物，就在人类的活动孔隙里。同样地，修复还没有完成：狼回来了，但这是一次我们没有选择，并不期盼的自然回归，也不是乡村自发地想要寻回的自然遗产（例如大型的鹿科动物、岩羚羊或者某些大型猛禽）。仔细分析的话，似乎最好的模型是"调和生态学"。

调和生态学是生态学家迈克尔·罗森茨威格（Michael Rosenzweig）在 2003 年出版的著作中主张的概念。他最初的预测是比较简单的：没有人想独自生活在沙漠里，或者回到石器时代。毁掉生物多样性或者完全把自然占为人类所有，这两条路在他看来都是不可行的。他认为保护生态学的两个大方向——修复和神圣化——已经不够了，从现在开始应该调和人类和其他物种对地球的使用。

这是他方案中最完善的进化论角度：允许独立自主并且

---

① 更不用说有复苏功能的生物的无意识，可以扩充我们的内在生活。

346 抗冲击的（自力更生的）野生动物群落在我们生活的土地上繁荣起来。"这需要大量的工作。但是试想一下结果：广阔的人为的多样化栖息地与自然接轨，而不是把它踩碎在我们脚下。"[罗森茨威格（Rosenzweig），2003, p. 8]

　　然而它知道这些空间不会理想地适应现存物种的各自需求。而问题不仅仅是按照它们存在的样子来神圣化这些物种：问题是在人类活动已经大幅度改造过的土地上实现共同栖居，保证给其他物种留出足够的空间，以便"给自然选择以行动的空间和时间，这有可能拯救目前的绝大部分物种"。实际上，目前的物种栖息地都已经"废弃"了，因为它们属于一个早就不存在的荒野世界，也不可能回去了。被神圣化的不染世俗的空间已经微乎其微了。在以上的字里行间中，我们了解到这不仅是一个保护过去的生态系统中的野生动物的项目，也要伴随并且促进我们身边的物种完成适应性转型，以便让它们都能适应现在和未来的世界：自然选择可以实现生物多样性和人类对土地的可持续使用之间的共同进化，而避免形成敌对的关系。不把物种神圣化，但是要创造条件让它们的进化潜能在环境出现人为改变的时候尽可能地发挥出来。全球气候变暖使这种条件变得更加必要。为了创造新的栖息地，我们需要从旧的栖息地中汲取灵感。这是一种外交形式：确定"对一个物种最根本的和最次要的东西，以便把我们所处的景观中最关键的部分结合起来，最终重组成新的栖息地"

[罗森茨威格（Rosenzweig），2003, p. 7]。

问题就变成了：通过融洽相处如何整体重新衔接人类对生物群落的使用及激活其特有的进化潜能？在深层意义上，调和生态学应该具有这样的野心，针对每个特殊情况形成能够再次激活或者产生互惠互利的共同进化的生态互动，融入当地，创造全新的互惠共生的社会生态关系综合机制。

然而，在罗森茨威格的建议中却存在一定的危险，从本质上我们可以将其判断为一种政治生态学和经济学上的不成熟。他实际主张在自然的开发者和保护者之间每一次爆发生态分配的冲突，我们都可以进行调和①。统治者重新利用这种逻辑，那么防御一片领土或者一个物种的一切激进的政治行为都被否决了；哪怕他们给其他物种留了一个位置（但是什么位置呢？），人类甚至也可以使用最具破坏性的开发方式。最犬儒主义的开发者就可能利用调和生态学作为自己的全新辩词。这当然不是罗森茨威格的目的，但这是可能的后果，很有可能再次出现。他的建议忽视了一个简单而狡诈的政治心理学现象：统治者和被统治者之间的冲突，如果你劝说大家坐下来进行和解谈判，而且是平等的谈判，你就总是偏袒

---

① 比如说，他写道："乔治亚太平洋公司（Georgia-Pacific）和惠好公司（Weyerhauser）还没有准备好出售修复原始林的育林农场，调和生态学主张它们不应该将其出售。"[罗森茨威格（Rosenzweig），2003, p. 9]

了统治者而非被统治者——你把本来应该是共有的东西变成了不对等的立场和不对等的使用方式。大型无用工程（GPI）就是最好的例子。调和生态学的言下之意就是如果它们能够为地方生物多样性做出一点努力，那就接受它们的存在。那么整个围绕 GPI 的调和生态学方法就意味着放弃抗争，不再阻止生态学和经济学上的畸形谬误：在这些极端不对等的情况下，对被统治者而言，调解就意味着投降。

最令人担心的是作者痴迷的发展计划虽然和生物多样性相关，但是主要方面仍然是受到绝对的经济成功的主导。风险就在于作者似乎相信在增长和发展的神话中，人类活动是贯穿始终的（既是阿尔法也是欧米伽）：这是经济学家罗斯托（W. W. Rostow）的典型资本主义信念，人类发展永远要首先经过财富的增长（他举出的调和成功的例子就是绿色资本主义的胜利）。

但是如果他从哲学的角度阐释清楚并且在政治经济学方面更加成熟，罗森茨威格的方案在生态学上就大有前途：他了解根本问题是栖息地（把我们生存的土地变得也适合其他物种生存）及其使用（焕发其他物种使用的活力）的问题。这两种推测有理有据，并且以对进化的理解作为补充，虽然没有参照状态或者标准，但是在规范化方面十分丰富（也就是说如果能实现最低的活跃条件，有能力建立形式和规范），它提出了对日常保护的解放性的概念［后院野生动物栖息地

（Backyard Wildlife Habitat）]和一种在保护方面值得研究的附加模型（除了神圣化、修复进化潜能和斗争以外）。在这种模型下，我们就没有必要或者不可能产生极端的生态对抗，而是应该好好生活，此处生活得更好就意味着大家生活在一起。

在外交的角度，调和生态学不应该是一个严格的政治保护口令：而更应该是一个对待生物的基本态度。这是一个基础的哲学概念，也是一条"途径"："外交途径"。一条亚洲人称作"悟"的途径：一系列需要吸收的技术能力、一系列对其他生命的连续的"悟"、一系列对融洽相处机制的学习、一种哲学——动物行为学的苦修，也是对人类之外的其他政治关系的内化。

## 狼的回归，卧虎藏龙

狼的回归究竟为什么如此特别？很可能是因为这支扩散到法国的狼就来自残存的欧洲狼种群，它们从未灭绝。自从狼被消灭之后，或许几十年来一直都会有探狼来到法国。但是最主要的现象是它们确实已经永久定居在法国的乡村了。永久定居对应了在各种层面都意义深远的两种交错现象。狼的回归也可以没有什么意义，但是现在却升华成了文明突变的标志和政治生态学事件。

第一个现象就是乡村的弃耕。从社会学的角度来看，由于人类放手不再占据这些土地，也就意味着掠食性动物可以将其再次占领。我们已经让位。如果要说得再准确一点，是我们已经让位于森林：粗放经营的农田和牧场造成了沙漠化，限制了林地与沙漠相接处的森林延伸。因此今天的"长毛高卢人"才几乎同意，只要像两千年前一样，狼哪怕穿越整个法国也走不出森林植被的覆盖（除了高速公路、河流、TGV高速火车轨道这些它们已经学会如何穿越的地方），它们才能够回来。

狼的回归引出的第二个或许更加深层的现象是这种乡村弃耕的生态经济学现象："人类对净初级生产量的占有（AHPPN）降低，也就是说生物量通过地面植物的光合作用生产的东西降低"，AHPPN是威图塞克（Vitousek）及其合作者提出的概念，用作经济学指数（Vitousek等，1986）。净初级生产量是一个理论值，指的是在一个假设人类掠夺过的地球上，植物的生物是通过光合作用累积的能量。

*净初级生产量（法语缩写PPN，英语缩写NPP——译者注）是指其他异养的生物物种可以通过初级生产者——也就是植物——获得的能量的总量。净初级生产量是一个理论价值，指的是在一个假设人类掠夺过的地球行星上，植物的生物量通过光合作用累积的能量。它以生物量的干重、碳重或者能量单位进行计量。在地球生态系统产生的PPN中，人类使用的约占40%。AHPPN越高，"自然的"生物多样性可用的生物量就越少。*

人类占有的 PPN 的比重增加不仅是因为人口的增长，还有一个原因是地球上每个居民的需求也日益提高，无论是城市化、人与牲畜赖以生存的种植业、木材贸易还是生物燃料，都是如此。人类需要决定究竟是想让 AHPPN 持续上升，永久性地减少留给其他物种的空间，还是想要把 AHPPN 减少到 30% 甚至 20%[ 马蒂内兹·阿里耶 (Martinez Alier)，2014 年，p. 106[1]]。

在二十世纪的西欧，人类减少了对净初级生产量的占有才是导致狼回归的隐藏原因、深层原因和无形的结构。这个基础事实在狼回归的一片迷雾中排除了"不可预期事件"和"偶

---

[1] 对马蒂内兹·阿里耶（Martinez Alier）的争议非常大，主要是针对他难以把虚拟的数据按照大小分类组成指数。例如，他在 2013 年发表的一篇文章认为全球的 AHPPN 在接近 100 年的时间里应该增长了 116%，在 2005 年已经累积了 148 万吨的碳，也就是 25% 的潜在的初级生产量，而 1910 年这个数字只有 13%。见 Krausmann F. 等，《二十世纪人类在全球初级净生产中的分配》( Global Human Appropriation of Net Primary Production Doubled in the 20th Century )，发表于《美国国家科学院院刊》( Proceedings of the National Academy of Sciences of the United States of America )，卷 110，第 25 期，2013 年，p. 10324-10329。又见 H. Haberl 等，《量化和映射人类在地球陆地生态系统中净初级生产分配》( Quantifying and Mapping the Human Appropriation of net Primary Production in Earth's Terrestrial Ecosystems )，发表于《美国国家科学院院刊》( Proceedings of the National Academy of Sciences of the United States of America )，卷 104，第 31 期，2007 年 7 月。我们应该记住，全球的 AHPPN 仍然在增长，但是在西欧二十一世纪已经开始出现下降的趋势。然而还是应该谨慎使用这种指数；为了让结果更加可靠，还必须把指数与每个居民的生物量消耗和对生物量社区的有效性做对比。

发事故"的可能性[1]。

在今日的欧盟，生物量几乎只是用于燃料，精耕细作也建立在使用化石燃料供能的基础上，占用的土地更少。在过去几十年内增长的 AHPPN 现在却在减少。因此在狼和熊一度绝迹的丛林里，它们又重新出现了。我们认为在地理学层面上这种迹象预示着可持续性的提高，但是很显然这种趋势在全世界并不一致 [ 马蒂内兹·阿里耶 (Martinez Alier)，2014，p.108]。

狼的这次回归其实是可以预见的，具体因为它是一种必然——生态学上的必然。一个种群的生态动态建立在扩张性的迅猛繁殖之上：一个生态系统（或者一个生物区域）中缺少了一个物种，除了最终灭绝之外，究其自身原因，往往是出于一种积极的、事实性的且持续变更的阻力。这与生态破碎有关，或者是因为其他物种占据了原本属于它的生态位，比如说人类。达尔文的理论已经指出生命形态通过选择带来

① 应该补充一点，这种减少只是因为烃燃料产生了"幽灵土地"和大量进口农业食品综合地增加了发展中国家的 AHPPN。关于"幽灵土地"，见 P. Charbonnier，《收益与战利品——资本主义史的生态观点》( Le rendement et le butin. Regard écologique sur l'histoire du capitalisme )，发表于《当代马克思》( Actuel Marx )，第 53 期，2013 年，p. 92-105。

的变异、迅猛繁殖和适应倾向于自发地占领一切可以达到的"自然经济的缺口"；只有在对抗压力环境（温度、盐分）或其他物种的"生存竞争"中失败的一方才会消失 [1]。

我们在学习解读卡马尔格（Camargue）的景观的时候，发现拂子茅（Amophilia arenaria）通过特别的根茎结构（首先是横向生长，当外部的茎被沙子埋住了之后就是纵向生长）占据了其他植物无法扎根的沙滩，构建了沙丘的结构，阻挡了风对沙丘的侵蚀，因而有利于其他植物物种扎根在更靠近大海的地方，完全在它的另一边。我们在观察中发现，一些地方没有生命从来都不是因为外部环境条件为了对抗孜孜不倦的生命占领而持续激发起生命自身顽固的阻力。

狼也是如此。生态破碎、畜牧业、林业、农业都曾经把狼赶走，当然两次世界大战之间的投毒更是如此；无论如何它们曾经在五十多年中都和我们保持着距离，它们主动阻止自己回到法国。只要生态破碎的阻力减弱，我们就已经为狼的扩张和入侵打开了一条通路。我们放松了这根主动阻力的弦，孜孜不倦的占领就得以实现。

---

[1] 他在对受精的研究中提出了这样的一个思考实验，假设有一株兰花，如果它产生的所有种子都发芽，只要繁殖四代就可以覆盖整个地球。见查尔斯·达尔文，《英国与外国虫媒兰花的各种传粉机制及其杂交的积极效果》( On the Various Contrivances by which British and Foreign Orchids are Fertilised by Insects, and on the Good Effects of Intercrossing )，伦敦，John Murray，1862 年。

　　但是不应该从这个概念的负面政治含义去解读这种生态占领：怀着一种被无法控制的野生动物吞没的恐惧。我们之所以会这样想，主要是从新石器时代革命之后继承的心态在作祟：这种占领完全没有再次质疑我们的存在，只要把它视为调和生态学意义上的共同栖居就足够了。我们人类这个物种完全排斥其他物种，想要独自占领一切；但是物种之间和各种生态位之间的互惠共生关系会包容同一个群落生境中所有类型的共栖者，所以会存在维持多样性的生态竞争。我们人类这个物种会把在一个生物群落中占据一席之地错当成大面积地排斥其他物种，因而有可能破坏我们日常赖以生存的生物多样性。不仅如此，我们将来还要靠植物制造的氧气才能呼吸，还要靠生物多样性作为食物来源，还要靠它们来丰富我们的想象。

　　AHPPN 的减少不是一个中性的条件：它是一个生态经济学上表示可持续性更佳的指数："可持续地生活在一片土地上，就是不损害其资源基础。"[ 马蒂内兹·阿里耶（Martinez Alier），2014, p. 124]

　　因此，人类社会减少了占有的生物量具有本质的积极性，在本研究中就强力地影响了狼的回归。我们有理由把狼的回归视为野生动物的一次回归，一个更加野生的生命回到了我们中间，活在我们生活的孔隙里：这是 AHPPN 减少的直观表达，把一部分初级生产量回馈给了野生生物多样性。我们也有理由相信这次回归焕发了我们周围的生物的活力，或者说生物多样性的活力，改善了我们与构成我们的生态系统之间的关系。这也直观地反映出 AHPPN 的减少和社会生态经济的新陈代谢的可持续性提高之间的关系。我们与生物混杂的构成关系奇怪地改善了，虽然模糊，但是因为十分罕见，所以也是可喜可贺。牧羊人只是受到了这种关系改善的相关影响。

狼的回归并不是发生在一个独立于我们经济之外的野生自然中：而是人类减少了对自然的生命生产的占有带来的直接关联性影响，共同提高了乡村经济的可持续性并带来了巨大的转变。在这个意义上，我们可以认为如果说狼不是自然回归的，也有一定的正确性。这么说不是因为我们重新引进了狼①，而是因为我们与生态系统之间的关系发生了社会学与经济学的转变，狼因此回来了。是因为我们对自然的开发条件发生了转变，狼因此回来了。我们并不可能置身于自然之外。我们如果接受了美式思想中对荒野与耕地或者城市的传统割裂，

---

① 对狼究竟是自然回归还是重新引进的争论在几年前由一个议会委员会裁决，该委员会本来试图证明狼是重新引进的，然而数据却证明了相反的结论，他们也不得不承认这个结果。令人惊讶的是这一裁决现在仍然能激起厌狼派的怒火。如果他们能够证明狼是重新引进的，狼就不会再受到《伯尔尼公约》的保护并且失去神圣的法律地位。这种做法有可能怀有某种居心。见 R. Larrère，《狼的传言》（*Rumeurs de loup*），发表于《动物权利半年刊》（*Revue semestrielle de droit animalier*），第 1 期，2014 年，p. 257-260。

再提出这个问题就没有任何依据。我们没有荒野。我们是由荒野编织而成的——它永远是历史主义的，也是人为的。

AHPPN 的概念除了作为生态经济学管理的指数还有可观的哲学含义：它在生态系统中偷偷取代了人类，作为对光合作用产生的能量的异养消耗者，就像所有其他动物一样。在与生物群落关系的生态现象领域，它潜在地包括了人类的整个经济、政治和历史。这个概念也否认了源于新石器时代的形而上学观念：把生命资源等同于中性材料。换言之，它拒绝把生命看作人类可以使用的一种产品。在旧的观念中，人类或许是封闭世界中的唯一主体，无声的宇宙中所有的能量都只是严格的物理化学的产物。我们赖以生存的能量不是物理化学的产物：它是活的，象征我们融入了生物群落中，和动植物之间建立了关系，以及这一切带来的约束。

狼的回归于是就成了一次深远的文明现象的表现和象征：AHPPN 减少，标志着可持续性的提高[1]。我们可以假设从新石器时代以来，AHPPN 曾经趋势性地以各种速度增长过，或者维持在稳定状态。在这个过程中，全球接近 50% 的面积被变成了畜牧用地或者耕地，也就无异于失去了近乎一半的林地。

人类占有的初级生产量还有另一个名字，它就是我们"攻

---

① 关于这一点，见 J. 马蒂内兹·阿里耶（J.Martinez Alier），《贫穷生态保护主义》（ *L'écologisme des pauvres* ），p. 110。

占地球"时所说的人类进步；人类占据了所有领域，随后借助科学技术的进步和文明的发展合理化地改革了农业。或许是一万年以来的首次，二十世纪西欧人类占有的净初级生产量下降了。狼的回归只是这种下降的影响和表现。我们就处于这种轻微的、隐蔽的基础逆转的核心。这就是我们要诠释的主题。我们的环境史中最隐秘的大事件，环境史才是真正的历史，它拒绝讲述我们自我封闭的人类崇拜，把我们和我们从未脱离的整个生命界串联在一起①。

狼的回归反射出我们曾经的样子，也反射出现在的面目全非，反射出了这种隐蔽的倒退，应该说我们是相当不情愿的。这是一种地球化的机遇：我们究竟应该如何对待这次回归？依旧用古老的逻辑占有生物量的初级生产量？还是应该把它视为狼的回归向我们展示的东西呢？它们并没有任何意图，但是在某种意义上向我们展示了一条可行的道路；它们让我们意识到 AHPPN 下降这种前所未见的情况；它们对我们重拾占有的习惯造成了很大障碍，因为我们突然开始在其中找到了一种强有力的价值。从深层含义来说，狼是一种"保

---

① 关于环境史，见 J. R. McNeill，《太阳下的新事物：二十世纪世界环境史》（ *Du nouveau sous le soleil. Une histoire de l'environnement mondial au 20ᵉ siècle* ），巴黎，田野河谷出版社（ Champ Vallon ），2010 年；G. Quenet，《何为环境史》（ *Qu'est-ce que l'histoire environnementale* ），巴黎，田野河谷出版社（ Champ Vallon ），2014 年。

护伞物种"：狼只用一个事实来质疑人类对自然理所应当的占有态度，就是归来，回到我们已经放弃所有权的地方。我们确信无疑地自称是这些空间的所有者，而我们曾经相信属于自己的森林和山区现在住进了大型的掠食性动物，再次挑战了我们的笃定①。它们给我们发送了信息，这种说法并不含有任何神秘主义的色彩：是它们的存在向我们发送了一条信息。这条信息很难解读。我虽然在本书中已经做出了诠释，但还需要重新用谱系学来解释，在我们与我们之上和我们之外的生命的构成关系中，我们到底是谁。

除了提出政治生态学的问题，狼的回归同时也把问题指向了形而上学，这些会思考的动物发掘出了问题并引发了我们的思考。狼的危机也加剧了我们与生物群落构成关系的地方性危机。狼是一个揭发者，把现代学者建筑最精妙的生态结构和本体论结构全部都暴露在了阳光之下。

---

① 在一个伯雷翁（Boréon）的小村庄，我第一次在雪地里看到了一条狼的足迹，雄性的大脚印，看上去就像在自己家里一样活动。这次际遇给我带来了强烈的感受，十分罕见，我好像到了别人家里。我的态度，我对这个地方的姿态，变得更加尊敬和礼貌。在萨瓦省北部的雌性猞猁的洞穴口我也有同样的感受。如果在森林里遇到我们的天然猎物——狍子、野猪、野兔（应该学习用另外的方式看待它们）——的时候，我们似乎就更少会有类似的感觉。或许是因为狼和我们很像，是家族性、领地性和社会组织的顶端猎食者，也会集体教育幼崽：它在雪地里的脚印就像是一面行为学生态学的镜子，能在人类身上照出一种世界主宰者的焦虑，打开了令人头晕目眩的疑问的大门。

# 鸣谢

仅向以下朋友致以诚挚的谢意：

感谢弗洛朗丝·布尔加（Florence Burgat）对我们初步想法的兴趣，并最终促成了本书的出版。

感谢迪波·里乌福莱特（Thibaut Rioufreyt）和苏菲·布歇（Sophie Bouchet）细致的校对及对手稿的大量编纂工作。

感谢皮埃尔·夏尔伯尼耶（Pierre Charbonnier）的设想并提出建设性的批评意见，感谢他邀请我参加他的研讨会，并在会上实现本书的一些基本预想。

感谢唐纳多·贝尔甘地（Donato Bergandi）对我的亲切照顾以及在研讨会上的热情接待，让我在会上得以拓展本书中的一些论题。

感谢安托万·诺奇（Antoine Nochy）引导我开展狼的主题研究，并花数日时间不吝赐教塞文山脉的知识。

感谢杰夫·穆弗雷（Jeff Mauffrey）对本书的第一部分做了深入校对，并以丰富的生态学知识对其进行扩充，在我们长久的讨论中为本调查的环境角度建言献策。

感谢玛丽·卡扎班－马泽洛尔（Marie Cazaban-Mazerolles）对我们的启发和建议。

感谢拉法埃尔·拉海尔（Raphaël Larrère）对第一手稿的校对工作，我们得以在此基础上完善研究项目、平衡整体结构。

感谢奥雷利安·格罗（Aurélien Gros）与我合著本体论和环境史的章节，否则仅凭我一人之力恐难以完成，亦感谢他的校对工作和对全书的综合审阅，为本书贡献甚多，功不可没。

感谢主编巴蒂斯特·拉纳斯佩兹（Baptiste Lanaspeze）的编辑工作和多方联系，感谢他在本书构思过程中的协商讨论，使我们最终达成了一致。

感谢艾斯戴尔·钟（Estelle Zhong）以过人的智慧、敏锐的眼光和无穷的活力在本书编写过程中的各个环节做出的突出贡献。

# 参考文献

D. Abram,《大地如何自杀——意义生态学》(*Comment la terre s'est tue. Pour une écologie des sens*),巴黎,Les Empêcheurs de penser en rond - La Découverte, 2013。

G. Agamben,《开放——从人出发,从动物出发》(*L'Ouvert. De l'homme et de l'animal*),巴黎,Rivages, 2006。

J. Alcock,《动物行为》(*Animal Behavior*),第九版,Sinauer Associates, 2009。

H. Atlan,《晶体与烟气之间——生物组织试验》(*Entre le cristal et la fumée. Essai sur l'organisation du vivant*),巴黎,Le Seuil, 1979。

D. Ausband,《使用生物防御操控爱达荷州中部狼群探索性格活动研究报告》(*Pilot Study Report for Using A Biofence to Manipulate Wolf pack movements in central Idaho*),收录于蒙大拿野生动物合作研究院(Montana Cooperative Wildlife Research Unit), 2010 年 11 月。

Avita E., Jablonka E.,《动物传统:进化的行为遗传》(*Animal Traditions: Behavioural Inheritance in Evolution*),剑桥,剑桥大学出版社(Cambridge University Press), 2005。

《新科学精神(1934 年版)》[*Le Nouvel Esprit scientifique*

362    (1934）], 巴黎，Vrin , 2013。

Bachelard,《相对性的归纳性》(*La Valeur inductive de la relativité*), 巴黎，Vrin, 1929。

Bird Rose D.,《瓦尔·普朗伍德的哲学万物有灵论：众生世界的呵护型互动》(*Val Plumwood's Philosophical Animism: Attentive Interactions in the Sentient World*), 发表于《环境人性》(*Environmental Humanities*), 卷三，2013，p.93-109。

Birnbacher D.,《自然保护中的可持续性局限》(*Limits to Sustainability in Nature Conservation*), 发表于 M. Oksanen, J. Pietarinen (éd.),《哲学与生物多样性》(*Philosophy and Biodiversity*), 剑桥，剑桥大学出版社（Cambridge University Press）, 2004，p. 180-195。

P. Blandin,《从自然保护到生物多样性试点》(*De la protection de la nature au pilotage de la biodiversité*), 巴黎，Quae, 2009。

Blandin P.,《走向生态进化伦理》(*Towards EcoEvoEthics*), 收录于 D. Bergandi (éd.),《生态、进化和伦理的结构性关联：良性认知循环》(*The Structural Links between Ecology, Evolution and Ethics: The Virtuous Epistemic Circle*), 波士顿，Springers Science, Business Media, 2013,p. 83-100。

P. Blandin, M. Lamotte,《景观研究的生态实体研究：生态综合机制的概念》(*Recherche d'une entité écologique correspondant à l'étude des paysages : la notion d'écocomplexe*),《生态学公报》

（*Bulletin d'Ecologie*），卷 19，第 4 期，1988，p. 545-555。

P. Blandin, M. Lamotte,《生态系统的层级组织》（*L'Organisation hiérarchique des systèmes écologiques*），收录于意大利生态学会全国代表大会第三届会议记录（锡耶纳，1987 年 10 月 21-24 日）（Atti del 3° Congresso Nazionale della Societa Italiana di Ecologia），1989, p. 35-48。

F. Benhammou,《与狼谋熊皮：从管理和保护法国的大型掠食性动物探究环境的局部地缘政治》（*Crier au loup pour avoir la peau de l'ours. Une géopolitique locale de l'environnement à travers la gestion et la conservation des grands prédateurs en France*），博士学位论文，2007，网址链接：http://geoconfluences.ens-lyon.fr/doc/breves/2006/popup/TheseBenham.pdf。

Blumenberg H.,《目击沉没》（*Naufrage avec spectateur*），巴黎，L'Arche, 1994。

Boèce, Contra Eutychen et Nestorium. De duabus naturis et una persona，PL, 64, 1337-1354。

L. Boitani,《狼与人关系进化中的生态与文化多样性》（*Ecological and Cultural Diversities in the Evolution of Wolf-human Relationships*），收录于 L. N. Carbyn, S. H . Fritts 和 D. R. Seip (éd.),《变化的世界里狼的生态与保护》（*Ecology and Conservation of Wolves in a Changing World*），Edmonton, Canadian Circumpolar Institute, 1995, p. 3-12。

C. Bourguignon, L. Bourguignon,《土壤、土地与耕地》(*Le Sol, la terre et les champs*),巴黎,Sang de la Terre, 2015。

H. M. Bryan et al.,《面临严重猎杀的狼压力和生殖激素均高于猎杀压力小的狼》(*Heavily Hunted Wolves Have Higher Stress and Reproductive Steroids than Wolves with Lower Hunting Pressure*),发表于《功能生态学》(*Functional Ecology*),卷29,第3期,2015, p. 347-356。

Burel F., Baudry F.,《景观生态学——概念、方法与应用》(*Ecologie du paysage. Concepts, méthodes et applications*),巴黎,TEC & DOC, 1999。

J.B. Callicott,《像行星一样思考——大地伦理与地球伦理》(*Thinking Like a Planet. The Land Ethic and the Earth Ethic*),牛津,牛津大学出版社(Oxford University Press), 2014。

John B. Callicott,《大地伦理——哲学与生态学》(*Éthique de la Terre. Philosophie de l'écologie*),马赛,Wildproject, 2010。

G. Canguilhem,《正常与反常（1966 年版）》[*Le Normal et le pathologique* (1966)] 巴黎,PUF, 2013。

G. Canguilhem,《生活的认识（1965 年版）》[*La Connaissance de la vie* (1965)],巴黎,Vrin, 2009。

R. Carson,《寂静的春天（1962 年版）》[*Printemps Silencieux* (1962)],马赛,Wildproject, 2014。

P. Charbonnier,《收益与战利品——资本主义史的生态观

点 》(*Le rendement et le butin. Regard écologique sur l'histoire du capitalisme* ),发表于《当代马克思》(*Actuel Marx* ),第 53 期,2013, p. 92-105。

F.E.Clements,《植 物 演 替——植 被 生 长 分 析 》(*Plant Succession. An Analysis of the Development of Vegetation* ),华盛顿,华盛顿卡内基中心(Carnegie Institution of Washington ), 1916。

Combe C.,《可持续相互作用——寄生现象的生态与进化》(*Interactions durables. Écologie et évolution du parasitisme* ),巴黎,Dunod, 2001。

J. H. Connell,《论天敌对防止某些海洋动物和雨林植被竞争性排斥的作用》(*On the Role of Natural Enemies in Preventing Competitive Exclusion in Some Marine Animals and in Rain Forest Trees* ),收录于 P. J. den Boer, G.R. Gradwell (éd.),《种群动态》(*Dynamics of Populations* ),Wageningen,Pudoc,1971,p. 298-312。

S. Dalla Bernardina,《猎食者归来——后乡村社会的野生动物登场》(*Le Retour du prédateur. Mises en scène du sauvage dans la société post-rurale* ),雷恩,PUR, 2011。

C. Darwin,《人 类 与 动 物 的 情 绪 表 达(1872 年版)》[ *L'Expression des émotions chez l'homme et les animaux* (1872)]引用自 J.-L. Renck, V.Servais,《动物行为学:行为的自 然 史 》(*L'éthologie: Histoire naturelle du comportement* ),巴黎,Seuil, 2002。

366

C. Darwin,《物种起源——自然选择或生存斗争对有利品种的保护（1859 年版）》,[*L'Origine des espèces. Par le moyen de la sélection naturelle, ou la préservation des races favorisées dans la lutte pour la vie* (1859)], 巴黎, Honoré Champion, 2009。

Dennett D.,《诠释者战略》(*La Stratégie de l'interprète*), 巴黎, Gallimard, NRF, 1990。

Dennett D.,《精神多样性：意识研究方法》(*La Diversité des esprits : une approche de la conscience*), Hachette Littératures, 1998。

Descola P.,《暮色的长矛》(*Les Lances du crépuscule*), Plon, Terre Humaine, 1994。

Descola P.,《超越自然与文化》(*Par-delà nature et culture*), 巴黎, Gallimard, 人文科学书库 (*Bibliothèque des Sciences humaines*), 2005。

Descola P.,《他者生态学——人类学与自然问题》(*L'écologie des autres. L'anthropologie et la question de la nature*), 巴黎, Editions Quae, 问题科学丛书 (*coll. Sciences en questions*), 2011。

Descola P., Charbonnier P.,《世界的组成》(*La Composition des mondes*), 巴黎, Flammarion, 2014。

V. Despret,《当狼与羔羊共同生活》(*Quand le Loup habitera avec l'agneau*), 巴黎, Les empêcheurs de penser en rond, 2002。

Despret V.,《羊有话要说》( *Sheep Do Have Opinions* )，收录于 B. Latour et P. Weibel,《让事情公开——民主氛围》( *Making Things Public. Atmospheres of Democracy* )，剑桥，M.I.T. Press, 2006, p. 360-370。

V. Despret,《如果提问得当……动物会如何回答？》( *Que diraient les animaux si... on leur posait les bonnes questions ?* )，巴黎，La Découverte - Les Empêcheurs de penser en rond, 2012。

V. Devictor,《自然危机——思考生物多样性》( *Nature en crise. Penser la biodiversité* )，巴黎，Le Seuil, 2015。

F. de Waal,《倭黑猩猩、上帝与我们》( *Le Bonobo, Dieu et nous* )，巴黎，Les liens qui libèrent, 2013。

S. Donaldson, W. Kymlicka,《动物园城市：动物权利的政治理论》( *Zoopolis: A Political Theory of Animal Rights* )，OUP Oxford, 2011。

E. During, L. Jeanpierre, Entretien avec B. Latour,《普适性，理应如此》( *L'universel, il faut le faire*) ,《批评》( *Critique* )，第 786 期，2012 年 11 月。

Nathalie Espuno,《马尔康杜尔高原的狼对野生和家养有蹄类动物的影响》[ *Impact du loup (Canis Lupus) sur les ongulés sauvages et domestiques dans le massif du Mercantour* ]，蒙彼利埃二大群落生物学与生态学博士学位论文，2004。

H. Fischer,《狼的战争》(*Wolf Wars*), Guilford, Falcon Guides, 1995。

F. Flipo,《自然与政治——对现代与全球化人类学的作用》(*Nature et politique. Contribution à une anthropologie de la modernité et de la globalisation*), 巴黎, Editions Amsterdam, 2014。

J. P. Galhano Alves,《活在绝对生物多样性里——人类、野生大型食肉动物与大型食草动物——案例分析两则：葡萄牙狼与印度虎》(*Vivre en biodiversité totale. Des hommes, des grands carnivores et des grands herbivores sauvages. Deux études de cas : loups au Portugal, tigres en Inde*), 里尔, ANRT, 2000。

Gillham M. et al.,《通过直接调节植物特有的阴离子转运蛋白的活性以信号调节植物的生长》(*Signalling Modulates Plant Growth by Directly Regulating the Activity of Plant-specific Anion Transporters*), 发表于《自然交流》(*Nature Communications*), 卷 6, 2015 年 7 月。

T.Grandin,《动物翻译》(*L'interprète des animaux*), 巴黎, 奥迪尔·雅各 (Odile Jacob) 出版社, 2006。

D. Grossman,《论杀戮：在战场上和社会中学习杀戮的心理成本》(*On Killing: The Psychological Cost of Learning to Kill in War and Society*), Paperback, 2009, P.416。

R. Guha, J. Martinez Alier,《环境论多样性：南北文章》(*Varieties of Environnementalism: Essays North and South*),

Earthscan LTD , 1998。

G. Guille-Escuret,《被绑架的生态》( *L'Écologie kidnappée* ),巴黎，PUF, 2014。

Haberl H. et al.,《量化和映射人类在地球陆地生态系统的净初级生产分配》( *Quantifying and Mapping the Human Appropriation of Net Primary Production in Earth's Terrestrial Ecosystems* ),发表于《美国国家科学学院院刊》( *Proceedings of the National Academy of Sciences of the United States of America* ),卷 104，第 31 期，2007 年 7 月，p. 12942-12947。

Haber G. C.,《对狼的利用与控制及其生物、保护和伦理影响》( *Biological, Conservation, and Ethical Implications of Exploiting and Controlling Wolves* ),《保护生物学》( *Conservation Biology* ),卷 10，第 4 期，1996 年 8 月。

Émilie Hache,《我们的坚持》( *Ce à quoi nous tenons* ),巴黎，Les empêcheurs de tourner en rond - La Découverte, 2011。

Ernst Haeckel,《普通有机形态学》( *Generelle Morphologie der Organismen* ),柏林，G. Reimer, 1866。

A.-G. Haudricourt,《动物驯化、植物种植与对待他人》( *Domestication des animaux, culture des plantes et traitement d'autrui* ),发表于《人类》( *L'Homme* ),卷 2，第 1 期，1962，p.40-50。

370

P. Dibie, A.-G. Haudricourt,《脚踩大地》( *Les Pieds sur terre* ), 巴黎，A.-M. Métaillé, 1987。

Heinrich B.,《乌鸦的头脑：导狼鸟的调查与冒险》( *Mind of the Raven: Investigations and Adventures with Wolf-Birds* ), Harper Perennial, 2007。

G. Hess,《自然伦理：伦理与道德哲学》( *Éthiques de la nature. Éthique et philosophie morale* ), 巴黎，PUF, 2013。

C.S. Holling,《生态系统的复原性与稳定性》( *Resilience and Stability of Ecological Systems* ),《生态学与分类学年报》( *Annual Review of Ecology and Systematics* )，第 4 期，1973, p.1-23。

Hughes S.,《羚羊激活了阿拉伯胶树的警报系统》( *Antelope Activate the Acacia's Alarm System* )，发表于《新科学家》( *New Scientist* )，卷 127，第 29 期，1990。

G.E. Hutchinson,《致敬桑塔·罗萨莉娅，又名动物种类为何如此繁多？》( *Homage to Santa Rosalia or Why Are there so Many Kinds of Animals?* ),《美国博物学家杂志》( *American Naturalist* )，卷 93，1959, p. 145-159。

T. Ingold,《论驯鹿与人类》( *On Reindeer and Men* ),《人类》( *Man* )，(N.S.) 9 (4),1974,p.523-538。

P. Jackson, A. Farrell Jackson,《猫科动物：世界猫科物种大全》( *Les Félins : toutes les espèces du monde* )，Delachaux et Niestlé, 自然主义书库 ( *coll. La bibliothèque du naturaliste* )，1996。

Y. V. Jhala et D. K. Sharma,《印度北方邦东部狼群掠杀儿童案例》( *Child-lifting by Wolves in Eastern Uttar Pradesh, India* ), J. Wildl. Res., 2,1997, p.94-101。

Jonas H.,《生命现象：走向生物哲学》( *Le Phénomène de la vie. Vers une philosophie biologique* )，De Boeck Université, 2001。

L. E. King, I. Douglas-Hamilton, F. Vollrath,《肯尼亚北部实地试验：蜂箱栅栏有效威慑偷粮的大象》( *Beehive Fences as Effective Deterrents for Crop-raiding Elephants; Field Trials in Northern Kenya* ),《非洲生态杂志》( *African Journal of Ecology* )。

Krausmann F. et al.,《二十世纪人类在全球净初级生产中的分配》( *Global Human Appropriation of Net Primary Production Doubled in the 20th Century* )，发表于《美国国家科学院院刊》( *Proceedings of the National Academy of Sciences of the United States of America* )，卷 110，第 25 期，2013, p.10324-10329。

B. Latour,《自然的政策》( *Politiques de la nature* )，巴黎，La Découverte, 2004。

C. Larrère, R. Larrère,《哲学调查：与自然一起思考和行动》( *Penser et agir avec la nature. Une enquête philosophique* )，巴黎，La Découverte, 2015。

372    L. E. King, J. Soltis, I.Douglas-Hamilton, A.Savage,F. Vollrath,《非洲象的蜜蜂威胁诱发警报》( *Bee Threat Elicits Alarm Call in African Elephants* ), PLoS ONE 5(4): e10346. doi:10.1371/journal.pone.0010346.

J. Ladyman, D. Ross, D. Spurrett, J. Collier,《一切都必须行动：归化的形而上学》( *Everything must Go. Metaphysics Naturalized* ), 牛津, Clarendon Press, 2007。

J-M Landry,《狼：生物、习性、神话、共同栖居、保护》( *Le Loup:Biologie,Moeurs,Mythologie, Cohabitation, Protection* ), Delachaux et Niestlé, "自然主义书库" 丛书（ *coll.a bibliothèque du naturaliste* ), 2006。

Latour B.,《自然的政治》( *Politique de la nature* ), 巴黎, La Découverte, 2004。

B. Latour,《生存方式调查》( *Enquête sur les modes d'existence* ), 巴黎, La Découverte, 2012。

A. Leopold,《沙乡年鉴》( *Almanach d'un comté des sables* ), 巴黎, Garnier-Flammarion, 2000。

Lescureux Nicolas,《益兽、野蛮与幽灵：对马其顿猎人和牧民的了解与感知：熊、狼、猞猁的特定物种生态影响》( *Le bon, la brute et le fantôme. Influence des interactions avec les ours, les loups et les lynx sur les perceptions des chasseurs et des éleveurs de république de Macédoine* ),《法森基金会年鉴学报》

（ *Annales de la fondation Fyssen* ），第 24 期，2010,p.10-27。

Lévêque C.,《生态学还是科学吗？》（ *L'Écologie est-elle encore scientifique ?* ），巴黎，Quae, 2013。

L. Liebenberg,《追踪的艺术：科学的起源》（ *The Art of Tracking. The Origin of Science* ），Claremont, D. Philip, 1990。

L. Liebenberg, A. Louw, L. Mark Elbroch,《实用追踪：沿足迹寻动物指南》（ *Practical Tracking. A Guide to Following Footprints and Finding Animals* ），Mechanicsburg, Stackpole Books, 2010。

K. Lorenz,《他和哺乳动物、鸟类和鱼类说话（ 1949 ）》[ *Il parlait avec les mammifères, les oiseaux et les poissons (1949)* ]，巴黎，Flammarion, 1968。

A . J. Lotka,《物理生物学原理》（ *Elements of Physical Biology* ），巴尔的摩，Williams & Wilkins, 1925。

A.Martin,V.Orgogozo,《反复进化的轨迹：表现型变异的遗传热点目录》（ *The Loci of Repeated Evolution: A Catalog of Genetic Hotspots of Phenotypic Variation* ），发表于《进化》（ *Evolution* ），卷 67，第 5 期，p.1235-1250, 2013。

Maïa Martin,《爱憎之间：狼回归塞文山脉引发的公共问题》（ *Entre affection et aversion, le retour du loup en Cévennes comme problème public* ），Terrains & travaux, 2012/1（ 第 20 期 ),p.15-33。

J. Martinez Alier,《贫穷生态保护主义：世界环境冲突研究》

374 ( *L'Écologisme des pauvres. Une étude des conflits environnementaux dans le monde* )，巴黎，Les Petits Matins -Institut Veblen, 2014。

McNeill J. R.,《阳光下的新生：二十世纪世界环境史》( *Du nouveau sous le soleil. Une histoire de l'environnement mondial au 20ᵉ siècle* )，巴黎，Champ Vallon, 2010。

B. Morizot,《思考地图的概念，德勒兹式的哲学实践》( *Penser le concept comme carte, une pratique deleuzienne de la philosophie* )，收录于 P. Broggi, M. Carbone (eds.),《吉尔·德勒兹的地缘哲学》( *La Géophilosophie de Gilles Deleuze* )，巴黎，Mimésis, 2012。

D. Morris,《裸猴》( *Le Singe nu* )，巴黎，Le Livre de Poche, 1971。

L.D. Mech,《狼：濒危物种的生态与行为》( *The Wolf: the Ecology and Behavior of An Endangered Species* )，纽约，Doubleday Publishing, 1970。

Mech L.D,《狼群里的阿尔法地位、统治与劳动分工》( *Alpha Status, Dominance, and Division of Labor in Wolf Packs* )，发表于《加大那动物学杂志》( *Canadian Journal of Zoology* )，卷 77, 1999, p. 1196-1203。

L. D. Mech, L. Boitani,《狼：行为、生态与保护》( *Wolves: Behavior, Ecology and Conservation* )，芝加哥，芝加哥大学出版社（ The University of Chicago Press ），2003。

Monod T.,《如果人类的冒险必将失败》( *Et si l'aventure humaine devait échouer* )，巴黎，Grasset, 2000。

J.-M. Moriceau,《大灰狼的历史：法国的 3000 起狼袭人事件（15~20 世纪）》[ *Histoire du méchant loup : 3000 attaques sur l'homme en France (15ᵉ-20ᵉ siècle)* ]，巴黎，Fayard, 2007。

J.-M. Moriceau,《狼对人的危险性：法国境内调查（16~20 世纪）》[ *La dangerosité du loup sur l'homme. Une enquête à l'échelle de la France (16ᵉ-20ᵉ siècle)* ]，发表于 J.-M. Moriceau, P. Madeline (éd.),《在狼回归之时重新思考野生生命：对人文科学的质疑》( *Repenser le sauvage grâce au retour du loup. Les sciences humaines interpellées* )，卡昂，卡昂大学出版社（ Presses Universitaires de Caen ），2010, p. 41-74。

Arne Naess,《汇报一则：大范围深入生态活动》( *Le mouvement d'écologie profonde de longue portée. Une présentation* )，发表于《调查》( *Inquiry* )，第 16 期，1973。

Newsome T. A., Ripple W. J.,《大洲级营养级联：狼、郊狼到狐狸》( *A Continental Scale Trophic Cascade from Wolves through Coyotes to Foxes* ),《动物生态学杂志》( *Journal of Animal Ecology* )，卷 84，第 1 期，2015 年 1 月，p.49-59。

A. Nochy,《狼反映了我们与野生生命的关系》( *Le loup reflète notre rapport au sauvage* )，发表于《野地》( *Terre Sauvage* )，第 267 期，2011 年 1 月。

376　　E. P. Odum,《生态基础》( *Fundamentals of Ecology* )，费城，Saunders, 1959。

H. Okarma,《狼的营养生态学及其捕猎在欧洲森林生态系统中对有蹄类动物群落的作用》( *The Trophic Ecology of Wolves and Their Predatory Role in Ungulate Communities of Forest Ecosystems in Europe* )，发表于 *Acta theriologica*，卷 40, 1995, p. 335-386。

Orgogozo V., Morizot B., Martin A.,《基因型表型关系的差异性观点》( *The Differential View of Genotypephenotype Relationships* )，发表于《遗传学前沿》( *Frontiers in Genetics* )，6:179, 2015。

Packard J.M.,《狼的行为：繁殖性、社会性与智慧性》( *Wolf Behavior: Reproductive, Social, and Intelligent* ) 收录于 L. D. Mech, L. Boitani,《狼：行为、生态与保护》( *Wolves: Behavior, Ecology and Conservation* )，芝加哥大学出版社 ( University of Chicago Press )，2003。

S.L. Pimm,《生态系统的复杂性与稳定性》( *The Complexity and Stability of Ecosystems* )，《自然》( *Nature* )，第 307 期，p.321-326。

Plumwood V.,《环境文化：推理的生态危机》( *Environmental Culture : The Ecological Crisis of Reason* )，Routledge, 2001。

A. Portmann,《动物形式》( *La forme animale* )，巴黎，Éd.La Bibliothèque,"动物阴影"丛书 ( coll.'ombre animale )，2013。

Quenet G.,《何为环境史》( *Qu'est-ce que l'histoire*

*environnementale*），巴黎，Champ Vallon，2014。

J.-L. Renck, V. Servais,《动物行为学：行为的自然史》（*L'Éthologie : Histoire naturelle du comportement*），巴黎，Seuil，2002。

L. Rieutort,《法国的牧羊业：农业体系中脆弱而活跃的环节》（*L'élevage ovin en France. Espaces fragiles et dynamiques des systèmes agricoles*），克莱蒙—费朗，CERAMAC，布莱斯·帕斯卡尔大学，1995。

Ripple W. J., R. L. Beschta,《黄石公园营养级联：引入狼后的 15 年》（*Trophic Cascades in Yellowstone: The First 15 Years After Wolf Reintroduction*），《生物保护》（*Biological Conservation*），第 145 期，2012, p. 205-213。

Jürgen Rohmeder,《跨越奥地利的狼族入侵》（*L'Invasion des loups à travers l'Autriche*），发表于《辩论前景》（*Horizons et débats*），第 7 期，2010 年 2 月 22 日。

Rosenzweig M.,《调和生态学与物种多样性的未来》（*Reconciliation Ecology and the Future of Species Diversity*），发表于《大角斑羚》（*Oryx*），卷 37，第 2 期，2003 年 4 月，p.194-205。

Rowlands M.,《哲学家与狼》（*Le Philosophe et le Loup*），Belfond, L'esprit d'aventure, 2010。

G. W. Salt,《论"涌现性质"这一表述的使用》（*A Comment*

378 　 on Use of the Term Emergent Properties ), 发表于《美国博物学家杂志》( The American Naturalist ), 第 113 期, 1979, p. 145-149。

S. Savage-Rumbaugh,《认知的语言: 倭黑猩猩的扩张》( Language Perceived, Paniscus Branches Out ), 收录于 W. C. McGrew, F. Marchant, T. Nishida,《猿类社群》( Great Apes Societies ), 剑桥, 剑桥大学出版社, 1996。

P. Shepard,《我们只有一个地球》( Nous n'avons qu'une seule terre), 巴黎, José Corti, 2013, p. 15。

J.-A. Shivik, A. Treves, P. Callahan,《非致命猎食管理技术: 初级和次级驱避剂》( Non-lethal Techniques for Managing Predation: Primary and Secondary Repellents), 美国农业部国家野生动物研究中心——员工出版社( USDA National Wildlife Research Center - Staff Publications), 2003。

G. Simondon,《形式与信息概念启发下的个性》( L'individuation à la lumière des notions de forme et d'information), 格勒诺布尔, Millon, 2005, p. 212。

G. Simondon,《个体及其物理化学起源( 1964 )》[L'Individu et sa genèse physico-chimique (1964) ], 巴黎, Jérôme Millon, 1995。

Smith D., Ferguson G.,《狼的十年, 重生与适应: 回归黄石公园的野生环境》( Decade of the Wolf, Revised and Updated: Returning The Wild To Yellowstone ), Guilford, Lyons Press,

2012。

Steinhart P.,《与狼为伴》(*The Company of Wolves*)，RandomHouse, 1996。

D. W. Stephens, J. R. Krebs,《觅食理论》(*Foraging Theory*)，普林斯顿，普林斯顿大学出版社，1986。

R. O. Stephenson,《努那缪提爱斯基摩人、野生动物学家和狼》(*Nunamiut Eskimos, Wildlife Biologists, and Wolves*)，收录于 F. H. Harrington and P. C. Pacquet (eds),《世界上的狼》(*Wolves of the World*), Noyes, Park Ridge, 1982, p. 434-439。

《对狼的恐惧：狼袭人事件回顾》(*The Fear of Wolf: A Review of Wolf Attacks on Humans*)，环境部诺斯克学院（Norsk Institutt for Naturforskning, ministère de l'Environnement），挪威，2002，法语版在线阅读地址：www.loup.org.

Thiel R. P. et al.,《我们所知的野狼》(*Wild Wolves We Have Known*)，国际狼研究中心（International Wolf Center），2013。

W. Timberlake,《动物行为：持续的合成》(*Animal Behavior: A Continuing Synthesis*)，发表于《心理学年报》(*Annual Review of Psychology*)，卷 44,p. 675-706，1993 年 2 月。

O. Spengler,《人类与技术》(*L'Homme et la technique*)，Gallimard, 1969。

E. Viveiros de Castro,《食人的形而上学》(*Métaphysiques cannibales*)，Oiara Bonilla 译自葡萄牙语（巴西）原版，巴黎，

380    PUF, 2009。

P. M. Vitousek, P. R. Ehrlich, A. H. Ehrlich, P. A .Matson,《光合作用生产的人类分配》(*Human Appropriation of the Products of Photosynthesis*), 发表于《生物科学》(*BioScience*), 卷 36, 第 6 期, 1986, p. 368-373。

V. Volterra,《物种丰富性波动的数学分析》(*Fluctuations in the Abundance of A Species Considered Mathematically*),《自然》(*Nature*), 第 118 期, 1926, p. 558-560。

R. B. Wielgus, K. A. Peebles,《狼的死亡率对家畜侵害的影响》(*Effects of Wolf Mortality on Livestock Depredations*), PLoS ONE 9(12), 2014。

B. A . Wilcox, D. D Murphy,《灭绝断层的影响》(*The Effect of the Fragmentation on Extinction*),《美国博物学家杂志》(*The American Naturalist*), 第 125 期, 1985, p. 879-887。

D. Western, M. Wright (éd.),《自然连接：基于群落的保护视角》(*Natural Connections : Perspectives in Community-based Conservation*), 华盛顿, Island Press, 1994。

R. Wilkinson, K. Pickett,《为何平等对大家更有利》(*Pourquoi l'égalité est meilleure pour tous*), 巴黎, Les Petits Matins - Institut Veblen, 2013。

E. O. Wilson,《自保本能（1984）》[*Biophilie (1984)*], 巴黎, José Corti, 2012。

D. Worster,《生态先锋（自然的经济学）》[ *Les Pionniers de l'écologie* (*Nature's economy*) ]，巴黎，Sang de la Terre, 2009。

Zimen, E.,《狼，濒危物种》( *The Wolf, A Species in Danger* ), Delacorte Press, 1981。

绿色发展通识丛书·书目
GENERAL BOOKS OF GREEN DEVELOPMENT